U0295610

"十四五"国家重点图书出版规划项目

未来能源技术系列
总主编　黄震

新进展及应用

水电解制氢技术

PROGRESS AND APPLICATION
OF WATER ELECTROLYSIS
FOR HYDROGEN PRODUCTION

隋升　李冰　屠恒勇　孙学军　沈文飚　编著

上海交通大学出版社
SHANGHAI JIAO TONG UNIVERSITY PRESS

内容提要

本书围绕水电解制氢技术最新重要进展,详细介绍了碱性水电解技术、质子交换膜水电解技术、固体氧化物电解水技术等,以及氢气在能源、医学和农业中的最新应用实践。本书集合了国内多所高校的一线科研人员参与编写,选取了水电解制氢技术近年来发展最活跃、最具科技成果转化前景的方向,汇聚了作者和业内的先进技术和经验,包括研究方法、应用实例等。本书可供从事水电解制氢的研究人员和工程技术人员了解和参考,也可供高等学校相关专业师生扩展学习和进一步开展相关研究所用。

图书在版编目(CIP)数据

水电解制氢技术新进展及应用/ 隋升等编著. —上海:上海交通大学出版社,2023.12
ISBN 978 - 7 - 313 - 29676 - 4

Ⅰ.①水… Ⅱ.①隋… Ⅲ.①水溶液电解-应用-制氢-研究 Ⅳ.①TE624.4

中国国家版本馆 CIP 数据核字(2023)第 202366 号

水电解制氢技术新进展及应用
SHUIDIANJIE ZHIQING JISHU XIN JINZHAN JI YINGYONG

编　者:隋　升　李　冰　屠恒勇　孙学军　沈文飚	
出版发行:上海交通大学出版社	地　　址:上海市番禺路 951 号
邮政编码:200030	电　　话:021 - 64071208
印　制:苏州市越洋印刷有限公司	经　　销:全国新华书店
开　本:710 mm×1000 mm　1/16	印　张:20
字　数:352 千字	
版　次:2023 年 12 月第 1 版	印　次:2023 年 12 月第 1 次印刷
书　号:ISBN 978 - 7 - 313 - 29676 - 4	
定　价:148.00 元	

本书编写成员

（按姓名拼音排序）

包秀敏　温州高企氢能科技有限公司

李　冰　华东理工大学机械与动力工程学院

隋　升　上海交通大学燃料电池研究所

沈文飚　南京农业大学生命科学学院

孙学军　中国人民解放军海军军医大学海军医学系

屠恒勇　上海交通大学燃料电池研究所

前言
FOREWORD

　　早在 2019 年，我们就打算写一本关于碱性水电解制氢技术基本理论与生产经验方面的指导性书籍。在酝酿构思书稿大纲的过程中，我们认为随着可再生能源技术的迅速发展，水电解制氢技术必将越加受到重视。这主要是基于以下几个方面的原因：

　　（1）作为大规模储能及储电手段，水电解制氢为可再生能源利用提供了多样化选择；

　　（2）为了达到碳减排的目标，必将需要使用大量氢气，特别是"清洁氢"；

　　（3）随着氢燃料电池技术应用的普及，需要大量高纯氢气作为燃料；

　　（4）水电解制氢是实现"电转氢"（power to gas）和氢能社会（hydrogen society）发展愿景的主要技术途径。

　　为此，我们希望撰写一部综合性与前瞻性并存的水电解制氢专业书籍，以期为科研与产业人员提供参考，这就是我们撰写本书的初衷。

　　氢气自 500 多年前被发现后，它从最初的一种工业气体原料，转变为传统燃料替代品，当前正在向成为支撑社会运转的"氢经济"的主体发展。"氢经济"一词最早出现于 20 世纪 70 年代，当时它还只是指利用氢替代石油和天然气等传统燃料，作为低碳的交通能源或供暖燃料的一种愿景。近年来，以水电解氢为代表的清洁氢成为世界各国脱碳道路上的重要组成部分，国内外氢能发展十分迅速，正在逐渐从理论走向实际。2020 年 9 月 22 日，国家主席习近平在第七十五届联合国大会上宣布中国的双碳目标：二氧化碳排放力争于 2030 年前达到峰值，努力争取 2060 年前实现碳中和。从此中国开始了大力发展利用可再生电能，通过水电解技术制备"绿氢"的步伐。全球三分之二以上的国家和地区已经提出了碳中和愿景，覆盖了全球二氧化碳排放总量的 70％以上，世界主要发达国家和地区一直在稳步实施推进低碳发展。2023 年美国国家清洁氢战略和路线图探讨了为实现国家脱碳目标，各个经济部门贡献清洁氢的机会，提出了实现大规模生产和使用清洁氢气的战略框架,预测了 2030 年、2040 年和 2050 年的清洁氢情景:从今天的接近零,2030 年达到 10 百万吨/年,2040 年达到 20 百万吨/年,以及到 2050 年达到 50 百万吨/年。欧洲是世界上最重视氢能的地区之一,它们通过燃料电池和氢联合体(Fuel Cells and Hydrogen Joint Undertaking,FCH JU)支持欧洲燃料电池和氢能技术的研究、开发和示范活动,加速技术的市场引入,实现其作为碳清洁能源系统的潜力。自 2014 年以来,FCH JU 开始致力于围绕各种"氢"技术及其应用场景,打造氢区域(hydrogen territories)的概念,如今这一概念已演变成氢谷(hydrogen valleys)概念。氢谷定义了一个地理区域,如某城市、地区或工业区,在这里将几种氢的应用结合在一起,并整合在燃料电池-氢的生态系统中。氢谷不仅展示了氢技术是如何协同工作的,还包括与其他元素互补(或重复使用)的方式,如可再生生产、天然气基础设施、电网、电池等。现在大多数的氢谷项目都在欧盟,但在过去几年里,新项目也在全球范围内涌现。氢谷正在走向全球,预计到 2030 年全球至少会建成 100 个大型氢谷。

水电解制氢技术自 20 世纪初以来,已开始投入大量的工业应用。尽管如此,它仍然需要重大改进和提升,这不仅包括性能、寿命、成本和单机规模等技术本身,还涉及新应用领域和场景的适应。一个典型例子是需要能够满足大型可再生能源储存需求的电解系统,其电解槽一方面要能低负荷运行,如低于额定负荷 5% 以下,但此时要保证在氧气中氢气浓度 $<0.4\%$ 的安全要求十分困难(例如:质子交换膜水电解槽的额定电流密度为 2 A/cm²,碱性电解槽的为 0.5 A/cm²),同时还能在高电流密度下长期稳定运行(例如:碱性电解槽为 1.0 A/cm²,质子交换膜水电解槽为 3.0 A/cm²)。

新一代的电解制氢系统只能通过多学科的协同方法来实现,这就需要大量创新研究活动:

(1)显著提高水电解槽的电压效率;

(2)显著降低电解设备的成本,其中最大份额的投资成本仍用于电解槽;

(3)达到与当今固定能源系统兼容的耐久性和可靠性水平;

(4)为创新工艺(如海水和废水的直接电解)提供突破性解决方案。

本书的撰写正是在这样的背景下启动的,也是校企合作的成果。作者团队在氢能研究和应用领域深耕多年,具有扎实的理论研究功底和丰富的开发应用实践。全书撰写由隋升统筹组织,具体分工如下:第 1 章,隋升、李冰、包秀敏;第 2 章,李冰;第 3 章,隋升;第 4 章,屠恒勇;第 5 章,隋升、屠恒勇、孙学军、沈文飚;第 6 章,隋升、孙学军。

　　本书通过介绍氢气发现和发展、各类水电解制氢的先进技术与潜在应用前景，以及未来发展方向等，希望能为各界人士了解、学习氢能技术与应用提供帮助。

　　感谢研究生杜芳、王浩杰、熊海燕、仇文杰、朱振啸、任露军、叶申融、Niyi Ezekiel Olukayode 和王曰桥等在部分图表、公式、参考文献编辑以及资料整理等方面给予的帮助。

　　由于作者学识和认知有限，加之书中涉及多学科知识，书中存在的疏漏之处，敬请读者批评指正。

缩略语对照表

英文简写	中文全称或含义	外 文 全 称
AEMFC	阴离子交换膜燃料电池	anion exchange membrane fuel cell
AEMWE	阴离子交换膜电解槽	anion exchange membrane water electrolyzer
AEMWE	阴离子交换膜水电解	anion exchange membrane water electrolysis
AEM	吸附质演化机理	adsorbate evolution mechanism
AEM	阴离子交换膜	anion exchange membrane
AFC	碱性燃料电池	alkaline fuel cell
AIP	不依赖空气推进技术	air-independent propulsion
ASR	面电阻	area specific resistance
ATO	抗氧化掺锑氧化锡	antimony-doped tin oxide
ATR	自热重整	autothermal reforming
AWE	碱性水电解(槽)	alkaline water electrolyzer
BoP	辅助系统	balance of plant
BPP	双极板	bipolar plate
CAPEX	固定资产支出	capital expenditure
CCM	催化剂涂层膜	catalyst-coated membrane
CCS	催化剂涂层基底	catalyst-coated substrate
CCS	碳捕获和储存	CO_2 capture and storage

英文简写	中文全称或含义	外　文　全　称
CEA	法国原子能和替代能源委员会	the French Alternative Energies and Atomic Energy Commission
CGO	钆掺杂氧化铈	cerium gadolinium oxide
CHP	热电联产	cogeneration of heat and power
ClER	析氯反应	chlorination evolution reaction
CL	催化剂层	catalyst layer
CPOX	催化部分氧化	catalytic POX
CRI	碳循环国际公司	carbon recycling international
CSO	钐掺杂氧化铈	cerium samarium oxide
CSS	阴极支撑电池堆	cathode-supported stack
CV	循环伏安曲线	cyclic voltammetry
DAC CO_2	空气中直接捕集 CO_2	direct air capture CO_2
DMD-MEA	直接膜沉积 MEA	direct membrane deposition MEA
DMD	直接膜沉积	direct membrane deposition
DMFC	直接甲醇燃料电池	direct methanol fuel cell
DVB	二乙烯基苯	diethenylbenzene
ECSA	电化学比表面积	electrochemical active surface area
ECSA	电化学活性表面积	electrochemically active surface area
ePTFE	微孔膨胀聚四氟乙烯	expanded PTFE
ERW	电解水/电解还原水	electrolyzed reduced water
ESA	变电吸附法	electric swing adsorption
ESS	电解质支撑电池堆	electrolyte-supported stack
EW	当量重量	equivalent weight

英文简写	中文全称或含义	外　文　全　称
FCEV	氢燃料电池电动汽车	fuel cell electric vehicle
FC	燃料电池	fuel cell
F-T	费托合成	Fischer-Tropsch process
GDC	掺钆氧化铈	gadolinia-doped ceria
GDL	气体扩散层	gas diffusion layer
GRC	气体复合催化剂	gas recombination catalyst
HER	氢析出反应	hydrogen evolution reaction
HESC	氢能供应链示范项目	hydrogen energy supply chain
HEV	油电混合动力电动汽车	hybrid vehicle electric
HSP70	热休克蛋白质70	70-kDa heat shock protein
HTM-PMBI	六甲基-对三联苯聚苯并咪唑膜	2, 2″, 4, 4″, 6, 6″-hexamethyl-p-terphenylene polydimethylbenzimidazolium
IEA	国际能源署	International Energy Agency
IEC	离子交换容量	ion-exchange capacity
IGCC	整体煤气化联合循环	integrated gasification combined cycle
IRENA	国际可再生能源署	International Renewable Energy Agency
KPI	关键绩效指标	key performance indicator
LDHs	层状双氢氧化物	layered double hydroxide
LDPE-g-VBC-DABCO	聚乙烯(LDPE)基膜	A low-density polyethylene (LDPE)-based membrane with UV-induced grafted vinylbenzyl chloride (VBC) functional monomers and 1,4-diazabicyclo(2.2.2) octane (DABCO)
LOM	晶格氧参与机理	lattice oxygen participation mechanism
LSCF	镧锶钴铁	lanthanum strontium cobalt ferrite
LSC PFSA	长侧链PFSA	long side chain PFSA

英文简写	中文全称或含义	外文全称
LSC	镧锶钴	lanthanum strontium cobaltite
LSGM	锶镁掺杂镓酸镧	strontium and magnesium doped lanthanum gallate
LSM	大型电解池堆模块	large stack module
LSM	镧锶锰	lanthanum strontium manganate
LSV	线性伏安曲线	linear sweep voltammetry
MCFC	熔融碳酸盐燃料电池	molten carbonate fuel cell
MEA	膜电极组件	membrane electrode assembly
MIEC	混合离子-电子导体	mixed ionic-electronic conductor
miR	小 RNA	microRNA
MPL	微孔层	micro-porous layer
MSR	甲烷蒸气重整	methane steam reforming
NADPH	还原型辅酶Ⅱ/还原型烟酰胺腺嘌呤二核苷酸磷酸	nicotinamide adenine dinucleotide phosphate
OCV	开路电压	open circuit voltage
OER	析氧反应	oxygen evolution reaction
ORR	氧还原反应	oxygen reduction reaction
PAFC	磷酸燃料电池	phosphoric acid fuel cell
PBI	聚苯并咪唑	polybenzimidazole
PEEK 或 PK	聚醚醚酮	polyether ether ketone
PEMFC	质子交换膜燃料电池	proton exchange membrane fuel cell
PEMWE	聚合物电解质膜水电解（槽）	polymer electrolyte membrane water electrolyzer

续 表

英文简写	中文全称或含义	外 文 全 称
PEMWE	质子交换膜水电解(槽)	proton exchange membrane water electrolyzer
PEM	聚合物电解质膜	polymer electrolyte membrane
PEM	质子交换膜	proton exchange membrane
PFA	全氟烷氧基树脂	polyfluoroalkoxy
PFSA	全氟磺酸	perfluorosulfonic acid
POX	部分氧化	partial oxidation
PPO	多酚氧化酶	polyphenol oxidase
PPO	聚 2,6-二甲基苯醚	poly(2,6-dimethyl-p-phylene) oxide
PPS	聚苯硫醚	polyphenylene sulphide
PSA	变压吸附法	pressure swing adsorption
PSF-1 M +OH⁻	季铵型聚砜-苄基-1-甲基咪唑	quaternary benzyl 1-methylimidazolium
PSF-ABCO +OH⁻	季铵型聚砜-苄基-1-氮杂双环[2,2,2]-辛烷	quaternary benzyl quinuclidum
PSF-TMA +OH⁻	季铵型聚砜-苄基-三甲基氢氧化铵	quaternary benzyl trimethylammonium
PSF	聚砜	polysulfone
PSL	多孔烧结层	porous sintered layer
PTE	多孔传输电极	porous transport electrode
PTFE	聚四氟乙烯	polytetrafluoroethylene
PTG	电转气	power to gas
PTL	电转费托合成液体燃料	power to liquid
PTL	多孔传输层	porous transport layer

英文简写	中文全称或含义	外 文 全 称
PTX	电转 X	power to X
R - AEMFC	碱性交换膜再生燃料电池	regenerative AEMFC
RCM	增强复合膜	reinforced composite film
RDE	旋转圆盘电极	rotating disk electrode
RFC	可再生燃料电池	regenerative fuel cell
RHE	可逆氢电极	reversible hydrogen electrode
ROS	活性氧	reactive oxygen species
R - PEMFC	质子交换膜再生燃料电池	regenerative PEMFC
RSOC	可逆固体氧化物电池	reversible solid oxide cell
R - SOFC	固体氧化物再生燃料电池	regenerative SOFC
ScSZ	钪稳定氧化锆	scandia-stabilized zirconia
SOEC	固体氧化物电解电池	solid oxide electrolysis cell
SOEC	固体氧化物水电解（槽）	solid oxide electrolyzer
SOFC	固体氧化物燃料电池	solid oxide fuel cell
SR	蒸气重整	steam reforming
SSC PFSA	短侧链 PFSA	short side chain PFSA
SSZ	氧化钪稳定氧化锆	scandia-stabilized zirconia
TPB	三相界面	triple phase boundary
TSA	变温吸附法	thermal swing adsorption
URFC	可逆燃料电池	reversible fuel cell
URFC	一体式再生燃料电池	unitized RFC

英文简写	中文全称或含义	外 文 全 称
UUV	水下无人潜航器	unmanned underwater vehicles
UV - A	波长为 315～400 nm 的紫外光	ultraviolet-A radiation
UV - B	波长为 280～315 nm 的紫外光	ultraviolet-B radiation
WOR	水氧化反应	water oxidation reaction
YDC	钇掺杂氧化铈	yttrium doped ceria
YSZ	氧化钇稳定氧化锆	yttria-stabilized zirconia
ZAT	锌指转录因子	zinc finger transcription factor

目录
CONTENTS

第1章

绪　论

氢从来没有像今天这样获得广泛重视,是源于其自身的特质和独特的发展历程贯线。本章从氢的发现到应用逐步展开,概要介绍氢的物理化学性质和各种生产方法,以及水电解的基础理论,最后是绿氢与氢经济发展。

1.1　概述

本节从认识氢开始,简述其在工业中的广泛应用,以及近些年来与碳排放的紧密联系,最后展望氢的用途,特别是电解获得的绿氢具有的终极能源地位。

1.1.1　认识氢

氢是位于化学元素周期表的 1 号元素,原子质量为 1.007 94 u。它是最轻的元素,也是宇宙中含量最多的元素,大约占据宇宙质量的 75%。

常温常压下,氢气是一种极易燃烧,无色透明、无臭无味且难溶于水的气体。氢气是世界上已知的密度最小的气体,其密度只有空气的 $\frac{1}{14}$。主星序上恒星的主要成分都是等离子态的氢。在地球上,氢在大气中含量极少,仅占百万分之一,而且由于不断地向外太空逃逸,每年损失达 95 000 t。正是因为质量小,会快速逃逸到太空中,所以地球上游离态的氢气比较罕见。

1520 年,首次由瑞士医生、炼金术士帕拉塞尔苏斯(Paracelsus, 1494—1541)通过将金属(铁、锌和锡)溶解在硫酸中而观察到氢。1783 年,法国化学家先驱、近代化学之父——安东尼·拉瓦锡(Antoine Lavoisier, 1743—1794)将氢命名为"hydrogen"(希腊文 hydro = water, genes = born of),寓意"生成水的物质"。

人们对自然界中是否存在氢气这个问题的观点,在维基百科中有明确的表述:"地球上不存在大量自然产生的纯氢。"

然而,V. Zgonnik 于 2020 年 3 月在《地球科学评论》(*Earth-Science Reviews*)发表了题为"天然氢的发生与地球科学:综合评论"的文章,颠覆了自然界不存在氢气的认识,明确提出氢在自然界中的含量比人们之前所认为的要丰富得多[1]。在各种类型的地质环境:沉积物、变质岩和火成岩、基底、矿体、石油和天然气的储集层和含水层中,人们经常发现高浓度的天然氢。这些自然界存在的氢以游离气体、不同岩石类型中的包裹体和地下水中的溶解气体等各种形式存在。自然界的氢是通过地球化学过程在地球内部不断产生的,并将持续数百万年。其产生机制是纯无机反应过程,自然产生的地质氢可以视为一种可再生资源。近年来,天然氢因其成为清洁可再生能源的潜力,越来越受到工业界的关注。例如,西非第一批产氢井,自 2012 年起就有天然氢的提取记录,且没有明显减产。西非气井的氢气流量足以运行一台满足当地村庄所需的所有电力的发电机。这是第一个开发天然氢的商业案件。

概括来说,在地壳中氢的起源学说假设包括以下九种:

(1) 从地核和地幔的深层氢脱气;

(2) 水与超基性岩或蛇纹石化的反应;

(3) 水与地幔中还原剂的接触;

(4) 水与新暴露的岩石表面的相互作用;

(5) 矿物晶格结构中羟基的分解;

(6) 水的自然放射分解;

(7) 有机质的分解;

(8) 生物活动;

(9) 人为活动等。

V. Zgonnik 归纳总结之后,提出自然界中氢气的利用前景:基于科学家们过去关于天然氢的数据和文献,"在未来,含氢气体的提取和精炼将成为一个独立的产业分支"[1]。

1.1.2 氢在工业中的广泛应用

目前,工业领域对氢的需求量最大,特别是炼油、化工和钢铁制造业。今天消耗的 90% 以上氢用作工业原料,而这些氢大部分采用化石燃料生产。

几十年来,工业界一直安全地在以下应用中大量使用氢气:炼油,玻璃净化,半导体制造,航空航天应用,肥料生产,焊接、退火和热处理金属,中西药品的生产,作为发电厂发电机的冷却剂,植物油中不饱和脂肪酸的加氢反应。

目前在美国消耗的氢气中,约有95%用作炼油、氨和甲醇工厂工业生产过程中的原料或反应物。相对而言,其他行业使用氢的数量要少很多,包括水泥、玻璃和火箭燃料的生产,以及在食品工业中的少量应用。图1-1给出了美国各产业年消耗氢情况,炼化、合成氨和甲醇份额占据了前三位[2]。

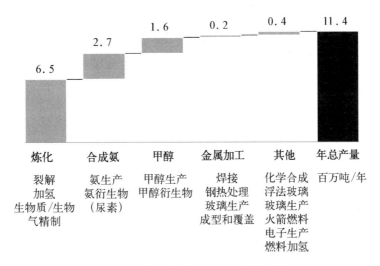

图 1 - 1　美国各产业年消耗氢情况[2]

据毕马威预测,2019年我国氢气产量或突破2 000万吨,成为世界第一产氢大国。《中国氢能源及燃料电池产业白皮书(2019版)》提出中国2050年氢气需求接近6 000万吨。

根据2021年国际能源署(International Energy Agency, IEA)报告,向工业用户供应氢气是现在全世界的一项主要业务。自1975年以来,氢的需求增长了3倍多,且仍在继续增长,图1-2给出了最近20年全球各行业氢需求量[3]。

近年来,国内外钢铁企业进行了一系列"氢能炼钢"探索,有望引发钢铁行业的一场变革。将氢气代替煤炭作为高炉的还原剂,可以减少乃至完全避免钢铁生产中的二氧化碳(CO_2)排放。在传统的工艺流程中,需要在高炉中消耗300 kg的焦炭和200 kg的煤粉作为还原剂,才能生产出1 t生铁。2019年11月德国杜伊斯堡的蒂森克虏伯(Thyssenkrupp)钢厂将氢气注入9号高炉,在全球首次启动"以氢(气)代煤(粉)"作为高炉还原剂的试验项目[4]。按照计划,在初始测试阶段,氢气将通过一个风口被注入杜伊斯堡钢厂的9号高炉中,并视情况逐渐扩展至该高炉的全部 28 个风口。后续,4 个高炉将全部实现"以氢代煤"的实际生产,不再使用焦炭,而是使用几乎零碳排放的氢气。

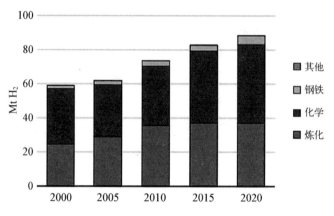

蓝色代表炼化,深蓝代表合成氨,绿色代表其他。

图 1-2 2000—2020 年间全球氢需求量[3]

(彩图见附录)

2020 年 6 月莱因集团(RWE)与蒂森克虏伯钢厂签订协议,前者计划建造 100 MW 水电解制氢工厂,为蒂森克虏伯提供 70%高炉用氢气(每小时 1.7 吨氢气)。蒂森克虏伯设定了到 2050 年将温室气体排放量降至零的目标。该公司在 2017—2018 财年排放了约 2 400 万吨二氧化碳,几乎相当于德国总排放量的 3%。

韩国计划通过三个阶段,完成向氢还原炼铁转变:① 从 2025 年开始试验炉试运行;② 从 2030 年开始在 2 座高炉实际投入生产;③ 到 2040 年 12 座高炉投入使用,从而转变为氢还原炼铁。

燃料电池产业迅速发展将是带动用氢需求增长的另外一个重要因素。

1.1.3 氢与碳减排

为了降低气候变化给地球带来的生态风险以及给人类带来的生存危机,2015 年 12 月 12 日在巴黎气候变化大会上通过《巴黎协定》(Paris Agreement)。《巴黎协定》的长期目标是将全球平均气温较前工业化时期上升幅度控制在 2℃以内,并努力将温度上升幅度限制在 1.5℃以内。

国际可再生能源署(International Renewable Energy Agency, IRENA)在其最新的"全球可再生能源展望:能源转型 2050"报告[5]中,将推进以可再生能源为基础的能源转型视为实现气候目标的重要机会,具体做法包括建立起五大技术支柱：① 电气化；② 提高电力系统灵活性；③ 传统可再生能源；④ 绿色氢；⑤ 鼓励创新以应对具有挑战性的行业。这五项技术可以帮助到 2050 年将全球二氧化碳排放量减少至少 70%，其中 90% 以上的减排量将通过可再生能源和能效措施实现。特别是绿色氢，可以为那些难以直接电气化的能源需求类型提供一种解决方案，同时绿色氢能源可以进一步生产成碳氢化合物或氨，从而减少海运和航空的排放。

欧盟制订了 2050 年零碳排放目标及其实施计划[6]，到 2020 年，30%~40% 的电力来自可再生能源；到 2050 年实现以 2005 年的碳排放量为基准，减排 80%~95% 二氧化碳。德国为碳减排制订的能源转型目标更是雄心勃勃，在 2022 年之前关闭全国所有的核电站，同时大力发展太阳能发电厂和风力发电厂；到 2030 年，50% 的电力来自可再生能源，到 2050 年达到 80%。2020 年 9 月 22 日，习近平总书记在第七十五届联合国大会一般性辩论上宣布中国碳减排目标：中国二氧化碳排放力争于 2030 年前达到峰值，之后不再增加，努力争取 2060 年前实现碳中和。图 1-3 给出了中国、德国和欧盟的碳减排途径和目标。

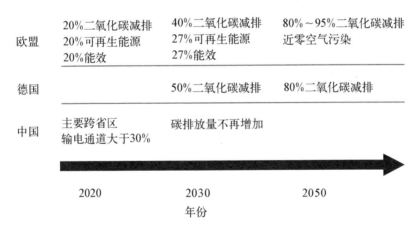

图 1-3 中国、德国和欧盟等碳减排途径和目标

目前，全球 6% 的天然气和 2% 的煤炭用于生产氢，氢气几乎完全由化石燃料产生，氢气的生产导致每年约 8.3 亿吨二氧化碳的排放。

针对产氢过程中碳排放问题，从事市场研究的伍德麦肯兹（Wood Mackenzie）公司提出了一种以颜色分类命名氢的方法，即根据在氢气制备工艺中直接或间接产生二氧化碳数量的多少，将氢气分为绿氢、青氢、蓝氢、灰氢及褐氢。如图 1-4 所示，依据生产过程对环境所产生的影响来定义的氢颜色，在绿氢的制备过程中，全产业链无碳排放；褐氢和灰氢制备过程伴随着最多的二氧化碳产生。

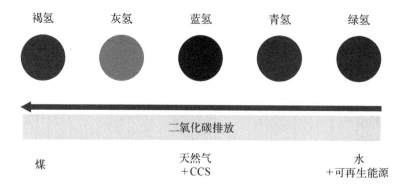

图 1-4 依据生产过程对环境所产生影响定义氢颜色

　　根据伍德麦肯兹公司氢颜色命名方法,大部分已经广泛用作化学工业的、由煤或褐煤气化获得的氢气是褐氢(brown hydrogen);通常使用天然气作为原料,通过水蒸气甲烷转换而得到的氢气,称作灰氢(grey hydrogen)。这两种氢都不是完全碳友好的类型。所谓的“蓝氢”(blue hydrogen)是一种更清洁的氢,同样是由水蒸气甲烷转化产生的,可以通过碳捕获和储存(CO_2 capture and storage,CCS)减少二氧化碳排放,但离零碳排放还很远。青氢(turquoise hydrogen)产自最近的一项新技术,它通过热解过程将甲烷分解成氢气和固体碳来制氢。从二氧化碳排放量来看,青氢的排放似乎相对较低,因为产生的固体碳可以被填埋起来,也可以用于炼钢或电池制造等工业过程,不会泄漏到大气中。然而,最近的研究表明,由于天然气供应和加工所需热量的排放,实际上青氢可能并不比蓝氢更低碳。相比之下,唯有通过可再生能源电解水而产生的绿氢(green hydrogen),才能做到制备全产业链的零碳排放。虽然使用丰富的可再生能源能够消除碳排放,但是可再生的风能和太阳能往往在并不需要的理想时间内产生,大量绿氢应用为水电解技术提供了良好发展机遇。

　　可见,只有绿氢,才是解决碳排放问题的理想途径。

1.1.4 氢将成为一种重要能源载体

　　氢作为一种能源在市场上已经存在数十年,但一直未能突破应用市场的天花板,这主要是由于大量的技术难点和使用成本问题。最近几年,氢经济终于达到了爆发临界点,氢很快就会发展成为一种全球贸易能源,就像石油和天然气一样。数十个国家已经在氢能领域投入数十亿美元以应对全球气候变化,主要是在绿色氢领域。

　　2014 年 11 月 18 日丰田汽车在日本正式发布了其量产版氢燃料电池车 (FCEV)"Mirai"，这是一个里程碑事件，标志着氢燃料电池汽车可以开始与锂电池电动汽车竞争了。日本计划逐步停止使用化石燃料，进口清洁氢燃料，并计划到 2030 年让多达 80 万辆氢燃料电池汽车上路。我国自 2020 年 9 月 16 日五部门下发《关于开展燃料电池汽车示范应用的通知》，城市群申报热度持续上升，显示出对燃料电池汽车发展极大的热情。英国等一些国家采取了在天然气中直接添加氢气的方式，加快氢能发展步伐。

　　从天然气中提取常规的、有碳排放的灰氢成本取决于天然气的价格，其价格因地区而异。在天然气价格便宜的地方，例如在美国或中东，可以大规模生产，1 千克氢气成本约为 1 美元。液化空气公司（Air Liquide）和霍尼韦尔 UOP (Honeywell UOP) 公司等供应商的最大产能工厂可实现 17～22 t/h 规模的氢气生产。在亚洲，天然气价格高，生产成本可能翻倍。规模经济也很重要，因为规模较小的工厂会推高单位质量氢的生产成本。

　　绿氢生产的成本预估差别较大。在最好的情况下，IRENA 估计成本约为 3 美元/千克，彭博新能源金融（BNEF）估计成本更低一些，为 2.5 美元/千克。最坏的情况下，估计成本可达到 7 美元/千克。较宽的预估范围主要源于各国可再生能源的价格，那些拥有优良太阳能和风能资源的国家可以生产出最便宜的氢气。目前，国内弃光、弃风、弃水的发电成本可降至 0.15 元/千瓦时，据此计算出的电解水制氢成本在标准条件下为 1.0～1.5 元/米³（相当于 11.2～16.8 元/千克），远低于利用上网电量电解水制氢的成本，它与化石燃料制氢的成本上限接近。在 0.25～0.85 元/千瓦时的电价运行区间内，电解获得 100 Nm³/h（Nm³ 表示标方）的氢气价格约为 33～63 元/千克，1 000 Nm³/h 氢气价格为 18～47 元/千克。

　　根据总部位于伦敦的全球信息提供商埃信华迈（IHS Markit）的数据，燃料氢生产成本在 2015—2020 年下降了 45%，到 2030 年可能还会下降 42%。该组织预计，随着成本不断下降，到 2030 年，氢气将满足世界能源需求的 10%～25%，或与天然气相当。

　　2020 年国际能源署最新给出的 2019 年和 2050 年按能源和技术划分的全球平均制氢成本，如图 1-5 所示[7]。目前天然气重整制氢成本为 0.7～1.6 美元/千克，若增加碳捕获（CCS）环节，则制氢成本为 1.2～2.1 美元/千克；煤气化制氢成本分别为 1.9～2.5 美元/千克和 2.1～2.6 美元/千克；低碳电（基于可再生能源）电解制氢成本在 3.2～7.7 美元/千克的宽区间范围。到 2050 年，天然气重整和煤气化这两种制氢技术成本不会有很大变化，而低碳电解制氢成本会降低为 1.3～3.3 美元/千克，形成一定竞争优势。

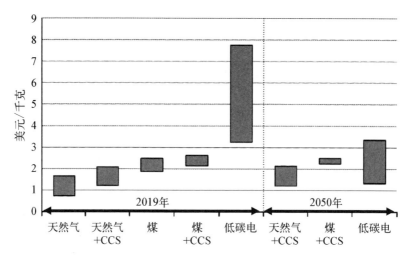

图 1 - 5　2019 年和 2050 年按能源和技术划分的全球平均制氢成本[7]

在可以预期的不远将来,氢将发展成为一种有经济竞争力的重要能源载体,最终成为人类的终极能源。

1.2　氢的物理化学性质

地壳中氢的丰度比较高,在地壳 1 km 范围内(包括海洋和大气),化合态氢的质量组成占比约为 1%,原子组成占比约为 15.4%。化合态氢最常见的组成形式是水和有机物,如石油、煤炭、天然气、生命体等。除了稀有气体和放射性元素外,氢能与元素周期表中的每一个元素结合,形成一些重要的含氢化合物,如水、烃类、碳水化合物等。

自由态的单质氢气在大气中仅占约千万分之一,通常存在于火山气中,有时在矿物中和天然气中出现。在某些厌氧发酵如淀粉发酵过程中,也会产生单质氢。由于轻质,氢气分子有很高的平均扩散速度,可以脱离地球引力,很快从大气圈中逃逸到外层空间。在宇宙中氢是最丰富的一种元素,是星球中一切聚变的根源。氢存在于星际空间,幼年星体几乎 100% 是氢,太阳的质量中也有 99% 是氢。

1.2.1　氢的物理性质

氢是元素周期表中的第一号元素。在所有元素中,氢原子结构简单,它由一个带正电的原子核和一个核外电子组成。由于氢原子非常小,一个电子从氢原子中脱离需要的能量很高,因此,氢失去核外电子的倾向很小,与电子配对形成共价键的倾向很大。

　　自然界存在的氢主要是最轻的同位素[1]H,其丰度占比为 99.985%,重同位素[2]H 仅占 0.015%。

　　氢气是一种无色无味的气体,在常温常压下其密度为 0.089 88 g/L,约为空气密度的 1/14。采用液态空气对氢气进行冷冻,或将高压氢气进行绝热膨胀,都可以将氢气液化。氢气在常见溶剂中的溶解度很低,其在 25℃下的溶解度数据如表 1-1 所示[8],物理性质如表 1-2 所示[8]。在所有的气体中,氢气的分子质量是最低的,因此具有最高的热导率和扩散系数,氢的热导率为空气的 5 倍。氢的相关热力学参数如表 1-3 所示[8]。

表 1-1　氢气在常见溶剂中的溶解度(25℃)[8]

溶　剂	溶解度(mL 氢气/L 溶剂)
水	19.9
乙醇	89.4
丙酮	76.4
苯	75.6

表 1-2　氢气的物理性质[8]

性　　质	数　　值
熔点/℃	−259.23(三相点 720 kPa)
熔化热/(J/mol)	117.15(三相点)
熔化熵/(J/mol·K)	8.37
沸点/℃	−252.77
气化热/(J/mol)	903.74
气化熵/(J/mol·K)	44.35
升华热/(kJ/mol)	1.028(13.96 K)

续 表

性　质	数　值
临界点	$T_C = 33.19K$ $P_C = 1.315\ MPa$ $V_C = 66.95\ cm^3/mol$
密度/(g/cm³) 气体 液体 固体	8.988×10^{-5} 在$-252.77℃$时,0.070 6 在$-262℃$时,0.070 8

生成热/(kJ/mol) 在 0 K 时	$H_{2(g)}$	$H_{(g)}$	$H_{(g)}^{+}$	$H_{(g)}^{-}$	$H_{2(g)}^{+}$
	0.000	216.7	1 527.74	148.17	1 488.12

在 25℃时 25℃的 $S_m^{\ominus}$/(J/mol·K) 25℃的 $C_p^{\ominus}$/(J/mol·K) 25℃的生成自由能/(J/mol)	0.000　　217.94　　1 535.90　　142.48　　1 494.32 $H_{2(g)}$:130.58　　$H_{(g)}$:114.50 28.84　　　　　20.79 0.000　　　　　203.24 0.000　　　　　203.24
氢原子电离势/eV H—H 键 键能/kJ 键长/μm 键力常数/(N/cm) 氢原子电子亲和势/eV	13.59 435.97 0.074 14 5.73 0.715
溶解度(氢气压力为 0.101 MPa)	温度(℃)0　　　　10　　　　20　　　　50 $H_2 (cm^3)$0.021 4　　0.019 5　　0.018 2　　0.016 1
电负性(泡林标度) 介电常数(F/m),气体(20℃) 液体 固体 磁化率 气体黏度/Pa·s	2.1 1.000 265(0.101 MPa),1.005 00(2.02 MPa) 1.225(20.33℃),1.241(14.64℃) 1.218 8(14.0℃),1.224(13.5℃) -1.97×10^{-6} 5.1×10^{-7}　　　　　(10 K) 1.09×10^{-6}　　　　(20 K) 2.49×10^{-6}　　　　(50 K) 4.21×10^{-6}　　　　(100 K) 6.81×10^{-6}　　　　(200 K) 8.96×10^{-6}　　　　(300 K) 1.27×10^{-5}　　　　(500 K) 2.01×10^{-5}　　　　(1 000 K)

续 表

性　　质	数　　值	
热导率/(W/m·K)	5.99×10^{-3}	(10 K)
	1.45×10^{-2}	(20 K)
	6.75×10^{-2}	(100 K)
	1.32×10^{-1}	(200 K)
	1.73×10^{-1}	(273.16 K)
	1.87×10^{-1}	(300 K)

表 1-3　氢的热力学参数[8]

T/K	$S_m^\circ/$ $[J/(mol \cdot K)]$	$H_m^\circ - E_m^\circ/$ (J/mol)	$-(F_m^\circ - E_m^\circ)/T/$ $[J/(mol \cdot K)]$	$C_p^\circ/$ $[J/(mol \cdot K)]$
10	65.30	1 270.56	−61.76	20.79
20	73.71	1 478.37	5.78	20.79
20.39	80.11	1 486.50	7.20	20.79
50	96.50	2 102.17	56.71	20.83
100	113.56	3 175.32	81.80	22.56
200	130.86	5 696.93	102.30	27.27
298.16	142.10	8 486.41	113.72	28.83
500	157.16	14 349.03	128.45	29.26
1 000	177.63	29 146.59	148.49	30.20

氢气在 20.38 K 下液化,在 13.92 K 下凝固,无论在气态、液态和固态,氢气都是绝缘体。氢在元素周期表中属于ⅠA族,本族其他元素的单质都是金属,因此有人提出了氢金属化的问题。人们对这个问题开展了广泛的理论计算和一系列的实验探索工作,认为金属氢可能采取体心立方堆积,或六方最密堆积。

1.2.2　氢的化学性质

氢原子的价态和所形成的价键主要包括失去价电子,结合一个电子,形成共用电子对,形成氢键等方式。

氢失去价电子,也就是氢原子失去 1s 电子,变为 H^+ 离子,也就是氢原子核或质子。质子的半径约为 1.5×10^{-13} cm,氢原子的半径约为 0.5×10^{-8} cm,因此,质子的半径比氢原子的半径小许多[9]。质子还有相对很强的正电场,使与它相邻的原子或分子强烈地变形。不存在自由的质子,它总是同其他的原子或分子结合在一起而存在。

氢结合一个电子,即氢原子可以结合一个电子形成 $1s^2$ 结构,形成负氢离子 H^-。这是氢同活泼金属化合形成盐型氢化物的价键特点。

氢可以与其他元素形成共用电子对,即氢原子同其他非金属元素(除稀有气体外)直接或间接地化合,通过共用电子对而形成共价型氢化物(常叫作某化氢)。这种键可以是非极性的,但大多数情况下是形成极性共价键。

在氢的极性化合物中,因化合原子的电负性不同,氢原子上可以有多余的正电荷。此时氢原子会吸引邻近的高电负性原子上的孤电子对,形成分子间或分子内的额外相互吸引,这种键称为氢键[9]。

氢可以同非金属反应,如氢气能与卤素单质、氧气、硫等非金属单质直接化合[10]。但是,由于分子键能比较高,在常温下氢气体现出一定的化学惰性,仅能与很活泼的非金属单质氟反应。在光照条件下氢气能与氯气激烈反应,这是由于光照导致自由基的生成从而引发链式反应。

1.2.2.1 氢与氧的燃烧反应

在热力学上氢气和氧气化合生成水的反应非常容易进行,但是在常温常压下,两者几乎不发生反应。点燃时,氢气可以在氧气中剧烈燃烧,该反应放出大量的热量,火焰温度达到 3 000℃ 左右,可以用于焊接和切割。氢气和氧气的混合气体遇明火会剧烈爆炸。

1)能量密度

氢气与几种常见燃料的能量密度对比如表 1-4 所示[11],这里均用低热值表示,即减去了将燃料汽化所需的能量。氢气是所有燃料中质量能量密度最高的,但在体积能量密度方面则存在明显的劣势。

表 1-4　氢气与几种常见燃料的能量密度对比[11]

燃料	能量密度/(kJ/g)	体积能量密度/(kJ/m³)
氢气	119.93	10 050(1 atm° 气体,15℃)
		1 825 000(200 bar 气体,15℃)
		4 500 000(10 000 bar 气体,15℃)
		8 491 000(液体)

燃料	能量密度/(kJ/g)	体积能量密度/(kJ/m³)
甲烷	50.02	32 560(1 atm°气体,15℃)
		6 860 300(200 bar 气体,15℃)
		20 920 400(液体)
丙烷	45.6	86 670(1 atm°气体,15℃)
		23 488 800(液体)
汽油	44.5	31 150 000(液体)
柴油	42.5	31 435 800(液体)
甲醇	18.05	15 800 100(液体)

注：1 atm＝101.325 kPa；1 bar＝100 kPa。

2) 闪点

通常,燃料需要与空气进行一定程度的混合才能被点燃。闪点反映了一种燃料形成可燃蒸气的能力,即形成空气混合物所需的最低温度。该温度总是低于液体的沸点,对液体燃料来说,闪点是可燃温度的下限。表 1 - 5 是一些常见燃料的闪点[11],其中氢气的闪点非常低,即使是液态氢气也非常容易燃烧。

表 1 - 5　氢气与几种常见燃料的闪点、自燃温度和辛烷值[11]

燃　料	闪点/℃	自燃温度/℃	辛烷值
氢气	＜−253	585	＞130
甲烷	−188	540	125
丙烷	−104	490	105
汽油	−43	230～480	87
甲醇	−11	385	—

3) 燃烧和爆炸极限

燃料气与空气的混合物被点燃后,要发生燃烧或者爆炸,需要两者混合的比例合适。燃料气不足或者空气不足,均不能形成自我维持的一个燃烧过程。发生燃烧(或爆炸)的燃料气比例范围的上下限称为燃料(爆炸)极限。与其他大多数常见的燃料相比,氢气的爆炸极限范围要宽得多,其爆炸极限为 4%～75%,

甲烷为 5.3%～15%，丙烷为 2.2%～9.6%，甲醇为 6%～36.5%，汽油为 1%～7.6%，柴油为 0.6%～5.5%。

4）自燃温度和辛烷值

自燃温度是指不存在外加点燃源时，燃料-空气混合物形成自发燃烧的最低温度。辛烷值描述了一种燃料对撞击的稳定温度。在常见燃料中，氢气的自燃温度和辛烷值均较高，如表 1-5 所示[11]。

5）点燃能量

点燃能量是点燃燃料与空气混合气体所需的外加能量，常见的外加能量源是火焰和火花。点燃能量主要由点燃所需要的温度和持续的时间决定。氢气的自燃温度高，但是点燃能量仅为 0.02 mJ，大约比其他常见的燃料低一个数量级。因此氢气和空气的混合物非常容易被点燃，即使是几乎不可见的火花，甚至是干燥天气下人体释放的静电都有可能使之点燃。氢气的电导率很低，容易积累电荷而导致火花，因此，所有输送氢气的设备都必须可靠接地。

6）氢气的燃烧特性

氢气燃烧不产生任何烟尘，火焰为很淡的蓝白色，几乎不可见。氢气燃烧速率为 2.65～3.25 m/s，液态氢的燃烧速率为 3～6 m/s，均比甲烷和汽油高近一个数量级。因此，氢气的火焰燃烧剧烈，存活时间较短。尽管氢气燃烧猛烈，但作为燃料，它仍从很多角度都比传统燃料和汽油安全。以汽车为例，若氢气罐破裂导致燃烧，由于氢气密度小、扩散迅速，燃烧产生的火焰将呈垂直向上喷射的火炬状，且集中于氢气罐的裂口处，车内乘客所受的影响相对较小；而汽油燃烧时，火焰随液体和蒸气横向扩散面积很大，会导致整辆车温度迅速升高，甚至会波及周围，引起二次燃烧爆炸。

1.2.2.2　合成氨的反应

合成氨是当前氢气最重要的用途之一。通过哈伯-博施（Haber-Bosch）方法在高压和催化剂作用下使氮气和氢气直接反应合成氨。1909 年德国化学家弗里茨·哈伯（Fritz Haber）解决了合成氨过程中的一系列技术难题，之后巴斯夫（BASF）公司购买了该专利，并由卡尔·博施（Carl Bosch）成功实现工业化。

1.2.2.3　氢与金属的反应

许多金属如碱金属、碱土金属、稀土金属，包括钯、铌、铀和钇等，以及铁、镍、铬和铂系金属都能吸收氢气。氢气通过加热、光照或放电等很容易同许多金属生成氢化物。

1.2.2.4　氢同金属氧化物的反应

从热力学上,可以通过反应的吉布斯自由能来判别氢同金属氧化物的反应是否能够进行。对于热力学上可以进行的反应,还需要考虑动力学上反应的速率如何。例如,根据热力学计算,氧化铜可以在很低的温度下被氢还原生成金属铜。但实际上,在室温条件下,氧化铜不能被氢还原。只有在适当的温度下,该反应才能发生。

铁的氧化物被氢气还原的反应因为涉及金属铁的冶金过程,而一直受到重视。这一还原过程如下:

在温度低于 325℃时,Fe_2O_3 被氢气还原为磁性氧化铁 Fe_3O_4:

$$3Fe_2O_3 + H_2 \longrightarrow 2Fe_3O_4 + H_2O \tag{1-1}$$

温度高于 325℃时,Fe_2O_3 被氢气直接还原为金属铁:

$$Fe_2O_3 + 3H_2 \longrightarrow 2Fe + 3H_2O \tag{1-2}$$

温度高于 325℃时,Fe_3O_4 被氢气直接还原为金属铁,不生成中间产物 FeO。

热力学计算表明:在 350~600℃,FeO 可以很快被还原为金属铁。不过,低于 570℃时,FeO 可以自发发生歧化反应:

$$3FeO \longrightarrow Fe_2O_3 + Fe \tag{1-3}$$

实际上,氢气对 Fe_3O_4 的还原效果优于一氧化碳和氢的混合气,也优于单独的一氧化碳。在温度低于 1 800 K 时,氢的还原性能介于碳和一氧化碳之间,即

$$Ca > Mg > Al > CaC_2 > Si > C > H_2 > CO$$

1.2.2.5　同其他化合物的反应

在室温条件下,只有很少的化合物可以直接被氢气还原,比如,氯化钯可以在常温下被氢气还原成金属钯。

$$PdCl_2 + H_2 \longrightarrow Pd + 2HCl \tag{1-4}$$

采用 1% 的氯化钯水溶液,可以用来检验环境中是否存在氢气,由于该反应很灵敏,也可以用来定量测定氢气。但需要注意的是一氧化碳也能发生这个还

原反应。

氢气同其他化合物反应时,反应行为类似于同单质的反应。绝大多数反应需要在加热条件下进行,但反应一经开始,反应中产生的热量就会使反应顺利进行下去。

许多金属的卤化物或其他盐都能被氢气还原。例如,铁、银和钯的氯化物很容易被氢气还原生成金属和氯化氢。在100℃的温度下,将氢气通入铂、铑、钯、铱或金的盐溶液中,可以还原完全获得相应的金属。在温度为200℃和压力为600 atm时,许多盐都可以被氢气还原为金属。

氢还可用于还原制备金属钒:在125℃时,将氢气通入VCl_4,然后将H_2-VCl_4混合物放入反应器中,加热到700℃可以得到纯度为99%,粒度为0.2～0.3 μm的金属钒,其中含有1%的杂质氢,真空加热到580～850℃即可去除。

许多金属硫化物可以被氢还原成金属。对于黄铁矿(FeS_2)来说,当温度低于900℃时,还原反应如下:

$$FeS_2 + H_2 \longrightarrow FeS + H_2S \tag{1-5}$$

在温度达到或高于900℃时,还原产物是金属铁和H_2S。

生成金属氢化物的反应:不能被氢还原的卤化物,如果其中的金属可以生成氢化物,可以采用一种不生成氢化物的还原性金属代替氢作为还原剂,产生前一种金属的氢化物。例如:

$$2LiCl + Mg + H_2 \longrightarrow MgCl_2 + 2LiH \tag{1-6}$$

$$CaCl_2 + Mg + H_2 \longrightarrow MgCl_2 + CaH_2 \tag{1-7}$$

1.2.3　正氢和仲氢

分子氢有两种同素异形体,叫作正氢和仲氢[9]。

正常的氢气是正氢和仲氢的互变异构混合物,混合物的组成服从化学平衡定律。在某一温度下,混合物的平衡组成如表1-6所示。由表中可以看出,在273 K及以上温度时,正氢和仲氢的统计比为3∶1,而且正氢的百分比不超过75%。如果改变氢气的温度,平衡可以自行调节,不过平衡自行调节的速度很慢,组成上不能很快达到应有的平衡值。装盛在一只玻璃容器中的纯仲氢在室温下放置3周,其组成没有出现可察觉的变化。

表 1-6 在不同温度下氢气的平衡组成[8]

温度/K	仲氢/%	温度/K	仲氢/%
0	100.00	95	40.48
20	99.82	100	38.51
25	99.01	105	36.82
30	96.98	110	35.30
35	93.45	115	34.00
40	88.61	120	32.87
45	82.91	130	31.03
50	76.86	140	29.62
55	70.96	150	28.54
60	65.39	170	27.09
65	60.33	190	26.23
70	55.83	210	25.72
75	51.86	230	25.42
80	48.39	250	25.24
85	45.37	273	25.13
90	42.75	∞	25.00

如果向富于仲氢的氢气中混入原子氢,就会发生仲氢-正氢平衡混合物的部分转化。在不同的温度下进行如下的反应:

$$仲 H_2 + H \longrightarrow 正 H_2 + H \tag{1-8}$$

该反应的活化能为 30.33 kJ,高温有利于促进仲氢转化为平衡混合物。无论是均相催化还是多相催化都会促进仲氢-正氢平衡。已经发现顺磁性物质是最有效的催化剂。

1.2.4 氢原子的性质

氢分子具有很高的热稳定性,仅在很高的温度下才会有较大的离解度:

$$H_2 + 435.9 \text{ kJ} \rightleftharpoons 2H \tag{1-9}$$

氢原子可以同氢分子结合生产一种配位分子 H_3,H_3 分子的能量为 -43.539 eV,根据这个数值进行计算,下述反应的活化能为 36.65 kJ[9]。

$$H_2 + H \longrightarrow H_3 \tag{1-10}$$

原子氢在氢元素中反应活性最大,原子氢同碱金属蒸气以及汞蒸气能产生荧光,并能使许多荧光体发光。它同炭黑在100℃时作用,可产生 CH 自由基。

原子氢是一种极强的还原剂,在室温下,可以将铜、铅、银、汞的氧化物或氯化物还原为金属,也可以将某些金属的硫化物如硫化铜、硫化汞等还原为金属。

1.2.5 氢的同位素

目前,科学界公认氢有三种同位素,即氕,记作 ^1H 或 H;氘,记作 ^2H 或 D;以及氚,记作 ^3H 或 T[9]。氢的三种同位素原子核中各有一个质子,而中子数分别为 0、1、2。这些同位素的电子构型相同,它们的化学性质基本相同。但是由于这些同位素之间的质量差非常大,在物理性质方面表现出很大的差别。由于氢气几乎全部由 ^1H 组成,所以,氢的最轻同位素 ^1H 的性质决定了氢气的性质。H(^1H) 和 D 的分离可以采用电解法,电解水时,H 的迁移速度比 D 的迁移速度快 6 倍,电解后剩余物中 D 的浓度得到提高。重复电解后,可以得到 D_2O,即重水。

1.2.6 氢的能源特性

氢气作为能源载体有望在不久的将来走进百姓家庭。纯净的氢气能在空气中安静地燃烧,产生几乎无色的火焰。如果氢气不纯,混有空气(或氧气),由于氢气与氧气的混合分子彼此均匀扩散,当遇到火种时,在极短的时间内,化合反应迅速完成,同时放出大量的热,生成的水蒸气在一个受限制的空间内急剧膨胀,在容器里容易发生爆炸。

氢与氧或空气的混合气体的燃烧速度比碳氢化合物快。氢-氧混合气的燃烧速度约为 9 m/s;氢-空气混合气的燃烧速度约为 2.7 m/s。如果氢燃烧时,不考虑生成水的热值,则称为氢的低热值;反之,称为氢的高热值。详细数据如表1-7[10]所示。

表 1-7　氢　的　热　值[10]

低热值	3.00 kW·h/m³ 8.495 MJ/L LH₂	2.359 kW·h/L LH₂ 120.0 MJ/kg	33.33 kW·h/kg	10.8 MJ/m³
高热值	3.54 kW·h/m³ 10.04 MJ/L LH₂	2.79 kW·h/L LH₂ 141.86 MJ/kg	39.41 kW·h/kg	12.75 MJ/m³

注:表中体积均指标准状态下。

在氢与氧气或空气的混合气燃烧过程中,容易产生爆炸。在常温常压情况下,空气中氢的爆炸范围为 4.1%～74.2%,氧气中氢的爆炸范围为 4.65%～93.3%。表 1-8 给出了氢气与氧气、氢气与空气的缓燃极限和爆震极限的比较[10]。

表 1-8　氢与氧、氧与空气的缓燃极限和爆震极限比较[10]

系　统	贫燃料/%		富燃料/%	
	缓燃	爆震	缓燃	爆震
H_2-O_2	4	15	94	90
H_2-空气	4	18	74	59

氢气不仅能在氧气里燃烧,还能在氯气里燃烧,发出苍白色的火焰,同时放出大量的热,并生成氯化氢气体。氯气与氢气的混合气体被日光照射时,也具有发生爆炸的危险。

1.3　氢的各种生产方法

氢的生产方法有很多种,如果按照反应过程来划分,可以分为化学转化、热裂解、电解、光解等方法。此外,矿物燃料、生物质、水等均可作为生产氢的原料,也可以按不同原料对生产方法分类。目前,氢气总需求的 48% 来自天然气蒸气重整,约 30% 来自重油和石脑油重整,18% 来自煤气化,3.9% 来自水电解,0.1% 来自生物质和其他资源[12]。

从天然气、煤炭、核能、生物质能、太阳能和风能等传统能源和替代能源出发,生产氢气有许多工艺[13]。图 1-6 给出了氢的各种制取途径。

从商业应用视角,生产规模、当地资源和成本以及技术成熟度等因素,均是采用哪种制氢技术路线所必须考虑的。表 1-9 给出了各种制氢技术的经济性比较[13]。图 1-7 给出了美国能源部关于选择制氢途径的近、中、远期观点[14]。就近期而言,天然气重整技术制氢既适用于超过 500 000 kg/d 的集中制氢工厂,也可以应用于不超过 1 500 kg/d 的分布式制氢工厂。现阶段,分布式水电解和集中式生物质气化是成熟制氢技术。中远期,从生物质提取液体燃料和微生物转化的分布式制氢将得到发展。与此同时,来自风能的水电解(50 000 kg/d)、太阳能的水电解(100 000 kg/d)以及高温水电解(超过 500 000 kg/d)等"绿氢"集中制氢工厂逐步成为现实。

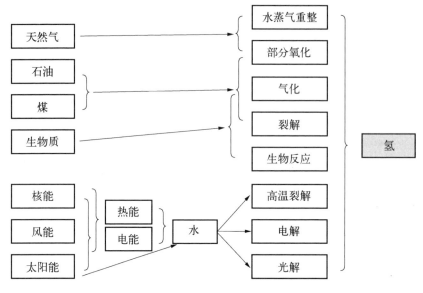

图 1-6 氢的各种制取途径

表 1-9 各种制氢技术的经济性比较[13]

序号	工艺	能源	原料	投资成本/（百万美元）	氢成本/（美元/千克）	计价年份
1	甲烷 SMR+CCS	标准矿物燃料	天然气	226.4	2.27	2005
2	甲烷 SMR－无CCS	标准矿物燃料	天然气	180.7	2.08	2005
3	煤气化+CCS	标准矿物燃料	煤	545.6	1.63	2005
4	煤气化－无 CCS	标准矿物燃料	煤	435.9	1.34	2005
5	甲烷 ATR+CCS	标准矿物燃料	天然气	183.8①	1.48	2005
6	甲烷热解	内部产生水蒸气	天然气	—	1.59～1.70	1992
7	生物质热解	内部产生水蒸气	木质生物质	53.4～3.1②	1.25～2.20	2004
8	生物质气化	内部产生水蒸气	木质生物质	149.3～6.4③	1.77～2.05	2004
9	直接生物质光解	太阳能	水+藻类	50 美元/m²	2.13	2002
10	间接生物质光解	太阳能	水+藻类	135 美元/m²	1.42	2002
11	暗发酵	—	有机生物质	—	2.57	2014
12	光发酵	太阳能	有机生物质	—	2.83	2014
13	太阳能光伏电解	太阳能	水	12～54.5	5.78～23.27	2007
14	太阳能热电解	太阳能	水	421～22.1④	5.10～10.49	2007

续　表

序号	工　艺	能　源	原　料	投资成本/(百万美元)	氢成本/(美元/千克)	计价年份
15	风能电解	风能	水	504.8～499.6⑤	5.89～6.03	2005
16	核能电解	核能	水	—	4.15～7.00	2006
17	核能热解	核能	水	39.6～2 107.6⑥	2.17～2.63	2007
18	太阳能热解	太阳能	水	5.7～16⑦	7.98～8.40	2007
19	光伏电解	太阳能	水	—	10.36	2014

注：① 基于一个 600 MW 的氢气发电厂，其投资成本为 306.35 美元/千瓦时。② 5 340 万美元的投资成本相当于 72.9 t/d 的工厂产能，310 万美元指的是 2.7 t/d 的工厂产量。③ 1.493 亿美元的投资成本相当于 139.7 t/d 的工厂产能，640 万美元指的是 2 t/d 的工厂产量。④ 4.21 亿美元的投资成本相当于一个发电塔电解厂，38.4 t/d 的工厂产能，2 210 万美元投资指碟式斯特林技术的产氢为 1.4 t/d。⑤ 5.048 亿美元的成本假设包括了电力与氢气的共同生产，而 4.996 亿美元仅代表氢气生产的成本。⑥ 3 960 万美元的投资成本相当于 7 t/d 的铜-氯工厂产能，21.076 亿美元指的是 583 t/d 产能的硫-碘热化学循环工艺工厂。⑦ 570 万美元的投资成本相当于 1.2 t/d 的工厂产能，1 600 万美元是指 6 t/d 的工厂产量。

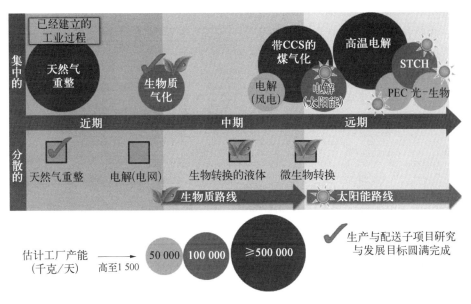

图 1-7　美国能源部关于制氢途径的近、中、远期观点[14]

依据 2020 年氢燃料电池电动汽车（FCEV）与竞争车辆油电混合动力电动汽车（HEV）在每英里成本上形成的竞争力，美国能源部将氢的门槛成本设定在 2.00～4.00 美元/gge（按 2007 年美元汇率计算）范围内。其中 gge 代表汽油加仑当量,是指与 1 加仑汽油具有相同能量的燃料量。结合图 1-7 的近、中、远期制氢途径,分析认为[15] 目前美国大部分氢气是通过大规模的天然气重整生产的,已证明该技术能够在近期内达到上述成本目标。中期内,基于可再生资源的技术,如生物质和风力发电,可达到上述成本目标。从长远来看,碳排放接近零的技术途径,如基于太阳能的技术途径,将变得可行[16]。

1.3.1 碳氢化合物

用于制氢的碳氢化合物主要指天然气、重油和石脑油。天然气是存在于地下岩石储集层中以烃为主体的混合气体的统称,主要成分是烷烃,其中甲烷占绝大多数,另有少量的乙烷、丙烷和丁烷。此外,一般天然气中还有硫化氢、二氧化碳、氮气、水蒸气、少量一氧化碳及微量的稀有气体,如氦和氩等。重油又称燃料油,指以原油加工过程中所产生的柴油以下的馏分,其特点是分子质量大、黏度高,主要成分是碳氢化合物,另外含有部分的硫黄及微量的无机化合物。石脑油俗称轻油、白电油,是石油提炼后的副产物,它的主要成分是含 5～11 个碳原子的链烷烃、环烷烃或芳烃。

碳氢化合物制氢主要有三种工艺[17]:① 水蒸气重整(steam reforming,SR);② 部分氧化(partial oxidation,POX);③ 自热重整(autothermal reforming,ATR)。

水蒸气重整通常是以甲烷(天然气)或石脑油为主的低碳烃为原料,在镍催化剂作用下与水蒸气发生反应,反应温度为 750～900℃。主要典型反应如下:

$$C_mH_n + mH_2O(g) \longrightarrow mCO + (m+0.5n)H_2 \qquad (1-11)$$

$$C_mH_n + 2mH_2O(g) \longrightarrow mCO_2 + (2m+0.5n)H_2 \qquad (1-12)$$

$$CO + H_2O(g) \Longleftrightarrow CO_2 + H_2 \qquad (1-13)$$

其中,强吸热反应式(1-11)和式(1-12)称为转化反应,中等放热反应式(1-13)称为一氧化碳变换反应,总的水蒸气重整过程是强吸热过程。在工业中,采用耐高温合金管式反应器,反应物在管内填充催化剂作用下发生转化反应和一氧化碳变换反应,燃料在管外燃烧产生火焰,以辐射方式为重整反应提供反应热。

上述工艺中的 SR,不仅传热效率低,而且对转化炉管材质要求高(成本昂贵)。部分氧化工艺采用在转化反应器内燃烧部分碳氢化合物原料,产生的热量直接供转换反应所需。这样不仅换热效率得到提高,而且转化反应器可以采用耐火材料衬里,避免了使用成本高昂的耐高温合金钢。然而,其不足的地方是需要纯氧作为氧化剂,否则以空气作为氧化剂会引入氮气,增加后续处理量。POX 可再分成催化部分氧化(catalytic POX,CPOX)和非催化的 POX。催化部分氧化通常采用镍基催化剂、以甲烷或石脑油为主的低碳烃为原料,而非催化部分氧化则以重油为原料,反应温度为 1 150~1 315℃。部分氧化过程包括碳氢化合物与氧气和水蒸气反应,其中反应(1-14)和(1-15)是燃烧(氧化)反应,为转化反应提供热量,总的生成产物包括氢气和碳氧化物,典型反应如下:

$$C_m H_n + \left(\frac{m}{2} + \frac{n}{4} \right) O_2 \longrightarrow mCO + \frac{n}{2} H_2O \tag{1-14}$$

$$C_m H_n + \left(m + \frac{n}{4} \right) O_2 \longrightarrow mCO_2 + \frac{n}{2} H_2O \tag{1-15}$$

$$C_m H_n + 2m H_2O \longrightarrow mCO_2 + \left(2m + \frac{n}{2} \right) H_2 \tag{1-16}$$

$$C_m H_n + m H_2O \longrightarrow mCO + \left(m + \frac{n}{2} \right) H_2 \tag{1-17}$$

$$CO + H_2O(g) \rightleftharpoons CO_2 + H_2 \tag{1-18}$$

在自热重整中,催化部分氧化过程中同时加入氧化剂和水蒸气,因此 ATR 是水蒸气重整(吸热)和部分氧化(放热)过程的结合。ATR 的优点是不需要外部热量,并且比 SR 更简单、更便宜,比 POX 过程获得的氢气含量更高。

1.3.2 煤

煤炭是地球上蕴藏量最丰富,分布地域最广的化石燃料。构成煤炭有机质的元素主要有碳、氢、氧、氮和硫等,以及极少量的磷、氟、氯和砷等元素。碳、氢、氧是煤炭有机质的主体,占 95%以上,煤化程度越深,碳的含量越高,氢和氧的含量越低。我国能源结构仍然依赖以煤炭为主的化石能源,一次能源结构具有"富煤、贫油、少气"的特征,2015 年煤炭消费量占一次能源总消费量的比例仍然高达 63.7%,石油和天然气的占比合计仅为 24.5%,可再生能源(不包括水电)占比仅为 2%。

随着温室气体排放带来的气候变化问题成为全球议题,新兴经济体的工业化进程开启和加速,全球的资源供给和环境承载压力日益突出,在能源需求总体增长的同时,世界开始向低碳未来转型,能源结构正在发生变化,高效清洁的低碳燃料的增速将超过碳密集型燃料。

氢气也可以通过煤气化工艺生产。煤气化过程包括煤与氧气和水蒸气反应,其中反应式(1-19)和式(1-20)是燃烧(氧化)反应,为气化反应提供热量,反应式(1-21)和式(1-22)是煤气化反应,总的生成产物包括氢气和碳氧化物,典型反应式如下:

$$煤 + O_2 \longrightarrow CO + H_2 + 杂质 \tag{1-19}$$

$$煤 + O_2 \longrightarrow CO_2 + H_2 + 杂质 \tag{1-20}$$

$$煤 + H_2O \longrightarrow CO + H_2 + 杂质 \tag{1-21}$$

$$煤 + H_2O \longrightarrow CO_2 + H_2 + 杂质 \tag{1-22}$$

$$CO + H_2O \Longleftrightarrow CO_2 + H_2 \tag{1-23}$$

煤气化制氢的优点如下:① 可以利用现有技术实现;② 制氢成本低。缺点如下:① 比其他技术产生更多的二氧化碳,得到"褐氢";② 与煤炭发电同样面临产生固体废弃物和废气的环境问题;③ 占地大,需要大规模集中生产;④ 氢气在高温下的净化和分离具有挑战性,以及设备投资大问题。

与二氧化碳捕获和处理技术相结合,煤气化制氢技术重新焕发了新的生机。最新的一项澳大利亚和日本合作开展的氢能供应链(hydrogen energy supply chain, HESC)示范项目开创性地展示了在两国之间建立从源头煤的氢气生产和运输到目的地的完整氢能供应链[18]。该项目2019年初开始建设,耗资5亿美元,从2020年至2021年运行约1年。HESC项目利用现有的煤气化技术对维多利亚州拉特罗布山谷褐煤进行气化。煤制氢气化装置是在高压下对褐煤原料进行部分氧化而产生的合成氢气。产生的一氧化碳再与水蒸气一起转化为二氧化碳,然后通过精炼过程分离出氢气。氢气经液化后,通过船运送到日本。预计气化过程中每使用150吨褐煤,将产生3吨氢气。鉴于褐煤气化和精炼过程也会产生二氧化碳,为了确保使用该工艺产生的氢气的环境效益不会被其生产产生的二氧化碳所抵消,需要安全地捕获和处理二氧化碳。维多利亚州拥有靠近海岸的地质构造,这些地质构造极利于二氧化碳的地质封存,从而安全储存制氢过程中产生的二氧化碳。

1.3.3 生物质

生物质是指通过光合作用而形成的各种有机体,包括所有的动植物和微生物,如植物、微生物以及以植物、微生物为食物的动物及其生产的废弃物。生物质能则是太阳能以化学能形式储存在生物质中的能量形式,是位列煤炭、石油、天然气之后第四大能源。

生物质气化,通常用于生产合成气,是一种具有"负碳"的制氢途径,它利用一个包括热量、水蒸气和氧气的受控过程,在不燃烧的情况下将生物质转化为氢气和二氧化碳[19]。该方法的原料包括城市固体废物、能源作物、农业废物和工业废物。

生物质可以用一些热化学或生化过程处理,来生产能源、生物燃料和生物化学品[20]。与其他生物质处理方法相比,生物质热化学法用于可持续制氢具有很大的工业应用潜力,因为这些工艺与炼油厂已经实施的工艺相似。生物质气化和生物质热解制备的生物油重整是目前研究最多的制氢途径。

在如图1-8所示的生物质气化、热解和液化三种热化学转化途径中,气化是一种能量平衡的自给自热过程[21-22]。而热解和液化性质复杂,高度依赖于操作条件和热固体颗粒与挥发物之间的二次反应。气化是在一个称为气化炉的反应器中,在氧化剂(低于化学计量燃烧)存在的条件下将固体通过生物质热化学转化变为可燃燃料。热解是生物质燃料在缺氧/空气条件下的一个复杂的热分解过程。

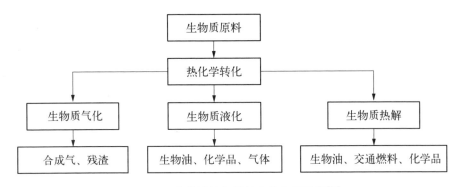

图1-8 生物质热化学转化的主要途径[22]

在生物质热化学转化途径中,液化是生物质通过复杂的化学和物理反应转化为有价值的液态产品的过程。生物质在各种因素,如热、压力、催化剂和溶剂存在的情况下,被分解成小分子。这些小分子是不稳定的,反应性强,能聚合成不同分子质量分布的油状物质。

1.3.4 水

水是地球上最丰富的制氢资源,由氢和氧组成。因此,如果提供足够的能量,水分子可以分裂成氢和氧。水的分解过程可以通过不同的技术来实现。根据分解水所消耗的能量来源,水裂解制氢(从水中提取氢)方法可分为四大类[23]：① 电能法（电解法）；② 机械法（通过超声波的声化学方法）；③ 光子法（光解或光电化学分解法）；④ 热能法（热化学循环和热分解）。

电解是从水中生产氢气的最简便方法之一。可以简单地概括为利用电能，使水分子分解成氢分子和氧分子，在阳极和阴极分别发生析氧反应和析氢反应，阳极和阴极被物理分隔开，确保氢气产品和氧气产品保持隔离。如图1-9所示，根据电解质不同，水电解技术可以分成碱性水电解（alkaline water electrolyzer，AWE）、质子交换膜水电解（proton exchange membrane water electrolyzer，PEMWE），以及固体氧化物水电解（solid oxide electrolyzer，SOEC），后续几章将分别做详细介绍。

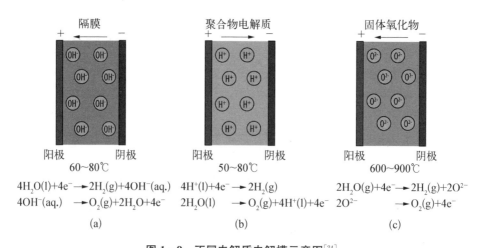

图 1-9 不同电解质电解槽示意图[24]

（a）碱性水电解槽；（b）聚合物电解质电解槽；（c）高温固体氧化物电解槽

光化学和光电化学是基于太阳能技术的两种水分解方法，选用合适的催化剂，利用太阳光的光子从水中生产氢气。光催化分解水制氢是利用普通光，在二氧化钛（TiO_2）作用下，体系中分别发生水的光还原反应和光氧化反应，直接从水中制氢的一种方法。光电解系统与光伏系统相同，都是采用半导体材料，但在光电分解过程中，光所产生电场（电源）不是产生电流，而是直接将水分解成氢和氧。

声化学分解水，其中的驱动能量是以超声波的形式存在的，当高频声波通过水时，水分子就会振动，在体系中产生气泡。水超声分解产生的氢气不是由声波和水之间的直接相互作用产生的，而是由声波空化产生的，即在超声波照射下的液体介质中微观气泡（充满水蒸气和溶解气体）的形成、生长和剧烈坍塌。这些微气泡的快速崩塌几乎是绝热的，使每个气泡都成为一个动力微反应器，内部温度达到几千开尔文，压力达到几百个大气压。在这样的极端条件下,气泡中会发生高温燃烧化学反应。气泡中被捕获的分子(水蒸气、气体和蒸发的溶质)可以被带到激发态并离解。结果表明,气泡中水和氧气的解离及缔合反应产生了·OH、HO₂·、H·、O·和H₂O₂·等活性物质。水超声分解的主要产物之一是氢,其生成速率为10~15 μM/min[远比光催化获得的速率(约0.035 μM/min)高得多][25]。

尽管水分解反应很简单,但在达到临界温度(通常超过2 500℃)之前,不会发生分解成氢气和氧气的反应。热化学分解水利用集中太阳能或核电反应和化学反应的废热产生的高温(500~2 000℃),从水中产生氢气和氧气。水裂解热化学循环以水分解为基础,通过一系列重复的化学反应,利用中间反应和在过程中循环利用的物质,使整个反应相当于水分子分解成氢和氧。在这个过程中使用的化学物质在每个循环中被重复使用,形成一个只消耗水和产生氢气及氧气的闭环。通过一种或几种热化学水裂解循环,可以降低水分解反应温度,提高整体效率。如图1-10所示,热化学循环可以仅由热能驱动[见图1-10(a)],称为纯热化学循环,也可以由热能和另一种形式的能量(如电能、光子能)共同驱动,称为混合热化学循环[见图1-10(b)][26]。热化学循环包括在不同温度下的一系列化学反应,是将热转化为氢形式化学能的最有前途的过程之一。这是一个长期的技术途径,有可能减少温室气体甚至使温室气体零排放。

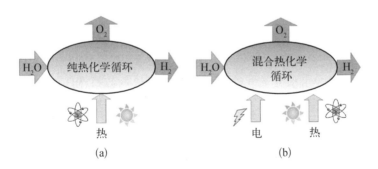

图1-10 热化学分解水制氢示意图[26]
(a) 纯热化学循环;(b) 混合热化学循环

1.4 氢电解理论

在采用电化学方法制备氢气的过程中,均涉及氢离子产生,氢离子的电化学还原过程,以及电极极化与过电位。同时,溶液的电导率、电阻均会影响电解槽的压降。因此,本节讨论水电解相关的电解质体系、法拉第定律、水电解的阴极和阳极过程、水电解的槽压、极化与过电位。

1.4.1 电解质体系

在水电解中,电解质可以是纯水、碱性水溶液、酸性溶液、含有氯化物的海水以及含有多种杂质的废水等。无论电解质的组成有何变化,在阴极都发生析出氢气的反应。在电场的作用下,氢离子(水合氢离子)向阴极移动,之后发生电化学反应产生氢气。因此,在水溶液中,带电的离子在电场中的迁移能力,即电导率,是电解过程中一个重要的影响因素。

水是一种极弱的电解质,其电导率能力很弱。在 25℃时,一般蒸馏水的电导率为 $1 \times 10^{-5} \sim 1 \times 10^{-6} (S/cm)$;纯水(常用去离子水)的电导率为 $1 \times 10^{-6} \sim 1 \times 10^{-7} (S/cm)$;高纯水的电导率小于 $1 \times 10^{-7} (S/cm)$。纯水可以发生微弱的电离,产生少量的 H^+ 和 OH^- 离子,其电离方程式为

$$H_2O + H_2O \Longleftrightarrow H_3O^+ + OH^- \tag{1-24}$$

上述电离平衡可以简写为

$$H_2O \Longleftrightarrow H^+ + OH^- \tag{1-25}$$

水的电离是一个吸热过程。由于水的电离是由水分子之间的相互作用而引起的,因此极难发生电离。实验测得,在 25℃时 1 L 纯水中只有 1×10^{-7} mol 的水分子发生电离。由水分子电离出的 H^+ 和 OH^- 的数目在任何情况下均相等,在 25℃时,纯水中离子浓度为 $c(H^+) = c(OH^-) = 1 \times 10^{-7}$ mol/L[27]。

$$K(w) = c(H^+) \cdot c(OH^-) \tag{1-26}$$

式中,$K(w)$ 称为水的离子积常数,简称水的离子积;$c(H^+)$ 和 $c(OH^-)$ 分别指溶液中氢离子和氢氧根离子的平衡浓度。$K(w)$ 是温度的函数,只随温度的变化而变化。因为水的电离是吸热的,升高温度,平衡正移,所以 $K(w)$ 只随温度升高而增大[27]。随着溶液中离子浓度的增加,溶液的电导率随之增大,相应的电阻率降低。所以,水的离子积也反映了溶液中离子导电的能力。

在 25℃时,$c(H^+) = c(OH^-) = 1 \times 10^{-7}$ mol/L,$K(w) = 1 \times 10^{-14}$。

在 100℃时,$K(w) = 1 \times 10^{-12}$。

纯水中离子浓度很小,导电性很差。但是,当酸、碱和盐溶解于水中后,水溶液的电导率就大大增加了;并且电导率随着温度增加而增加,相应水溶液中 H^+

或 OH^- 的浓度发生变化。在 25℃ 温度下,稀溶液中 $c(H^+)$ 和 $c(OH^-)$ 的离子积总是 1×10^{-14},因此,当确定了 $c(H^+)$ 就可以计算出 $c(OH^-)$,反之也一样。在室温下,溶液中 $c(H^+)$ 和 $c(OH^-)$ 的关系如下:

$$酸性溶液:c(H^+) > c(OH^-),c(H^+) > 1 \times 10^{-7}\ mol/L$$

$$中性溶液:c(H^+) = c(OH^-) = 1 \times 10^{-7}\ mol/L$$

$$碱性溶液:c(H^+) < c(OH^-),c(H^+) < 1 \times 10^{-7}\ mol/L$$

在 25℃ 温度下,

$$稀酸溶液:K(w) = c(H^+) \cdot c(OH^-) = 1 \times 10^{-14}$$

$$稀碱溶液:K(w) = c(H^+) \cdot c(OH^-) = 1 \times 10^{-14}$$

用 $c(H^+)$ 和 $c(OH^-)$ 还可以表示溶液酸碱性的强弱。pH 值与 $c(H^+)$ 之间的关系有 $pH = -\lg c(H^+)$。

1.4.2　法拉第定律

迈克尔·法拉第(Michael Faraday)是英国著名的科学家,他发现的法拉第定律是电化学最基本的定律,也是电解提取金属、电沉积、电镀等领域的理论基础。法拉第定律描述了参加电极反应的物质量与通过电极的电量之间的定量关系,包括法拉第第一定律和法拉第第二定律。在水电解过程中,该定律是重要的理论基础。

1) 法拉第第一定律

法拉第第一定律指出,在发生电化学反应时,在电极界面上发生化学变化的物质的质量与通入的电量成正比,其数学表达式为

$$m = KIt \tag{1-27}$$

$$Q = It \tag{1-28}$$

式中,m 为参加电极反应的物质质量,单位为克(g);I 为通过电极的电流强度,单位为安培(A);t 为通电时间,单位为秒(s);K 为比例常数,通常称为电化学当量;Q 为通入的电量,单位为安培·秒(A·s),可简写为库仑(C),有时单位也可以为安培·小时(A·h)。由式(1-27)得比例常数 K 为

$$K = \frac{m}{It} \tag{1-29}$$

K 的物理意义如下:单位电量(1 库仑)通过电极时,在电极上获得的物质质量,

其单位为克/库仑(g/C 或 g/A·s,g/A·h)。该值是一个固定值,与温度、压力、浓度无关。但是对不同的物质,该值是不同的。该比例常数又称电化学当量,是能耗计算、电解槽和电池设计方面比较重要的一个量。

2) 法拉第第二定律

法拉第第二定律指出,在电极上发生不同的电化学反应时,如果通过电极的电量相同,电极上参与反应的物质克当量数是相等的。无论什么物质,只要在电极上通过 96 485 库仑的电量,电极上必将获得 1 克当量的物质。反之,如果要产生 96 485 库仑的电量,电极上必须有 1 克当量的物质参与电化学反应。法拉第第二定律数学表达式如(1-30)所示,电化学当量 K 与其化学克当量成正比。

$$K = \frac{M}{Fn} \tag{1-30}$$

式中,M 为物质的摩尔质量,其单位为 g/mol;n 为电化学反应过程中转移的电子数;M/n 为化学克当量,是指该物质的摩尔质量 M 与其参与电化学反应转移电子数的比值,其单位为 g/mol;F 为法拉第常数,数值为 $F = 96\ 485$ C/mol,该数值为阿伏伽德罗常数 $N_A = 6.022\ 14 \times 10^{23}$ mol^{-1} 与元电荷 $e = 1.602\ 176 \times 10^{-19}$ C 的乘积;K 为电化学当量,其单位通常采用 g/A·h。

化学克当量计算举例:氢元素的摩尔质量为 1.00 g/mol,在电化学反应过程中转移电子数为 1,所以,其化学克当量为 1.00 g/mol。氧元素的摩尔质量为 16.00 g/mol,电化学反应过程中转移电子数为 2,所以,其化学克当量为 8.00 g/mol。

电化学当量计算举例:通过上述化学克当量的计算,可以根据式(1-30)进一步计算氢的电化学当量为 0.037 3 g/(A·h);氧的电化学当量为 0.298 g/A·h。相应地,按照标准体积 22.4 L/mol 计算,以体积表示的氢的电化学当量为 0.42 L/(A·h),氧的电化学当量为 0.21 L/(A·h)。

在碱性溶液的水电解过程中,阴极产生氢气,阳极产生氧气,在 0℃ 和 1 atm 时,通过 96 485 C 的电量,在阴极产生 1.00 g 或者 11.2 L 的氢气,在阳极析出 8 g 或者 5.6 L 的氧气。常见元素的电化学当量如表 1-10[28]所示。

表 1-10　常见元素的电化学当量[28]

元素	价数	原子数	电化学当量 K/ [g/(A·h)]	$1/K$/ [(A·h)/g]
Ag	1	107.868 2	4.024 63	0.248 47
Al	3	26.981 539	0.335 57	2.980 00

元素	价数	原子数	电化学当量 K/ $[g/(A \cdot h)]$	$1/K$/ $[(A \cdot h)/g]$
As	3	74.921 59	0.931 79	1.073 20
As	5	74.921 59	0.559 08	1.788 65
Au	1	196.966 54	7.348 96	0.136 07
Au	3	196.966 54	2.449 65	0.408 22
B	3	10.811	0.134 45	7.437 71
Ba	2	137.327	2.561 94	0.390 33
Be	2	9.0121 82	0.168 12	5.948 13
Bi	3	208.980 37	2.599 07	0.384 75
Bi	5	208.980 37	1.559 44	0.641 26
Br	1	79.904	2.981 28	0.335 43
C	2	12.011	0.224 06	4.463 09
C	4	12.011	0.112 03	8.926 18
Ca	2	40.078	0.747 71	1.337 42
Cd	2	112.411	2.097 05	0.476 86
Ce	3	140.115	1.742 66	0.573 84
Cl	1	35.452 7	1.322 78	0.755 98
Co	2	58.933 20	1.099 42	0.909 57
Cr	3	51.996 1	0.646 67	1.546 38
Cr	6	51.996 1	0.323 33	3.092 82
Cs	1	132.905 43	4.958 80	0.201 66
Cu	1	63.546	2.370 72	0.421 81
Cu	2	63.546	1.185 36	0.843 63
F	1	18.998 403 2	0.708 84	1.417 55
Fe	2	55.857	1.041 72	0.959 95
Fe	3	55.857	0.694 48	1.439 93
H	1	1.007 94	0.037 61	26.588 67
Hg	1	200.59	7.480 80	0.133 68
Hg	2	200.59	3.740 40	0.267 35
I	1	126.904 47	4.734 90	0.211 20
Ir	4	192.22	1.792 78	0.557 79
K	1	39.098 3	1.458 77	0.685 51
Li	1	6.941	0.258 94	3.861 90

续　表

元素	价数	原子数	电化学当量 $K/$ $[g/(A \cdot h)]$	$1/K/$ $[(A \cdot h)/g]$
Mg	2	24.305 0	0.453 42	2.205 46
Mn	2	54.938 05	1.024 89	0.975 71
Mn	4	54.938 05	0.512 44	1.951 45
Mo	6	95.94	0.596 60	1.676 16
N	3	14.006 74	0.174 2	5.740 53
N	5	14.006 74	0.104 52	9.567 55
Na	1	22.989 768	0.857 77	1.165 81
Nb	5	92.906 38	0.693 28	1.442 42
Ni	2	58.69	1.095 07	0.913 18
O	2	15.999 4	0.298 47	3.350 42
Os	4	190.2	1.774 13	0.563 66
P	5	30.973 762	0.231 13	4.326 57
Pb	2	207.2	3.865 39	0.258 71
Pb	4	207.2	1.932 70	0.517 41
Pd	4	106.42	0.992 47	1.007 59
Pt	4	195.08	1.818 90	0.549 78
Rb	1	85.467 8	3.188 84	0.313 59
Re	7	186.207	0.992 50	1.007 56
Rh	4	102.905 50	0.959 87	1.041 81
Ru	4	101.07	0.942 10	1.061 46
S	2	32.066	0.598 09	1.671 99
S	4	32.066	0.299 05	3.343 92
S	6	32.066	0.199 36	5.016 05
Sb	3	121.75	1.513 57	0.660 69
Sb	5	121.75	0.908 14	1.101 15
Se	6	78.96	0.490 64	2.038 15
Si	4	28.085 5	0.261 97	3.819 86
Sn	2	118.710	2.212 53	0.451 97
Sn	4	118.710	1.106 26	0.903 95
Sr	2	87.62	1.634 58	0.611 78
Te	6	127.60	0.793 47	1.260 29
Ti	2	47.88	0.893 59	1.119 08

元素	价数	原子数	电化学当量 $K/$ $[g/(A \cdot h)]$	$1/K/$ $[(A \cdot h)/g]$
Ti	4	47.88	0.446 80	2.238 14
Tl	3	204.383 3	2.540 86	0.393 57
U	6	238.028 9	1.480 17	0.675 60
V	5	50.941 5	0.380 13	2.630 68
W	6	183.85	1.142 95	0.874 93
Zn	2	65.39	1.219 69	0.819 88
Zr	4	91.224	0.850 90	1.175 22

注：本表中各元素的电化学当量根据 1987 年国际原子量及法拉第常数(96 487 C)计算而得。

1.4.3　水电解的阳极和阴极过程

在碱性溶液,如氢氧化钾水溶液中,水电解的电极反应如下:

$$阳极: 4OH^- - 4e^- \longrightarrow 2H_2O + O_2 \uparrow \qquad (1-31)$$

$$阴极: 2H_2O + 2e^- \longrightarrow H_2 \uparrow + 2OH^- \qquad (1-32)$$

$$总反应: 2H_2O \longrightarrow 2H_2 \uparrow + O_2 \uparrow \qquad (1-33)$$

在酸性溶液,如质子交换膜水电解过程中,水电解的电极反应如下:

$$阳极: 2H_2O - 4e^- \longrightarrow 4H^+ + O_2 \uparrow \qquad (1-34)$$

$$阴极: 2H^+ + 2e^- \longrightarrow H_2 \uparrow \qquad (1-35)$$

$$总反应: 2H_2O \longrightarrow 2H_2 \uparrow + O_2 \uparrow \qquad (1-36)$$

1) 阴极析氢过程

无论在碱性水溶液还是酸性水溶液中,通过水电解后,都在阴极产生氢气,在阳极产生氧气。但是,实际上在电极上发生的电化学反应过程比较复杂。可以认为在电化学反应中,首先生成氢原子(H)吸附在电极(M)表面,然后以某种方式脱附,生成氢分子。氢气析出反应可能涉及以下三个步骤[8]。

电化学步骤 A:

$$H_3O^+ + e^- \Longleftrightarrow (M)H + H_2O \qquad (1-37)$$

复合脱附步骤 B：

$$(M)H + (M)H \Longrightarrow H_2 \uparrow \qquad (1-38)$$

电化学脱附步骤 C：

$$H_3O^+ + (M)H + e^- \Longrightarrow H_2 \uparrow + H_2O \qquad (1-39)$$

上述公式中，(M)H 表示吸附在电极表面的 H 原子。

在氢气析出反应过程中，必然包括一个电化学反应步骤和脱附步骤。因此，析出反应可能包含以下四种基本反应历程类型，即

$$A(快) + B(慢) \Longrightarrow A'$$
$$A(慢) + B(快) \Longrightarrow B'$$
$$A(快) + C(慢) \Longrightarrow C'$$
$$A(慢) + C(快) \Longrightarrow D'$$

其中，A′代表快速电化学电子转移过程，但却是缓慢的氢原子复合和氢分子的脱附过程；B′代表缓慢的电化学电子转移过程，但却是快速的氢原子复合和氢分子脱附过程；C′代表快速的电化学电子转移过程，但却是缓慢的氢原子电化学脱附过程；D′代表缓慢的电化学电子转移过程，但却是快速的氢原子电化学脱附过程。

在上述 4 种历程中，反应速度取决于其中最慢的反应步骤。对具体的析氢过程，究竟按照哪种反应过程进行，要看各个步骤的相对速度。

由于析氢反应过程复杂，存在反应速度的决定步骤，且析氢反应需要在催化剂表面进行，而催化剂的成分和组成对析氢的过电位影响很大。因此，析氢反应速度和机理与催化剂的成分、组成等有关。比如，铂和钯作为析氢催化剂时，氢脱附反应是氢析出的决定步骤，同时过电位较低。而汞和铅作为析氢催化剂时，析氢的决定步骤为电化学放电步骤，而且过电位较高。

2）氧析出反应

在水电解过程中，氧的析出反应涉及多电子的转移过程，所需要的步骤较多，涉及的反应过程更复杂，所以，氧析出比氢析出反应要困难和复杂很多。

氧析出反应的电极电位高，电位范围大，几乎所有电极表面上都发生氧和含氧粒子的吸附作用，甚至生成各种价态的氧化物层。例如，在酸性溶液中，氧气析出反应如下所示，在三个反应中，通常 A 是反应速度的决速步骤[8]。

在酸性溶液中，氧化析出反应如下：

$$反应 A: H_2O - e^- \longrightarrow OH + H^+ \tag{1-40}$$

$$反应 B: OH - e \longrightarrow O + H^+ \tag{1-41}$$

$$反应 C: O + O \longrightarrow O_2 \tag{1-42}$$

在碱性溶液中,氧气析出反应如下:

$$反应 A': OH^- - e \longrightarrow HO \tag{1-43}$$

$$反应 B': OH^- + OH - e \longrightarrow O + H_2O \tag{1-44}$$

$$反应 C': 2O \longrightarrow O_2 \tag{1-45}$$

在碱性水溶液中,在低电流密度情况下,B'是反应速度的决定步骤;而在高电流密度下,A'是反应速度的决定步骤。

无论是碱性水溶液还是酸性水溶液,氧的析出过程均需要催化剂。

1.4.4 水电解的槽压

无论哪种水电解方式,包括碱性水电解、阴离子交换膜水电解、质子交换膜水电解,还是高温固体氧化物水电解,在电解过程中的槽压均直接影响制氢能耗,本节将讨论水电解的槽压组成。

1) 槽压表达式

在水电解过程中,水电解的能耗是一个很重要的指标,反映了水电解槽在运行过程中所需的费用。而与水电解的能耗直接相关的是电解槽的槽压和电流效率等指标,其具体表达式如下[8]:

$$水电解槽的槽压 \quad E = E^e + IR + \eta_{H_2} + \eta_{O_2} \tag{1-46}$$

其中,E 为水电解槽的槽压,E^e 为水电解槽的标准槽压,单位为伏特(V);I 为电解槽的电流,单位为安培(A);R 为水电解槽从阴极到阳极的总电阻,包括所有电子导体的电阻和离子导体的电阻总和,也就是包括阴极和阳极本身的电阻、电极接触点的电阻和电解液的电阻,单位为欧姆(Ω);IR 为电解槽从阴极到阳极总电阻所产生的压降,单位为伏特(V);η_{H_2} 和 η_{O_2} 分别为氢析出的过电位和氧析出的过电位,单位为伏特(V)。

2) 标准电极电势

当电对处于标准状态(即物质皆为纯净物,组成电对的有关物质浓度为 1.0 mol/L,涉及气体的分压为 101.325 kPa)时,温度为 298.15 K,该电对的电极电势为标准电极电势,通常用符号 φ^e 表示。电极电势的大小不仅取决于电对本身的性质,还与反应温度、有关物质浓度、压力等有关。

能斯特从理论上推导出电极电势与浓度(或分压)、温度之间的关系,针对任一电对,有

电极反应:

$$a\,\text{Ox} + ne^- \rightleftharpoons b\text{Red} \qquad (1-47)$$

式中,a 和 b 为电极反应的化学计量系数,Ox 与 Red 分别表示氧化态离子与还原态离子。

能斯特方程:

$$\varphi = \varphi^\ominus + \frac{RT}{nF}\ln\frac{[c(\text{Ox})]^a}{[c(\text{Red})]^b} \qquad (1-48)$$

式中,$c(\text{Ox})$ 为氧化态离子的浓度,单位为 mol/L;$c(\text{Red})$ 为还原态离子的浓度,单位为 mol/L;F 为法拉第常数,$F = 96\,485$ J/(mol·V)(或 C/mol);n 为电极反应中转移的电子数;φ 为一个电极反应的电极电位,单位为伏特(V);$\varphi^\ominus$ 为一个电极反应的标准电极电位,单位为伏特(V);R 为摩尔气体常数,单位为 8.314 J/(mol·K);T 为开尔文温度,单位为 K。

将常数项 $R = 8.314$ J/(K·mol),$F = 96\,485$(J/mol·V)代入能斯特方程 (1-48),还可以把自然对数换算为常用对数(自然对数乘以 2.303),在 298.15 K 时,有

$$\varphi = \varphi^\ominus + \frac{0.059\,1}{n}\lg\frac{[c(\text{Ox})]^a}{[c(\text{Red})]^b} \qquad (1-49)$$

应用能斯特方程时,应注意:如果组成电对的物质是固体或液体,则它们的浓度项认为是 1,不列入方程式中;如果是气体,则要以气体物质的分压来表示。无论氧化态还是还原态的浓度,均需要除以标准浓度 1.0 mol/L,即所有的浓度项除以标准浓度后,均为无量纲项。如果电极反应中,除了氧化态和还原态物质外,还有参加电极反应的其他物质,如 H^+、OH^- 存在,则应把这些物质也表示在能斯特方程中。以半反应中的计量系数为指数。

从能斯特方程式可看出,当体系的温度一定时,对确定的电对来说,φ 主要取决于 $[c(\text{Ox})]^a/[c(\text{Red})]^b$ 的比值大小。

3)氢和氧的标准电极电势

对氢析出反应而言,氢和氧的标准电极电势可分为如下四种情况讨论。

(1)针对在碱性溶液中,如氢氧化钾水溶液中,水电解的电极反应如下:

$$阳极：4OH^- - 4e^- \longrightarrow 2H_2O + O_2 \uparrow$$

$$阴极：2H_2O + 2e^- \longrightarrow H_2 \uparrow + 2OH^-$$

$$总反应：2H_2O \longrightarrow 2H_2 \uparrow + O_2 \uparrow$$

$$\varphi_{H^+/H_2} = \varphi^\ominus_{H^+/H_2} + \frac{RT}{nF} \ln \frac{[c(Ox)]^a}{[c(Red)]^b}$$

$$= 0 + \frac{0.059}{n} \lg \frac{[c(Ox)]^a}{[c(Red)]^b}$$

$$= 0.029\,5 \lg \frac{[H_2O]^2}{P(H_2)[OH^-]^2}$$

在碱性水溶液中，$[H_2O]$ 的浓度可以认为是 1，当氢气的压力为标准大气压时，即 P_{H_2}（氢气的分压）认为是 1。当采用质量浓度为 30% 的氢氧化钾水溶液时，如果认为水溶液的密度为 1 g/cm³，则氢氧化钾的摩尔浓度为 4.11 mol/L，$[OH^-]$ 离子的浓度为 4.11 mol/L。氢在 25℃温度下的碱性溶液中，其电极电位为

$$\varphi_{H^+/H_2} = -0.029\,5 \lg [4.11]^2 = -0.362\,2(V)$$

（2）在酸性溶液中，阴极反应为

$$阳极：2H_2O - 4e^- \longrightarrow 4H^+ + O_2 \uparrow$$

$$阴极：2H^+ + 2e^- \longrightarrow H_2 \uparrow$$

$$总反应：2H_2O \longrightarrow 2H_2 \uparrow + O_2 \uparrow$$

$$\varphi_{H^+/H_2} = \varphi^\ominus_{H^+/H_2} + \frac{RT}{nF} \ln \frac{[c(Ox)]^a}{[c(Red)]^b}$$

$$= 0 + \frac{0.059}{2} \lg \frac{[H^+]^2}{P(H_2)}$$

当氢气的压力为标准大气压时，即 P_{H_2}（氢气的分压）为 1。当 $[H^+] = 2$ mol/L、氢气的压力为标准大气压时，

$$\varphi_{H^+/H_2} = 0 + \frac{0.059}{2} \lg 2^2 = +0.059 \lg 2 = +0.017\,8(V)$$

（3）在酸性条件下氧电极电位：

$$\varphi_{O_2/OH^-} = \varphi^\ominus_{O_2/OH^-} + \frac{RT}{nF} \ln \frac{[c(Ox)]^a}{[c(Red)]^b}$$

$$= 1.23 + \frac{0.059}{4} \lg \frac{[P(O_2)][H^+]^4}{[H_2O]^2}$$

当氧气的分压为 1，水的浓度可以认为是 1。当 $[H^+] = 2$ mol/L 时，由

$$\varphi_{O_2/OH^-} = \varphi^{\ominus}_{O_2/OH^-} + \frac{RT}{nF} \ln \frac{[c(Ox)]^a}{[c(Red)]^b}$$

$$= 1.23 + \frac{0.059}{4} \lg \frac{[P_{O_2}][H^+]^4}{[H_2O]^2}$$

$$= 1.23 + \frac{0.059}{4} \lg 2^4$$

$$= +1.2478(V)$$

（4）在碱性条件下氧电极电位：

$$\varphi_{O_2/OH^-} = \varphi^{\ominus}_{O_2/OH^-} + \frac{RT}{nF} \ln \frac{[c(Ox)]^a}{[c(Red)]^b}$$

$$= 1.23 + \frac{0.059}{4} \lg \frac{[P_{O_2}][c_{H_2O}]^2}{[c_{OH^-}]^4}$$

当氧气的分压为 1 时，水的浓度可以认为是 1。采用质量浓度为 30% KOH 水溶液时，如果认为水溶液的密度为 1 g/cm³，则 KOH 的摩尔浓度为 4.11 mol/L，[OH⁻] 离子的浓度为 4.11 mol/L。

$$\varphi_{O_2/OH^-} = \varphi^{\ominus}_{O_2/OH^-} + \frac{RT}{nF} \ln \frac{[c(Ox)]^a}{[c(Red)]^b}$$

$$= 1.23 + \frac{0.059}{4} \lg \frac{[P_{O_2}][c_{H_2O}]^2}{[c_{OH^-}]^4}$$

$$= 1.23 + \frac{0.059}{4} \lg \frac{1}{4.11^4}$$

$$= +1.1938(V)$$

4）水的理论分解电压

在一定条件下，水的理论分解电压是指水在可逆条件下进行电解所需的电压，等于氢氧原电池的可逆电动势，也就是氢和氧标准电极电势的差值。在 25℃ 及 1 atm 的条件下，氢和氧的标准电极电势的差值为 1.23 V，所以，在该条件下，水的理论分解电压为 1.23 V。

根据前面的计算，在质量浓度为 30% 的 KOH 碱性水溶液中的理论分解电压 $E = 1.1938 - (-0.3622) = 1.556(V)$。在 [H⁺]=2 mol/L 的酸性溶液中水的理论分解电压 $E = 1.2478 - 0.0178 = 1.23(V)$。

（1）温度对水分解电压的影响。

从热力学的角度，计算水电解的理论分解电压。根据吉布斯方程式：

$$\Delta G = \Delta H - T\Delta S, \ \Delta H = \Delta G + T\Delta S \tag{1-50}$$

式中，ΔG 为水电解时所发生反应的吉布斯自由能的变化；ΔH 为水电解时的焓变；ΔS 为水电解时的熵变；T 为水电解时的工作温度。

当压力不变时，

$$\left(\frac{\partial \Delta G}{\partial T}\right)_P = -\Delta S = \frac{\Delta G - \Delta H}{T} \tag{1-51}$$

因为 $\Delta H > \Delta G$，在压力不变的情况下，提高温度，水的理论分解电压降低，其随温度升高而下降较明显。

（2）压力对水分解电压的影响。

当压力对电解有影响时，必须考虑压力对分解电压的影响。根据文献推导[8]，在一定压力条件下工作的电解槽，其在压力为 P 时水的理论分解电压如下：

$$E_p = E_1 + \frac{0.052}{2}\lg P(\mathrm{H_2}) + \frac{0.058}{4}\lg P(\mathrm{O_2}) \tag{1-52}$$

因为电解时，产生的氢气与氧气分压相等，即 $P(\mathrm{H_2}) = P(\mathrm{O_2})$，所以

$$E_p = E_1 + 0.040\,5\lg P \tag{1-53}$$

式中，E_1 为压力为 1 atm 时水的理论分解电压；E_p 为压力为 P 时水的理论分解电压。

因此，当提高水电解槽的工作压力时，压力每增大 10 倍，理论分解电压将提高 40 mV 左右。当电解槽在较高的压力状态下工作时，效率损失较小。当压力达到 2.76 MPa 时，由于提高效率而节省的能量比克服理论分解电压所必须消耗的能量大，需要考虑电解槽合适的工作压力，以降低电解槽的成本。

1.4.5　极化与过电位

氧气析出和氢气析出的过电位直接影响槽压。本节讨论电极极化、氢析出过电位、氧析出过电位等相关参数。

前面介绍的电位是指在平衡状态下氢和氧的电位值。这些数值是电极反应在平衡状态下所获得的，也就是在电极上没有净产物。但是，在实际电解过程中，需要在阴极和阳极上获得产物，水电解应在一定的电流密度下进行，也就是打破电极的平衡状态，这时，无论阴极还是阳极的电位都要偏离平衡值，称为电

极发生了极化。在某一电流密度下,电极上电极电位与平衡电极电位的差值,称为过电位,规定该值总是正值。

在水电解过程中,无论在析出氢气的阴极,还是在析出氧气的阳极,都会产生极化,因此均存在过电位。在水电解过程中,氢、氧的过电位均较大,因此,研究氢及氧的过电位对降低能耗非常重要。

由浓差极化而产生的过电位,称为浓差过电位。由电化学极化所产生的过电位,称为活化过电位,或电化学过电位。在任何电化学反应过程中,浓差极化和电化学极化均同时存在,差别只在哪一个占比更大,并且两者会因工艺条件不同而变化。电流密度小时,浓差极化较小;而电流密度很大时,电极表面附近浓度变化较大,因而浓差极化增加。

1) 氢过电位

在酸性溶液中,氢离子迁移率远远高于其他离子,因此,在酸性溶液中由于浓差极化导致的过电位是微不足道的。在碱性水溶液中,参加反应粒子的浓度很高,浓差极化也很小。所以,在酸性及碱性溶液的实际水电解过程中,氢的过电位主要是电化学过电位,或者活化过电位。影响氢过电位的因素主要包括电极材料、电极表面状态、电流密度、温度和溶液组成等。

催化剂本身的性质对氢析出过电位的影响很大,比如,钯的析氢过电位接近于零,而汞的析氢过电位达到 0.78 V。另外,电极表面状态、真实的表面积均影响析氢过电位,比如,采用多孔催化电极电解水制氢,可以增加电极反应面积,降低过电位。

电流密度影响氢的过电位,氢过电位主要是由氢离子放电迟缓、氢电化学脱附迟缓以及催化复合步骤引起的。

提高水电解的工作温度能增加反应粒子的活性,降低过电位。一般地说,温度每升高 1℃,过电位降低 1~4 mV。而对于大多数金属来说,温度每升高 1℃,其过电位降低 2~3 mV。

氢过电位对电解液中的某些外加物质很敏感。例如,在碱性电解液中,加入少量 $KReO_4$(0.3%),可明显降低氢过电位;同样,加入 Co_3O_4 和 V_2O_5 等物质,也有相同作用。因此,工业上常用这些物质作为添加剂,降低水电解制氢过程中的氢过电位。

2) 氧过电位

阳极上氧析出过电位高于同一条件下的氢过电位。氧的电极反应过程与氢不同,析出 1 个氧分子需要 4 个电子参加反应,而 1 个氢分子只有 2 个电子参加反应。引人注意的是,在氧的电极反应过程中,电极表面形成中间反应物,即金属氧化物。由于氧析出时,阳极不可避免地要产生副反应,使过电位随时间显著变化,不易建立可逆氧电极过程,而且试验结果的重现性也很差。

氧过电位是由于整个阳极反应过程中,某些步骤迟缓导致,阳极上放电离子减少,氧析出的电位增大。与氢过电位一样,氧过电位主要也是活化过电位。

氧过电位也与电极材料、电流密度和工作温度等因素有关。采用不同电极材料时,氧过电位如表 1–11 所示[27]。电极表面状态也同样影响氧过电位。电极表面越粗糙,与电解液接触面积越大,氧过电位就越低。由塔菲尔(Tafel)公式可以看出,电流密度越大,氧的过电位越大。

表 1–11　不同电极材料上的氧过电位[27]

电极材料	氧过电位/V	电极材料	氧过电位/V
Pd	0.43	Cu	—
Au	0.53	Cd	0.43
Fe	0.25	Sn	—
(光滑)Pt	0.45	Pb	0.31
Ag	0.41	Zn	—
Ni	0.06	Hg	—

3) 电阻电压降

在水电解过程中,总电阻 R 包括电解液本身的电阻、隔膜电阻、电极电阻和接触电阻。其中,电极电阻和接触电阻很小,可忽略不计。隔膜电阻与隔膜材料和厚度有关,而电解液的电阻与电解质的种类和浓度有关,表 1–12 给出了不同温度和浓度下 KOH 水溶液的电阻率[27]。

表 1–12　KOH 水溶液的电阻率[27]　　　　　　　　单位/(Ω·cm)

温度/℃	浓度/%								
	20	22.5	25	27.5	30	32.5	35	37.5	40
50	1.250	1.158	1.104	1.061	1.042	1.060	1.075	1.100	1.153
55	1.174	1.098	1.036	0.999	0.988	0.988	1.000	1.020	1.064
60	1.099	1.027	0.970	0.933	0.922	0.922	0.929	0.945	0.980
65	1.046	0.968	0.923	0.901	0.867	0.867	0.870	0.883	0.931

温度/℃	浓度/%								
	20	22.5	25	27.5	30	32.5	35	37.5	40
70	0.988	0.909	0.865	0.833	0.827	0.827	0.818	0.828	0.825
75	0.928	0.863	0.820	0.788	0.775	0.775	0.772	0.779	0.800
80	0.882	0.833	0.790	0.751	0.737	0.737	0.731	0.736	0.754

电解液中的电压损失可用欧姆定律来计算：

$$iR = \rho_0 \frac{iL}{S} (\mathrm{V}) \tag{1-54}$$

式中，ρ_0 电解液电阻率，单位为 $\Omega \cdot \mathrm{cm}$；i 为电流，单位为 A；S 为电解液截面，单位为 cm^2；L 为电极间距离，单位为 cm。

在水电解过程中，电解液中含有连续析出的氢、氧气泡，会使电解液电阻增大，实际电压降要比计算值大。电极间距一定时，电流密度越大，偏差越大。为了计算实际的电压降，必须要考虑电解液的"含气度"。所谓含气度是指电解液中气泡所占体积的百分数，含气度越高，电阻越大，含气度为 35% 时，电解液的内电阻比不含气泡时大 1 倍。

1.5　水电解制氢与氢经济

氢气在 500 多年前就被发现，很长时间以来它作为一种工业气体原料而得到大量应用，如今正成为传统燃料的替代品。未来将发挥作为能源燃料更重要的作用，支撑起社会"氢经济"运转。

1.5.1　水电解制氢历史与"氢经济"起源

水电解制氢有着久远的历史。

1789 年，一位阿姆斯特丹的商人阿德里安·佩茨·范·特罗斯特维克（Adrian Paets van Troostwijk，1752—1837）和他的医生朋友约翰·鲁道夫·戴曼（Johan Rudolph Deiman，1743—1808），完成了一项神奇的试验，即电解水能产生两种气体。他们使用端封闭的玻璃管,将一根细的金线从玻璃管底部伸进。玻璃管中装满水,再倒置在装有水中玻璃器皿中。然后将另一根细金线从玻璃管开口端伸入,靠近前面提到的细金线。分别把两根金线另一端连接到一台基于静电摩擦的发电机,可以观察到发电机发出的电导致两根电线上的气体逸出[29]。

亚历山德罗·沃尔塔(Alessandro Volta)在 1800 年发明了伏打电池,几周后威廉·尼科尔森(William Nicholson)和安东尼·卡莱尔(Anthony Carlisle)用它电解水,这一过程中产生的气体之后被鉴定为氢和氧。随着电化学的发展,通过法拉第电解定律建立了电能消耗与气体产生量之间的比例关系,水电解的概念得到了科学的定义和认可。随着 1869 年泽诺·格拉姆(Zénobe Gramme)发明了格拉姆机——直流发电机,水电解成为一种经济的制氢方法。1888 年,德米特里·拉奇诺夫(Dmitry Lachinov)发明了一种通过水电解工业合成氢气和氧气的技术。到 1902 年,已有 400 多台工业水电解槽投入运行。20 世纪 20 年代至 70 年代是发展的"黄金时代",许多水电解设计和技术都是在这一时期诞生的。在工业对氢气和氧气需求的推动下,前期积累的知识被应用于水电解技术的产业化。1939 年,第一座容量为 10 000 Nm^3 H_2/h 的大型水电解厂投入运行,1948 年,师丹斯基和龙沙(Zdansky-Lonza)制造了第一台 30 bar 加压工业电解槽[30]。

1966 年,通用电气首次使用全氟磺酸膜(Nafion 膜)为空间项目提供能源[30]。质子交换膜的发现推动了质子交换膜水电解的发展,在 20 世纪 70 年代早期,小型质子交换膜水电解槽被用于太空和军事领域。

20 世纪 80 年代,多尼尔系统公司(Dornier System GmbH)、西屋电气(Westinghouse Electric)等报道电解质支撑的管式固体氧化物电解池(solid oxide electrolyzer cells,SOEC)结果[31]。SOEC 被认为未来发展空间巨大。

直到 20 世纪 70 年代,才出现"氢经济(hydrogen economy)"概念一词,最初是指利用氢替代石油和天然气等传统燃料,作为低碳交通或供暖燃料的一种愿景。

约翰·博克里斯(John Bockris)是第一个使用"氢经济"一词的人,然而这个概念则源于一个名叫劳亚切克(Lawaceck)的德国工程师的工作。在 1968 年的一个晚宴上,约翰·博克里斯听到劳亚切克建议通过管道以氢的形式更经济地转移能量。1970 年,时任宾夕法尼亚大学教授的约翰·博克里斯在通用汽车技术中心的演讲中表示,他找到了一种利用阳光将氢从水中释放出来的方法,并创造了"氢经济"一词来描述该技术的预期应用。1972 年约翰·博克里斯与阿佩尔比(Appleby)一起发表了第一篇氢经济论文[32]。

在 20 世纪 70 年代石油危机发生后,通用汽车公司认识到了氢在未来运输中燃料供应方面的应用,并指出交通部门会对在更大范围内引入氢发挥关键作用,因为氢可以提供有效解决排放控制和供应安全的方案(采用非电力的、与其他替代方案不同的燃料)[33]。

1.5.2 "氢经济"兴起

"氢经济"一词是指将氢作为一种清洁、低碳的能源来满足世界能源需求,取代目前用于运输、工业、住宅和商业部门的传统化石燃料,并成为清洁能源组合的重要组成部分,即把氢作为主要的能源载体体系[34]。

根据氢理事会的数据,到 2050 年,国际氢市场价值可能高达 2.5 万亿美元,满足全球 18%的能源需求,在全球范围内提供 3 000 万个就业岗位,每年减少 60 亿吨二氧化碳排放。

尽管传统上氢在一些工业过程(如氨合成和原油精炼)中用作原料,但最近的发展表明,氢还可用于许多领域,包括发电、运输和储存间歇性可再生能源。氢作为一种替代能源再次受到重视有几个原因。除了全球渴望更环保的燃料来源、改进氢技术、增加政府对气候友好型燃料多样化的支持(如在日本、韩国和德国等国)以及全球能源政策的变化之外,在排放标准和全球技术领域(如需要电网规模储存以保持系统稳定性的间歇性可再生能源的快速部署),所有这些都有利于支持发展氢经济的论点。人们还普遍认识到,氢有可能应用于各种工业脱碳。

把氢作为主要的能源载体的体系称为氢经济或氢能体系。

在世界发展长河中,能源经历了从固体到液体,再到气体的转变,同时这也是一个从多碳少氢能源,逐渐向少碳多氢以至纯氢的能源转变演变过程,如图 1 - 11 所示[35]。在 19 世纪中叶以前,世界上最依赖的能源是木材能源。在 19 世纪,煤炭是世界主要能源来源。由于世界经济的高速增长,能源使用量迅速增长,世界朝着克服煤炭能源短缺问题的石油燃料发展。现在,石油燃料正面临着环境问题,开始向直接使用天然气燃料转变。天然气更清洁、更轻、更高效,解决了大部分环境问题,可以穿过管网分配燃料。如今,天然气燃料成为发电的首选。

在能源转型过程中,氢作为一种清洁能源和良好的能源载体作用愈加突出,具有清洁高效、可储能、可运输、应用场景丰富等特点,如图 1 - 12 所示[36]。氢

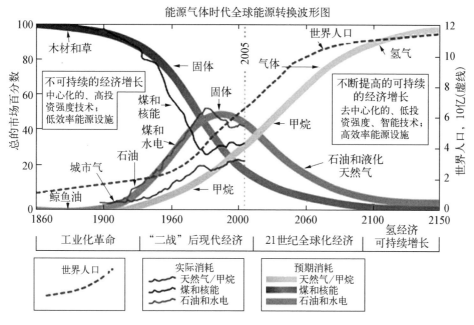

图 1-11 1850—2150 年全球能源转型[35]

（彩图见附录）

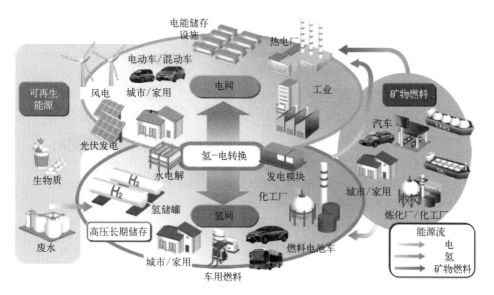

图 1-12 以氢网和电网为主的未来能源网络[36]

（彩图见附录）

是二次能源,能通过多种可再生能源制取,氢还可以更经济地实现电能或热能的长周期、大规模储存,可成为解决弃风、弃光、弃水问题的重要途径,保障可再生能源体系的安全稳定运行。可以利用燃料电池和水电解,实现氢气与电之间的灵活转换,因此氢网和电网可以构成未来主要能源网络。氢能应用模式丰富,能够帮助工业、建筑、交通等主要终端应用领域实现低碳化,包括作为燃料电池汽车应用于交通运输领域,作为储能介质支持大规模可再生能源的整合,应用于分布式发电或热电联产为建筑提供电和热,为工业领域直接提供清洁的能源或原料等。氢与化石燃料之间也有顺畅衔接通道,该通道可以实现(氢+二氧化碳)合成化学转化,从而达到不同能源网络之间的协调与优化。

总之,氢从来没有像今天这样受到如此广泛且高度重视,一方面是因碳减排和碳达峰压力,另一方面就是其与可再生能源发电的协同潜力,更远期考虑是基于氢能的社会发展愿景。水电解是利用可再生能源和核资源生产无碳氢气(绿氢)的一种很有前景的选择,绿氢生产的中期目标是在 2025 年前达到成本每千克氢气 2 美元,2030 年目标是每千克氢气 1 美元,从而建立起经济上的竞争优势。

参考文献

[1] Zgonnik V. The occurrence and geoscience of natural hydrogen:a comprehensive review [J]. Earth-Science Reviews,2020,203:103140.

[2] Fuel Cell & Hydrogen Energy Association. Road map to a US hydrogen economy[R]. Washinton:DOE,2020.

[3] IEA. IEA technology report:Global Hydrogen Review 2021[R]. Paris:IEA,2021.

[4] Wettengel J. Thyssenkrupp tests use of hydrogen in steel production to bring down emissions[N]. Clean Energy Wire,2019 - 11 - 12.

[5] 国际可再生能源署(IRENA).全球可再生能源展望:能源转型 2050[R].阿布扎比: IRENA,2020.

[6] Preuster P,Alekseev A,Wasserscheid P. Hydrogen storage technologies for future energy systems[J]. Annual Review of Chemical and Biomolecular Engineering,2017,8: 445 - 471.

[7] IEA. Global average levelised cost of hydrogen production by energy source and technology,2019 and 2050[R]. Paris:IEA,2019.

[8] 池凤东.实用氢化学[M].北京:国防工业出版社,1996.

[9] 冯光熙,黄祥玉,申泮文,等.稀有气体氢碱金属[M].北京:中国科学出版社,1984.

[10] 毛宗强,毛志明.氢气生产及热化学利用[M].北京:化学工业出版社,2015.

[11] 李国星.氢与氢能[M].北京:机械工业出版社,2012.

[12] Saeidi S,Fazlollahi F,Najari S,et al. Hydrogen production:perspectives,separation

with special emphasis on kinetics of WGS reaction: a state-of-the-art review[J]. Industrial and Engineering Chemistry, 2017, 49: 1-25.

[13] Nikolaidis P, Poullikkas A. A comparative overview of hydrogen production processes [J]. Renewable & Sustainable Energy Reviews, 2017, 67: 597-611.

[14] Hydrogen and Fuel Cell Technologies Office. U.S. national clean hydrogen strategy and roadmap[R]. Washington DC: Hydrogen and Fuel Cell Technologies Office, DOE, 2023.

[15] Ruth M, Joseck F. Hydrogen threshold cost calculation, program record[R]. Washiton: Offices of Fuel Cell Technologies, DOE, 2011.

[16] Valley T L, Richard A R, Fan M H. The progress in water gas shift and steam reforming hydrogen production technologiese: a review[J]. International Journal of Hydrogen Energy, 2014, 39: 16983-17000.

[17] Kalamaras C M, Efstathiou A M. Hydrogen production technologies: current state and future developments[J]. Conference Papers in Science (Special Issue), 2013: 690627.

[18] Hydrogen Energy Supply Chain (HESC) Project. Successful completion of the HESC pilot project[R]. Kobe: HESC Project, 2022.

[19] Dou B L, Zhang H, Song Y C, et al. Hydrogen production from the thermochemical conversion of biomass: issues and challenges[J]. Sustainable Energy Fuels, 2019, 3: 314-342.

[20] Arregi A, Amutio M, Lopez G, et al. Evaluation of thermochemical routes for hydrogen production frombiomass: a review[J]. Energy Conversion and Management, 2018, 165: 696-719.

[21] Sansaniwal S K, Pal K, Rosen M A, et al. Recent advances in the development of biomass gasification technology: a comprehensive review[J]. Renewable and Sustainable Energy Reviews, 2017, 72: 363-384.

[22] Zhang L, Champagne P. Overview of recent advances in thermochemical conversion of biomass[J]. Energy Conversion and Management, 2010, 51: 969-982.

[23] Safari F, Dincer I. A review and comparative evaluation of thermochemical water splitting cycles for hydrogen production[J]. Energy Conversion and Management, 2020, 205: 112182.

[24] Xiang C X, Papadantonakis K M, Lewis N S. Principles and implementations of electrolysis systems for water splitting[J]. Materials Horizons Journal, 2016, 3: 169-173.

[25] Merouani S, Hamdaoui O, Yacine R, et al. Mechanism of the sonochemical production of hydrogen[J]. International Journal of Hydrogen Energy, 2015, 40(11): 4050-4064.

[26] Safari F, Dincer I. A review and comparative evaluation of thermochemical water splitting cycles for hydrogen production[J]. Energy Conversion and Management, 2020, 205: 112182.

[27] 电子工业部第十设计研究院.氢气生产与纯化(水电解制氢)[M].哈尔滨:黑龙江科学技术出版社,1983.

[28] 邱竹贤.铝电解原理与应用[M].徐州:中国矿业大学出版社,1997.

[29] Levie R. The electrolysis of water[J]. Journal of Electroanalytical Chemistry, 1999, 476: 92 - 93.

[30] Santos D M F, Sequeira C A C, Figueiredo J L. Hydrogen production by alkaline water electrolysis[J]. Química Nova, 2013, 36(8): 1176 - 1193.

[31] Dönitz W, Dietrich G, Erdle E, et al. Electrochemical high temperature technology for hydrogen production or direct electricity generation [J]. International Journal of Hydrogen Energy, 1988,13: 283 - 287.

[32] Bockris J. The hydrogen economy: its history[J]. International Journal of Hydrogen Energy, 2013, 38(6): 2579 - 2588.

[33] Ball M, Weed M. The hydrogen economy: vision or reality? [J]. International Journal of Hydrogen Energy, 2015, 40: 7903 - 7919.

[34] Abe J O, Popoola A, Ajenifuja E, et al. Hydrogen energy, economy and storage: review and recommendation[J]. International Journal of Hydrogen Energy, 2019, 44(29): 15072 - 15086.

[35] Hefner R A. The age of energy gases: China's opportunity for global energy leadership [M]. Oklahoma, USA: GHK Company, 2007.

[36] Imboden C, Reissner R. Introduction to European grid service market symposium.[C]// Qualygrids Programme. European Grid Service Market Symposium, 2017, Lucerne, Switzerland.

第2章

碱性水电解

水电解距今有 200 多年历史。大约在 1800 年,德国的 J. W.里特(J. W. Ritter)通过实验证明了水电解制氢的原理。同年,英国威廉·尼科尔森(William Nicholson)和安东尼·卡莱尔(Anthony Carlise)将水分解为氢气和氧气,这项技术在几十年后才开始应用。1890 年,法国军方建造了一个水电解设备,以产生飞艇上使用的氢气。1900 年左右,全世界有 400 多台工业水电解槽在运行。1930 年左右,不同型号的碱性电解槽相继问世[1]。

对于水电解过程,所需的能量来自直流电的电能。当采用可再生能源产生电力时,可以实现室温气体的零排放,因此利用太阳能和风能等可再生能源,通过水电解制氢是环境友好的工艺。在室温下,纯水的导电性很差,所以水的分解量很少,大约为 1×10^{-7} mol/L。因此,需要使用酸或碱来提高水的导电性。

在碱性水溶液中,利用电能进行水电解将水分解为氢气和氧气,化学反应如式(2-1)~式(2-3)所示。在阴极,水分子被电子还原为氢气和带负电的氢氧根离子。在阳极,氢氧根离子被氧化成氧气和水,同时释放出电子。总反应为水分解产生氢气和氧气。

$$阴极反应:2H_2O + 2e^- \longrightarrow H_2 \uparrow + 2OH^- \tag{2-1}$$

$$阳极反应:2OH^- \longrightarrow 0.5O_2 \uparrow + H_2O + 2e^- \tag{2-2}$$

$$总反应:H_2O \longrightarrow H_2 \uparrow + 0.5O_2 \uparrow \tag{2-3}$$

2.1　碱性水溶液电解制氢装置

水电解制氢装置可以根据电解槽结构、电气连接方式和电解质性质进行分类。按电解槽的电气连接方式,可分为单极性和双极性水电解制氢装置;按照电解槽的结构特点,可分为箱式和压滤式水电解制氢装置。单极性水电解制氢装置通常是箱式的;双极性水电解制氢装置可以是箱式,也可以是压滤式。箱式电解槽一般在常压下运行,压滤式电解槽可以在常压,也可以在高压下运行。单极性和双极性电解槽各有优缺点,应根据具体情况进行选择确定。与单极性电解槽相比,双极性电解槽宜在小电流、高电压条件下运行。

2.1.1　单极性箱式电解槽

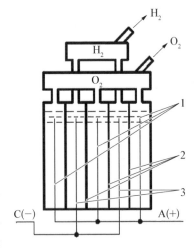

单极性箱式电解槽的电极按图 2-1 的方式进行连接,水电解制氢装置由外部串联的若干单元电解槽组成。单元电解槽由若干相互交替、彼此平行的阳极板(简称:阳极)和阴极板(简称:阴极)组成,阳极和阳极,阴极和阴极并列连接。每个单元电解槽都浸没在盛有电解液的箱中,箱可以是开放式,也可以是密闭式。

按这种连接方式,每块极板只有一种极性。因此,这种结构的电解槽称为单极性电解槽,每块极板只传导总电流的一小部分,电解槽电压根据每对电极所构成的小室电压而定,需要提供低电压、高电流的整流设备。

箱式电解槽制造简单,使用、维修和拆卸方便,电解液不用分流,一个电极发生故障,不影

1—阳极板;2—隔膜;3—阴极板。

图 2-1　单极性箱式电解槽的电极连接[1]

响整个电解槽运行。但它的体积大,小室电压高,电解液不能充分循环。因此,整个电解槽不能保持温度一致,而且需要采用很粗的铜母线。由图 2-1 可以看出,电源母线和连接件太多,是一种老式的工业电解槽。

2.1.2　双极性压滤式电解槽

双极性压滤式电解槽的电极连接方式如图 2-2 所示,其极板也是垂直的,相互平行排列,电流只从一端极板导入,通过电极经由电解液传导到下一块极板,最后,由另一端极板输出。由于电解液和隔膜电阻的原因,造成电解槽电压从输入端至输出端逐渐降低。对同一极板而言,在前一小室中作为阴极,在后一电解小室中则作为阳极。也就是说,每块极板的正面是阴极,背面是阳极,一

块极板起着两种极性作用。相邻两块隔板、中间的隔膜、电解液和密封垫组成一个电解小室,若干电解小室组成双极性电解槽,电解槽中许多并列的电解小室,两端用端板压紧,呈压滤机型,因此称为双极性压滤式电解槽。

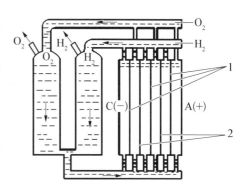

1—隔膜;2—电极。

图 2-2　双极性压滤式电解槽的电极连接[1]

对一定产氢量而言,压滤式电解槽的槽体小,不需要连接各个电解槽的母线,而且由于在低电流、较高电压下运行,简化了功率调节系统,也可以在高压情况下运行,但设计和制造较为复杂。表 2-1 给出了单极性与双极性电解槽结构与性能比较。

表 2-1　单极性与双极性电解槽的比较

项　　目	单极性电解槽	双极性电解槽
电流	nI_1,要用大的汇流线	I_1
小室电压	V,有导体电阻	nV,几乎没有导体电阻
整流器要求	低电压,大电流,价格昂贵	较高电压,小电流,较便宜
安全性	因低电压,较安全	因高电压,较危险
设计与制造	简单	比较容易
原料投入	简单	复杂
产品取出维修	容易	比较困难

2.2　碱性水电解槽的性能要求以及组件

碱性水电解槽在使用时,期待其具有较低的能耗和较高的氢气纯度。碱性电解槽系统组成比较复杂,包括电解槽、辅助与配套设备部分,其主体设备是电解槽,包含电极、隔膜和双极板等结构。

电解槽是制氢装置的主体设备,对其主要性能要求如下:产生的氢和氧纯度高;单位产氢量能耗低;结构简单,制造、使用和维修方便,使用寿命长;原材料便宜,利用率高;造价低;安全可靠、自动化程度高;氢气质量应符合 GB 3634—

83 技术要求,即

含氢:体积百分比高于 99.7%

总的气体杂质:体积百分比低于 0.30%

其中氧:体积百分比低于 0.20%

氮:体积百分比低于 0.10%

氯:—

碱:符合检验

水电解制氢装置可以分为电解槽、辅助和配套设备三部分。电解槽是制氢装置的主体设备,由若干电解小室组成,每个小室包括阳极、阴极、电解质和隔膜。辅助与配套设备主要是氢分离洗涤器、氧分离器、气体冷却器、电解液过滤器、电解液冷却器、阻火器、捕滴器、气水分离器、电解液循环泵、仪表和阀门,这些设备都装在一个框架中。此外,还包括整流设备、控制箱、水箱、电解液储罐和储气罐等。

1)电极

作为水电解制氢装置的电极应具有以下特点:电极必须是电子导体;电极必须有合适的催化表面用于氢离子的还原或氢氧根离子的氧化;在催化剂和电解质之间,必须有较大的界面面积;必须有除去气泡的适当方式,以便在电解槽工作电压条件下,气泡本身能与电解质进行分离。同时,在一定的电流密度条件下,电极的过电位低,不易腐蚀,使用寿命长,成本低。

电极的结构形式很多,随着电解槽结构的不同而变化。通常,将电极分为平板电极和多孔电极两大类。平板电极有打孔和不打孔两种。目前的工业电解槽多采用打孔的平板电极。与不打孔的平板电极相比,打孔的平板电极有利于排出电极上产生的气泡,增加电极有效面积。因此,在一定的表观电流密度条件下,电极的过电位较低,也能降低溶液的电压。因此,电解槽的工作电压较低。

多孔电极是 20 世纪 60 年代发展起来的电极,包括普通的多孔镍电极和性能更好的多孔催化电极。与打孔平板电极相比,多孔电极的有效面积进一步增加,有利于排出电极上产生的气泡,并能进一步降低电解槽的工作电压。

(1)平板电极。早期的水电解槽是采用铁片制成的不打孔平板电极,允许通过的电流密度很低。后来,改用铸铁电极,电极板上铸有垂直的凸起筋条,以增大电极面积,有助于排出气泡和提高电流密度。但由于材料和结构上的原因,不打孔平板电极的电流密度难以进一步提高。

为了提高电极性能,在主极板两侧增加了阴、阳副极板。主极板采用金属材料时,阴、阳副极板和主极板之间可采用铆接、螺栓连接或直接压紧等方式进行连接。主极板两侧的阴、阳极板上有许多小孔,形状有圆孔、月牙孔和方孔等。打孔平板电极的电流密度可达 1 500~2 500 A/m²。

(2) 多孔电极。多孔电极可由各种材料制成。在碱性水溶液电解槽中,采用多孔镍电极,其厚度小,孔隙率大,电极有效面积比表观面积大得多,电化学反应的活性较强,性能较好。所谓孔隙率是指镍板上小孔的总体积与镍板总体积的百分比。多孔镍电极常用粉末冶金法或喷雾烧结法制成。先把活性组分镍粉与非活性的添加组分,如锌、铝等粉末混合成型后,在碱性溶液中使添加的成分溶解,便可得到多孔镍电极。

阿丽斯·查尔梅斯(Allis Chalmers)公司首先把多孔镍电极用于水电解。该公司设计的电解槽采用石棉布及紧贴于石棉布两侧的多孔镍电极,电解液为 25%~30% KOH 水溶液,在温度 120℃、压力 2.06 MPa 和电流密度为 8 602 A/m² 时,小室电压为 1.78 V。日本有关烧结镍多孔电极水电解试验数据表明,烧结镍电极能降低电解小室电压。若在电极和隔膜之间插入有催化作用的贵金属网,可进一步降低电解小室电压。

我国生产的 DY-6 型水电解槽用直径为 0.5 mm 的镍网做副极板,主极板用碳钢冲压成型,两边各有 170 个半径为 6 mm 均匀交错排列的凹凸状突起的圆形板。主极板焊在碳钢制的框架上,然后镀镍制成。框架上部有氢气出气孔,另一侧有氧气出气孔,分别连通氢气道环和氧气道环,气体由此离开电解槽。极框下部结构与上部结构一样,循环电解液分别进入氢液道环和氧液道环,再经(氢)氧进液孔进入(阴)阳极室,其具体结构如图 2-3 所示。

这种主极板结构可使电解小室两个电极之间具有合适的距离。同时,气泡沿着主极板和副极板的缝隙曲折上升。这样,气体离开电解槽时,气体所夹带的电解液少。这种主极板的结构紧凑,占地小,为使主极板与副极板充分接触,应保证 70% 以上的凸起在一个平面上,因而加工较困难。

水电解槽的阳极用镀镍铁板制成。镍阳极对氧析出的过电位比较低,但若在电解液中

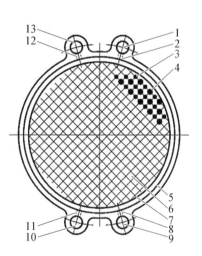

1—氢气道环;2—氢出气孔;3—凹陷;4—凸起;5—框架;6—极板;7—焊缝;8(11)—阴(阳)极进液孔;9(10)—阴(阳)极液道环;12—氧出气孔;13—氧气道环。

图 2-3 DY-6 型电解槽主极板[1]

有微量氯离子时,镍阳极会发生明显点蚀。

在碱性水电解质中,要求阳极材料在强阳极极化的条件下,不应发生溶解和钝化,并能完成阳极反应。实际上,即使是贵金属,在阳极极化过程中也有可能被氧化。不过,要求阳极氧化后所形成的氧化物,在所处的环境中具有很好的耐腐蚀性,以及要求该氧化物兼具导电性。

以金属材料作为阴极,除特殊情况外,即使在强腐蚀性环境中,也不易引起腐蚀。因此,与阳极相比,阴极材料选择的自由度大。下述三种情况可使阴极材料产生腐蚀,一是电解槽停止运行;二是在运行中,由于电流分布不均匀,有的部位未能完全阴极极化;三是容易形成金属氢化物的金属材料。

铁在碱性溶液中不被腐蚀,对氢的过电位低,价格便宜。目前,常用喷砂处理的软铁作为阴极,若在铁板表面制备一层 Ni_3S_2 活化层,可降低小室电压 0.2 V,节省电能约 10%。Ni_3S_2 活化层制备过程如下:先在铁基体上镀一层约 20 μm 厚的镍,再镀一层 Ni_3S_2 活化层。

2）碱性电解质

目前的碱性水电解槽倾向于采用 KOH 水溶液,主要是因为它在工作温度条件下,可达到的最高电导率比 NaOH 的高,KOH 的蒸气压比 NaOH 的低,降低了蒸发损失。

对电解槽中的氢氧化物的要求如下:纯度高,其中氯化物含量不应超过 0.025%,因为在电解过程中,产生的氯气是有害的,它会腐蚀电极,污染气体产物。其他金属离子容易沉积在阴极上,而微量有机物会使电极中毒,失去电化学活性。由于碳酸盐会降低电解质的电导率,因此在电解质中的碳酸盐应尽可能少。配制电解质溶液应该采用蒸馏水或去离子水。水管材料应耐腐蚀,可用硬橡胶或不锈钢等材料。

电解槽运行时间过久或操作不当,往往会积聚相当多的杂质,使工作电压不断升高。在这种情况下,可向电解液中加入少量 V_2O_5,能有效降低工作电压,但不是所有情况都有效。

电极的过电位随电解液温度的升高而下降,但在常压下,温度超过 80℃ 时,气体中水蒸气含量可达 30%。此时继续提高温度,所消耗的能量迅速增加。同时,温度升高加速了电解质对电解槽材料的腐蚀作用。在实际操作中,常压水电解的工作温度一般为 70~90℃。

3）隔膜

水电解反应的特征如下:在阳极进行氧化反应,析出氧气;在阴极进行还原反应,析出氢气。在阴极和阳极之间放置隔膜,可以防止阴极和阳极产生的气体混合发生反应,以及防止电极相互接触和短路。电解槽最小的单元是电解小室,是由隔膜分开的阳极室和阴极室组成的。

隔膜是电解槽的主要组成部件之一,对隔膜的要求如下:① 允许电解质溶液(离子)通过,以提供离子从电解槽的一侧向另一侧传导的路径;② 隔膜的小孔必须能充满液体,以防止气体(分子)通过和气体相互混合;③ 在有氢气和氧气存在的环境下,隔膜材料能不被电解质腐蚀,而且在电解槽整个运行过程中,在一定工作温度和 pH 值等条件下,必须保持结构稳定性,使小孔不致皱缩;④ 隔膜应具有一定的机械强度,而且电阻尽可能小。为此,通常将隔膜做成薄板形式。

在其他碱性电解槽中,已研究或采用了一些其他材料,其中包括聚丙烯、钛酸钾、烧结镍和聚四氟乙烯等。用电沉积和模压技术,已经制成聚四氟乙烯多孔隔膜,电阻小($0.02\ \Omega/cm^2$),化学稳定性好,工作温度达到 200℃,适用于高温、高压电解槽。与石棉隔膜相比,烧结镍隔膜的机械性能好,导电性和导热性好,电流密度高,电阻电压降小,气体纯度高。聚四氟乙烯和镍网隔膜则具有更好的耐碱性。

2.3 常用碱性水电解槽

常用的传统水电解槽类型包括 QDQ2‑1 型水电解槽、ZhDY‑4 型中压水电解槽和 ZhDQ‑32/10 型水电解槽。随着碱性水电解技术的发展,高压、大容量电解槽得到了广泛的应用,如容量为 1 000 m^3/h,压力为 1.6～3.2 MPa 的电解槽。

1) QDQ2‑1 型水电解槽

QDQ2‑1 型水电解制氢装置是根据气象部门需要而研制的。试验表明,该装置性能良好,除用于气象台站制氢以外,还广泛应用于电子、冶金和化工等部门。其主要技术性能如下。

产氢量:2～3 m^3/h;产氧量:1～1.5 m^3/h;氢气纯度:大于 99.5%;氧气纯度:大于 99.5%;电流密度:2 100 A/m^2;小室电压:2.1～2.2 V;工作温度:80～85℃;耗电量:约 5.25 kW·$h/m^3\ H_2$;蒸馏水用量:2 L/h;电解小室数目:30。

2) ZhDY‑4 型中压水电解槽

我国首次研制成功的加压水电解制氢装置,该装置在压力为 3.14 MPa 条件下,能长期稳定运行,可作为冶金、电力、电子、化工和气象等部门的制氢设备,也可作为气焊、富氧冶炼、喷气技术和医疗部门的制氧设备。其主要技术性能如下。

产氢量：$8 m^3/h$；产氧量：$4 m^3/h$；氢气纯度：大于 99%（一般为 99.7%）；氧气纯度：大于 99.5%（一般为 99.3%）；电流密度：$2100 A/m^2$；小室电压：$2.1 V$；工作温度：$(90\pm2)℃$；耗电量：$5.3 kW \cdot h/m^3 H_2$；蒸馏水用量：$6.5 L/h$；电解小室数目：50。

3）ZhDQ - 32/10 型水电解槽

ZhDQ - 32/10 型水电解制氢装置采用双极性压滤式结构。阴极采用多孔镍丝网，阳极采用镍丝网，由冲压加工的凹凸状主极板把阴极和阳极紧压在石棉隔膜的两侧，石棉隔膜布的周边包以氟塑料，作为电解槽的密封和绝缘材料。该装置采用强制方式进行电解液循环，气体分离器、氢气冷却器、电解液过滤器和循环泵等安装在一个框架上，电解用水由供水泵输送。

ZhDQ - 32/10 型水电解制氢装置配套性好，除主机和辅助设备外，还配有氢气、氧气分析器和水分析仪以及氢气干燥、纯化设备等。自 1987 年首台装置投入运行以来，该产品远销国外。产品质量可靠，操作使用和维修方便。其主要技术性能如下。

产氢量：$10 m^3/h$；产氧量：$5 m^3/h$；氢气纯度：$99.8\%\sim99.9\%$；氧气纯度：$99.2\%\sim99.5\%$；工作压力：$3.2 MPa$；工作温度：$(85\pm5)℃$；直流电耗：$<5 kW \cdot h/m^3 H_2$；氢气含碱量：$<1 mg/m^3 H_2$。

2.4 碱性水电解槽组件对能耗的影响

碱性水电解是历史悠久，最简单、最合适的制氢方法之一，也是相对最成熟的工艺，适合工业化应用。碱性水电解槽将阴极处的水分解为氢气和氢氧根离子，氢氧根离子通过电解质和隔膜，在阳极放电，释放出氧气。电解质为含质量浓度 $20\%\sim40\%$ 氢氧化钾的水溶液，工作温度为 $343\sim363 K$，操作压力高达 $3.2 MPa$。在上述的操作条件下，碱性水电解仍然存在能耗较高、安装和维护成本高，耐用性和安全差等诸多问题。

隔膜用于分隔阳极和阴极，传统的隔膜材料主要是石棉，现在石棉无法满足环境安全的要求。以陶瓷材料或微孔材料为基的复合材料，例如微孔聚合物膜聚醚砜（PES），玻璃增强的聚苯硫醚（PPS）化合物，含有氧化钛和钛酸钾、氧化镍层的陶瓷在碱性水电解中具有较好的应用前景。隔膜的电阻对槽电压和能耗有影响，随着隔膜电阻的增加，水电解槽的槽电压和能耗增加。

氢气和氧气分别在阴极和阳极上产生。作为阴极的金属材料分为三类：高过电位金属镉、钛、汞、铅、锌、锡等；中过电位金属铁、钴、镍、铜、银、金、钨等；低过电位金属铂、钯。阳极的金属材料一般为镍及其合金，也可以采用与阴极相同的材料作为阳极。电极本身的电阻及其电位对电解槽的槽电压和能耗有很大影响。

电催化剂是提高水电解制氢效率的重要材料，因为它降低了反应活化能。氢析出（HER）和氧析出（OER）的动力学均强烈依赖于电催化剂的活性。几种过渡金属的组合，如 Pt_2Mo、Hf_2Fe 和 $TiPt$，已经被用作阴极材料，并展现出明显更高的电催化活性。为了降低阳极过电位，人们研究了大量的混合氧化物，如氧化钌（RuO_2）、尖晶石型氧化物（Co_3O_4 和 $NiCo_2O_4$）、钙钛矿型氧化物（$LaCoO_3$、$LaNiO_3$ 和 $LaCo_xNi_{1-x}O_3$）等，这类电极表现出较好的催化性能。显然，优良的催化剂有助于降低电极的过电位，同时可以有效降低电解槽的槽电压和能耗。

传统的碱性水电解使用的电解质是 KOH 水溶液，需要考虑水电解过程中电解质的腐蚀性，以及对催化剂活性、电极的过电位、槽电压和能耗的影响。

电解槽设计如下：在常规设计中，阴极、隔膜和阳极之间存在一定的间隙。这种电极之间存在间隙的设计导致了很高的欧姆损耗，增加了电解槽的槽压和能耗。因此，目前正在研究零间隙电极设计以减小电极之间的间隙，从而减少欧姆损耗，降低电解槽的槽压和能耗。在现代碱性电解槽中，零间隙电解槽是最先进的电解槽。

2.5　提高碱性水电解制氢能量效率的途径

考量电解槽性能的主要指标包括电解电压、电流密度、电流效率、能量效率，以及产物的纯度等。其中电解槽的能量效率是一个很重要的指标，影响能量效率的因素包括电解槽压力、电解工艺参数以及电极材料等。

2.5.1　加压水电解

在水电解过程中，电极上产生的气体可在高压情况下直接分离，从而省去了使用气体压缩机的步骤，这就是加压水电解。1888 年，拉奇诺夫（Lachinov）研究了压力电解槽水电解；1948 年，师丹斯基（Zdansky）和龙沙（Lonza）设计了压滤式加压水电解槽，把工作压力提高到 3.03 MPa，开始了加压水电解槽的生产。加压水电解制氢装置有以下主要特点。

由于在压力条件下运行,产生的氢、氧气借助自身压力直接送往用户,省去了气体压缩机和湿式储罐,既节省投资,又提高了安全性;且在压力条件下氢、氧气体中水蒸气含量明显下降,仅为常压制氢装置的 1/3～1/4,既减轻气体后处理的工作量,有利于氢的干燥和纯化,又节省一次性设备投资和基本建设投资。加压水电解制氢装置可在额定压力值以内任意压力下稳定运行,能满足用户对压力的不同要求。与常压制氢装置相比,它的工作温度高,小室电压低,可降低15%～20%的能耗。由于省去压缩机和湿式储罐,所以装置的体积小,重量轻,结构紧凑。它的体积和重量仅为常压装置的 1/3～1/2。

提高工作压力,可减少电解液的含气度,从而降低电解液的电阻。当电解槽工作压力为 3.03 MPa 时,在其他条件相同的情况下,与常压电解槽相比,可降低电压 0.33 V。

在较高压力下(5.05～20.2 MPa)进行水电解制氢,虽然可降低能耗,但对电解槽本体及管路的强度与抗腐蚀性、隔膜质量、控制系统、绝缘和密封等都提出了更高的要求,而且必须提高供水压力,因而在制造和操作方面比常压水电解制氢装置更困难。

2.5.2 改变工艺参数及电极材料

电解时,若通入的电流为 i,则电解槽电压包含以下四部分,如式(2-4)所示。

$$U_T = U_{rev} + \eta_A + \eta_C + iR_{total} \qquad (2-4)$$

式中,U_T 为电解槽总电压;U_{rev} 为水的理论分解电压;η_A 为阳极过电位,取正值;η_C 为阴极过电位,取正值;iR_{total} 为电解槽总电阻所产生的电压降,包括电解液、隔膜、金属导体和接触电阻等部分的电阻电压降。

降低电解槽的工作电压是降低电解槽能耗的主要途径。由于理论分解电压是不考虑任何损耗的最低电压,因此影响槽电压损失的主要因素是阳极过电位、阴极过电位和电阻电压。当电流较小时,影响槽电压损失的主要因素是过电位;随着电流密度的增大,电阻电压成为影响槽电压损失的主要因素。提高碱性水电解制氢能量效率的主要方法如下。

1) 提高工作温度

提高电解槽工作温度,不但可降低理论分解电压,而且可加速电极的催化作用,降低阳极和阴极过电位。当电解温度从 80℃升高到 150℃时,电解小室电压将下降到 1.6 V,能量效率高达 90%。但由于温度高(150℃),需要采用耐蚀的隔膜材料,以及需要考虑电极的腐蚀问题。

2）电解液添加剂

在电解液中加入某种少量的化学物质,即所谓的水电解添加剂,在一定程度上,可降低过电位,而且可阻止过电位随时间增大的趋势。20 世纪 40 年代至 50 年代,国内外对水电解添加较多的是 V_2O_5、$K_2Cr_2O_7$、Co_3O_4 和硫化物。

加入占电解液总质量 0.2％的 V_2O_5 作为电解液添加剂,可明显降低阴极过电位。在温度 80℃,电流密度为 2 000 A/m² 时,可使小室电压降低 30～50 mV。这是一种降低小室电压非常简便而有效的方法。

Co_3O_4 是氧化反应的优良催化剂,无毒、无味、无腐蚀性,作为电解液添加剂,可明显降低阳极过电位。在加入 Co_3O_4 之前,电压随电解时间不断升高;加入 Co_3O_4 之后,能够抑制电压随电解时间延长而升高的现象。如果把 Co_3O_4 与 V_2O_5 混合使用,其效果优于其中任何一种单一添加剂。至于 Co_3O_4 的添加量,一般以电解液总质量的 0.5％为最佳,V_2O_5 的最佳添加量是电解液总质量的 0.2％,若再增大添加量,其作用效果并不明显提高。

3）提高电解液循环速度

提高电解液循环速度,既可加速气泡上升速度,降低电解液含气度,从而降低电解液电阻,又能降低电极表面附近电解液的浓度梯度,减小浓差极化,而且可使电解槽温度均匀,降低电解液电阻率。

此外,减小电极间距离,使实际电阻值达到最小,也是提高水电解制氢能量效率的途径。

4）改变电极材料

电极过电位与电极材料的外层电子结构有密切关系。例如,镍、钯和铂的外层电子结构分别为 d^8s^2、$d^{10}s^0$ 和 d^9s^1,具有良好的催化作用,可降低活化过电位,从而降低电解槽的工作电压。它们可单独或与其他金属混合使用。

2.6 碱性水电解催化剂

在水电解过程中,氧析出反应(OER)的动力学过程缓慢,需要更大的过电位,因此,OER 是水电解过程中最重要的反应。采用合适的 OER 电催化剂,通过降低反应势垒来降低过电位。此外,对于大规模应用而言,采用的催化剂必须是地球丰度高的廉价材料,即需要高活性、高稳定的低成本 OER 催化剂。

在碱性条件下,降低 OER 反应过电位和提高其稳定性,也就是提高长期使用的耐久性,需要考虑如下因素:采用多孔电催化剂,不仅能够提高反应的活性,而且在气体逸出反应过程中,形成的气泡可以有效地逸出而不会损坏电极表面;电催化剂载体应该具有稳定的结构,同时,载体应具有良好的电导率,以便有效地转移电子;电极的接触电阻最小。

根据报道的结果,基于过渡族金属硫化物和硒化物的电催化剂是最有希望的 OER 催化剂材料。大规模应用的关键是需要考虑催化剂的耐久性。

2.6.1 催化剂的电化学活性

采用泡沫镍作为载体及镍源,通过原位一步水热法形成 Ni_3Se_2/NF 催化剂,该催化剂具有较低 OER 过电位,且在水电解槽中经过 500 h 实验,表现出了良好耐久性[2]。通过下述电化学方法表征了 Ni_3Se_2/NF 催化剂的电化学活性。

1) 氧析出反应

首先,使用三电极体系评估了 Ni_3Se_2/NF 催化剂的 OER 活性,通过测试线性伏安曲线(LSV)表征了 Ni_3Se_2/NF、$NiSe/NF$、NF 和 RuO_2/GC 电极的氧析出反应的活性,结果如图 2-4 所示[2]。在图 2-4(a)中,由于电化学性能中 Ni(Ⅱ)到 Ni(Ⅲ)的转化,在大约 1.38 V 处出现了强烈的氧化峰。比较几种材料在高电流密度(100 mA/cm²)时的过电位,如表 2-2 所示,在 100 mA/cm² 电流密度下,Ni_3Se_2/NF 电极的过电位为 315 mV,远低于 $NiSe/NF$ 和 RuO_2/GC 电极的过电位。

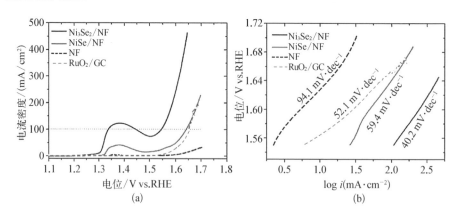

图 2-4　在 1 M KOH 溶液中的电化学性能

(a) Ni_3Se_2/NF、$NiSe/NF$、NF 以及 RuO_2/GC 的氧还原反应(OER)的 LSV 曲线(进行了 iR 补偿)(扫描速率: 10 mV/s);(b) 对应的塔菲尔图[2](彩图见附录)

注: vs. RHE 表示相对于可逆氢的电极(电位)

表 2 - 2　几种不同电催化剂的 OER 过电位、塔菲尔斜率和比活性[2]

催 化 剂	OER 过电位 (100 mA/cm²)/mV	塔菲尔斜率/ (mV/dec)①	比活性(mA·cm(geo)⁻²) @ 1.60V (vs. RHE)
Ni_3Se_2/NF	315	40.2	241.1
NiSe/NF	411	59.4	49.8
RuO_2/GC	420	52.1	29.7
NF	—	94.1	6.2

注：① dec 表示电流变化一个数量级(即 10)，常用 mV/dec 表示塔菲尔斜率单位。

2）塔菲尔斜率

通过塔菲尔(Tafel)斜率值的比较，Ni_3Se_2/NF 电催化性能明显增强，对 OER 的动力学过程有利。在图 2 - 4(b)中，Ni_3Se_2/NF 电极的塔菲尔斜率值为 40.2 mV/dec。然而，NiSe/NF 和 RuO_2/GC 的塔菲尔斜率值分别为 59.4 mV/dec 和 52.1 mV/dec。相比之下，裸露的泡沫镍(NF)的塔菲尔斜率非常高，为 94.1 mV/dec。

同时，Ni_3Se_2/NF 具有最高的比活性(根据 1.60 V 的 OER 曲线计算所得的所有电催化剂的比活性[2])，分别是 RuO_2/GC 和 NiSe/NF 电催化剂的 8 倍和 5 倍。Ni_3Se_2/NF 电催化剂的催化活性大大提高，这可以归因于催化剂表面积的增加和形成更多的活性粒子。

3）电极耐久性测试

在实际制氢过程中，催化剂的电化学稳定性是另一个重要的问题。通过计时电位法在 100 mA/cm² 的条件下，评估了 Ni_3Se_2/NF 电极的长期耐久性[2]。在 100 mA/cm² 下进行了 285 h 的连续耐久性测试后，它仍显示出几乎稳定的电位，且损耗很小。在 50 h 时，电势损失非常小(1%)，即使在 100 h 后，电势损失也几乎稳定，到 285 h，最大电势损失为 5.5%。而对于真正的大规模应用而言，这 5.5% 的电位损失可以忽略不计，并且这种损失可能是由于电极表面上大量的氧气逸出所致。

4）电化学阻抗

在开路电压(OCV)和 1.597 V 偏置电位(vs.RHE)下，测试了 1 M(1 M 指摩尔浓度，即 1 mol/L)KOH 下的奈奎斯特(Nyquist)图，如图 2 - 5 所示，拟合后获得了 Randles 等效电路，如图 2 - 5(a)所示。在较高频率区域获得的电阻值为电解质电阻(R_s)，在较低频率区域获得的电阻值为电荷转移电阻(R_{ct})。除此之外，还可以获得电极双层电容(C_{dl})。从拟合曲线[见图 2 - 5(a)]，获得了 R_s 和

R_{ct} 值分别约为 2 Ω 和 1.75 Ω,该数值明显较低,表明了原位形成的 Ni_3Se_2/NF 对电子转移更有利,并且可以显著地改进在 1 M KOH 中 OER 反应的势垒[2]。

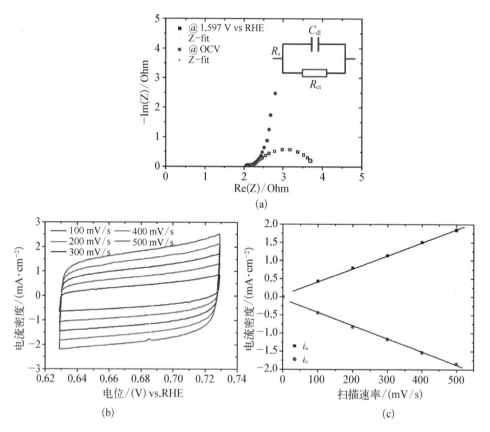

图 2 - 5 Ni_3Se_2/NF 电极在 1 M KOH 溶液中的电化学性能

(a) 电化学阻抗谱[在开路电位和 1.597 V(vs. RHE)];(b) 在 100 mV/s、200 mV/s、300 mV/s、400 mV/s 和 500 mV/s 扫描速度下的循环伏安曲线;(c) 在电位 0.68 V(vs.RHE)时,从图(b)获得阳极和阴极电流与扫描的线性拟合曲线[2](彩图见附录)

5）电化学活性比表面积

电化学活性表面积(ECSA)是 Ni_3Se_2/NF 电极具有优异的 OER 活性的另一个重要因素,该数值是基于在 1 M KOH 中测得的 Ni_3Se_2/NF 电极的双电层电容计算得出的[3]。图 2-5(b)显示了在 0.63 V 至 0.73 V(vs.RHE)之间不同扫描速率(100~500 mV/s)的循环伏安图(cyclic voltammetry,CV)[2]。在每个扫描速率下,CV 曲线均显示出完美的矩形行为,这表明存在双电层电容。随着扫描速率的增加,阳极(i_a)和阴极(i_c)电流密度(CV 区域)线性增加到 2 mA/cm²。为了进行更多的解释和计算,从每个矩形 CV 曲线中测量了 0.68 V(vs.RHE)下

的 i_a 和 i_c 值，绘制了电流密度与扫描速率的关系曲线，并进行线性拟合，结果如图 2-5(c) 所示。Ni_3Se_2/NF 电极的电容值为 3.6 mF/cm^2，电化学表面积和粗糙度系数分别为 16.2 cm^2 和 90[2]。因此，高粗糙度有助于增加电解质与电催化剂的相互作用。在 3D 泡沫镍上原位生长的 Ni_3Se_2/NF 催化剂将有利于改善电极的 OER 动力学，以实现低电势下的优异活性。

2.6.2　水电解性能

鉴于大规模生产纯氢的实际应用，在 1 M KOH 环境中进行了电解性能测试。采用 Ni_3Se_2/NF 为阴极，$NiCo_2S_4/NF$ 为阳极，组成 $Ni_3Se_2/NF//NiCo_2S_4/NF$ 电解池，两个电极的有效面积均为 1.8 cm^2。如图 2-6 所示，采用线性伏安曲线 (linear sweep voltammetry，LSV) 测试了 $Ni_3Se_2/NF//NiCo_2S_4/NF$ 电解池的电流-电压曲线。与 $RuO_2/NF//Pt/C/NF$ 电解池相比，$Ni_3Se_2/NF//NiCo_2S_4/NF$ 电解池具有更低的槽压[2]。

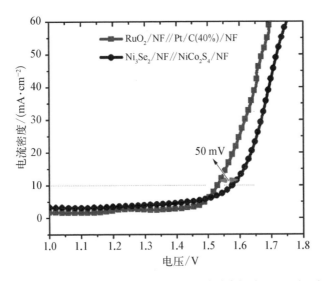

图 2-6　在 1 M KOH 溶液中，两个电极组成的电解池($Ni_3Se_2/NF//NiCo_2S_4/NF$)的线性伏安曲线(扫描速度：10 mV/s)[2]

自然界提供了无限的水和太阳光资源，太阳能辅助水分解是目前制氢的合理路线。图 2-7 说明了通过太阳能电池板在 1 M KOH 中进行碱性水电解的示意图。如采用 GaAs 薄膜太阳能电池，它可以产生 3.65 V 的最大电压。在图 2-7 中，碱性水电解装置中的 Ni_3Se_2/NF 阳极和 $NiCo_2S_4/NF$ 阴极分别通过一条电阻较小的导线,连接至太阳能电池板的正极和负极。通过数字万用表监视从太阳能电池板施加到碱性水电解槽的电压。在 1.60 V 电压下,在 Ni_3Se_2/NF 阳极和 $NiCo_2S_4$/NF 阴极中连续释放氧气和氢气。因此,这种利用太阳能辅助碱性水电解是一种有望大规模生产氢气的有效方法。

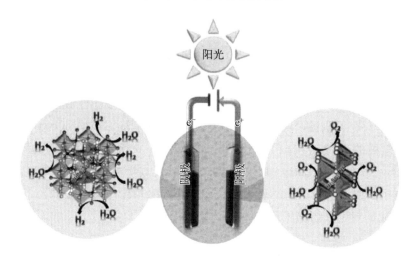

图 2-7 太阳能电池板辅助的水电解产氢装置(两极分别为
Ni_3Se_2/NF//$NiCo_2S_4$/NF,1 M KOH 水溶液)[2]

2.7 优化电解池设计

碱性电解槽的效率很大程度上取决于其内部电阻,在高电流密度下,它成为影响效率的主要因素。文献中,采用零间隙电极配置降低了电解槽的电阻[4]。与具有 2 mm 电极间隙(在 1 M NaOH 和标准条件下)的传统水电解槽的设计相比,在所有电流密度下,尤其是在 500 mA/cm^2 以上时,零间隙电解槽的性能均优于传统电解槽。此外,电极形态会影响欧姆电阻,研究表明:高表面积泡沫电极比粗网状电极具有更低的欧姆电阻[4]。显然,零间隙电解槽设计将实现低成本和高效的碱性水电解过程。

2.7.1 零间隙设计

传统的"有限间隙"碱性电解槽,由于电解槽内部电阻损耗高,导致了低电流密度(低于 250 mA/cm²)和低效率(<60%)。

Nagai 等优化了电解槽设计,他们的研究表明:减小电极间隙会降低在低电流密度下运行的电解池的电压,在高电流密度下电压降不遵循欧姆定律,这是由于所产生的气泡增加了电解质的空隙率。Nagai 等提出在高电流密度(500 mA/cm²)下电极之间存在 2 mm 的最佳间隙[5]。

在水电解过程产生气泡时,电极之间气泡体积分数的增加将增加电解质的电阻。Bongenaar-Schlenter 研究了电解质流动对有限间隙电解槽性能的影响,表明电解液流动是减少气泡影响的关键,尤其是在高电流密度下[6]。采用零间隙电池设计有望将碱性水电解池的性能推向质子交换膜水电解(PEM)的水准,同时保持廉价的电池材料的优势。这样,两个电极之间的间隙等于隔膜的厚度(不大于 0.5 mm),而不是传统设置的间隙(不小于 2 mm),如图 2 - 8 所示。

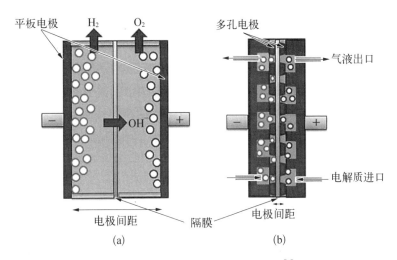

图 2 - 8　碱性水电解槽的极距示意图[4]

(a)具有一定电极距离的传统碱性水电解槽;(b)新型零间距的电解槽结构

2.7.2　零间隙的欧姆电阻

在碱性水电解过程中,与传统的有限间隙电解槽相比,在高电流密度下,采用零间隙电解槽的初始欧姆电阻降低了 30%。流速对电解池电阻有影响,增加流速会降低欧姆电阻。电极的形态会影响电解槽的欧姆电阻和气体管理性能。零间隙碱性电解槽有望实现目前仅与 PEM 技术相关的高电流密度的潜力,使这项技术朝着低成本和高效电解的关键目标迈进。

1）电解池理论

根据前面的公式，碱性电解槽的总电压表示为

$$U_T = U_{rev} + \eta_A + \eta_C + iR_{total} \tag{2-5}$$

其中，U_{rev} 表示可逆电池电压（标准条件下为 1.23 V）；η_A 和 η_C 分别表示阳极和阴极的过电位，取正值；i 为电流；R_{total} 表示电解池的欧姆电阻，包括电解液、隔膜、金属导体和接触电阻等。

电解池能量效率 $\in_{f\text{-cell}}$：在一定电流密度下，如果法拉第效率为 100%，在标准状态下，则电解池的效率表示如式（2-6）所示：

$$\in_{f\text{-cell}} = \frac{U_{rev}it}{U_T it} = \frac{U_{rev}}{U_T} = 1.23/U_T \tag{2-6}$$

电解池中两电极间电解质的电阻表示为

$$R_{cell} = L\rho_{cell}/S \tag{2-7}$$

R_{cell} 为两电极间的电阻（Ω）；S 为两电极间电解质横截面积（cm^2）；L 为两电极间距离（cm）；ρ_{cell} 为两电极间电解质的电阻率（$\Omega \cdot cm$）。为了便于比较，使用了面积电阻 R_{asp}（$\Omega \cdot cm^2$），如式（2-8）所示：

$$R_{asp} = R_{cell}A \tag{2-8}$$

电极之间的电压降可以用欧姆定律表示，如式（2-9）所示：

$$U_E = iR_{cell} \tag{2-9}$$

式中，i 为电流密度（A/cm^2）；R_{asp} 是两电极间的面积电阻（$\Omega \cdot cm^2$）。当没有气泡产生时，电解槽的电阻可以写成如式（2-10）所示：

$$R_{asp} = R_m + R_e \tag{2-10}$$

式中，R_m 和 R_e 分别为电解池的隔膜和电解质的面积电阻（$\Omega \cdot cm^2$）。

膜的面积比电阻是恒定的（由于厚度和电阻率恒定），所以，两电极间的面积电阻是电解质电阻率和距离的函数，因此

$$R_{asp} = R_m + \rho_e L \tag{2-11}$$

因此，当碱性电解过程中电解质浓度固定时，R_{asp} 随两个电极之间的距离变

化而变化。

2）电解质电阻率

在工作条件下,将电解质电阻率(ρ_e)视为固定值是不正确的。当电流流过并产生气泡时,随着电极之间气泡体积分数的增加将导致电解质电阻的增加。Nagai 等证明了当电极间隙小且气体的体积分数大时,电解质的电阻变得特别大,并且发现在高电流密度下电极之间存在最佳距离[5]。

零间隙设计的采用旨在通过最小化电极之间的距离以最小化欧姆电阻,并允许气泡从电极背面释放出来,从而减少由于空隙增加而引起的电解质电阻和压降的增加。先进的电解池设计的最终目的是消除电解质的电阻,甚至是消除高电流密度下的电阻。此时,$R_{asp} = R_m$。

3）气泡的影响

Zhang 等进一步研究了电解气泡对电解池性能的影响。针对静态的电解质中,气泡分离的临界直径是浮力、膨胀力和界面张力的函数,电解质浓度具有关键作用[7]。他们证实了在使用流动电解液时,由于气泡的较早脱离,电解池电压存在小幅下降。两个电极之间气泡幕的存在导致了较大的电阻。电解液的流动降低了有限间隙电池的电阻。

4）表面电极形态

使用多孔电极时,电极形态可对过电势和离子传输电阻产生协同作用。因此,电极形态需要细分为宏观结构形态和微观表面形态。电极的过电势受催化剂材料的固有活性和电极有效表面积的影响。兰尼镍(Raney Nickel)具有出色的催化性能,这种高性能归因于其高孔隙率和纳米晶体结构,因此具有较大的有效面积。使用具有良好结构形态的高表面积电极(例如网眼和泡沫)比平板电极具有更大的实际表面积,且离子传导距离减小也可以降低欧姆电阻。

2.7.3　电解池性能表征

图 2 - 9 给出了电解槽结构图和零间隙的各组件图[4],其中流场板使用 3 mm 厚的不锈钢板制成,其单通道蛇形流场的深度为 1.5 mm,沟槽和凸起的宽度分别为 2 mm 和 1 mm。使用不锈钢网比较零间隙设计与有限间隙设计的电解池性能,使用镍网与泡沫镍比较电池极化性能,以获得电极间距离对压降的影响,使用两端板组装测试电池。在隔膜的任一侧使用垫片,以使电极间隙的距离在 2～20 mm 之间可调,通过蠕动泵将电解液(1 M NaOH)供入电解槽,电解液的流速为 80 mL/min。

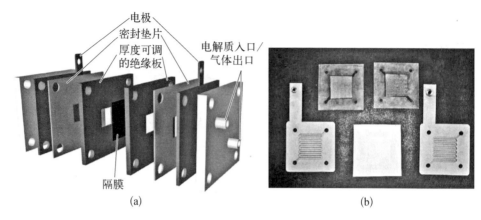

图 2 - 9　电极距离可调的实验水电解槽[4]

（a）电解槽结构的 3D 图，电极之间距离在 2～20 mm 可调；（b）零间隙的水电解槽，包括流场板、网电极、隔膜以及绝缘板

1）电解池电压降和效率

电极之间的距离对电解槽电压的影响如图 2 - 10 所示。当电流密度为 250 mA/cm² 时，电极之间的距离是引起电解槽电压降的主要因素。从图中可以看到减少电极之间距离，利用零间隙设计有效降低了电解槽的压降。在整个实验中，起始电位均在 1.75 V 左右，使用适当的催化剂（例如将镍-钼用于阴极，将镍-铁用于阳极）可以将起始电势移至更低的数值。

2）电解池的欧姆电阻

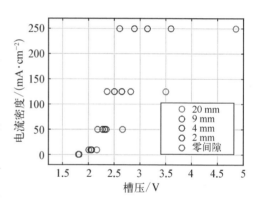

图 2 - 10　电极之间距离不同时，碱性水电解槽的槽压与电流密度之间的关系[4]

（彩图见附录）

如图 2 - 11(a)所示，最初的欧姆电阻是在 1 mA/cm² 下测得的，因此可以忽略所产生气泡的影响。这些实验结果表明，随着电极之间的距离从 2 mm 变化到 10 mm，电解池的欧姆电阻与电极之间距离为线性关系，即电解池的内阻呈现线性变化。当电极之间的距离等于膜的厚度时，可以实现最低的电解池电阻。最佳拟合线向后外推至电极间隙为 0.5 mm，膜电阻估计为 0.85 Ω · cm²。零间隙构型实现了最低的电解池电阻，但是该值仍比膜电阻高 42%。这种差异主要归因于多孔电极网孔的形态，离子通过溶液的传输并不总是通过最短路径进行的。

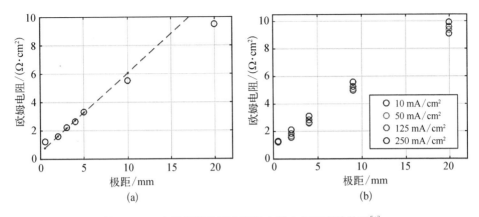

图 2-11　电解槽的欧姆电阻与电极之间距离的关系[4]

(a) 电流密度为 1 mA/cm²；(b) 采用不同电流密度(彩图见附录)

如图 2-11(b)所示,气泡的产生导致电解液中空隙率增加,电解池的欧姆电阻随电流密度的增加而增加。除零间隙电解池外,所有电极间隙的欧姆电阻均增加了约 0.4 Ω·cm²,零间隙电解池的欧姆电阻变化仅为 0.1 Ω·cm²。该结果表明了采用零间隙电池设计的明显好处,由于气泡从网状电极背面被传送出去,从而最小化气泡对电极间空隙率的影响。

这些结果表明,与有限间隙电池相比,零间隙电极实质上减少了气泡的影响,有效降低了高电流密度下电解质的电阻。

3) 温度对欧姆电阻的影响

采用零间隙电解槽,如图 2-12(a)所示,从 40℃升温到 80℃的过程中,过电位由 1.71 V 降到 1.66 V。在 30℃、60℃和 80℃,以及 250 mA/cm² 的电流密度

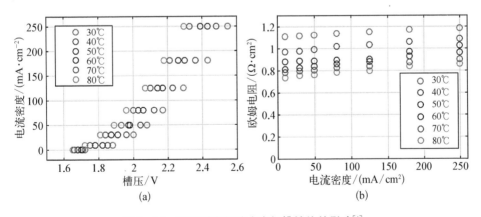

图 2-12　温度对零间隙水电解槽性能的影响[4]

(a) 电流密度与槽压的关系；(b) 电解槽的欧姆电阻与电流密度的关系(彩图见附录)

下的电压分别为 2.55 V、2.39 V 和 2.29 V。电解池电压的降低是由于较高温度有利于电极动力学,以及电解池中的欧姆电阻降低所致。图 2-12(b)表明通过提高电解池温度明显降低了电解池的欧姆电阻,在 30℃ 至 80℃ 之间降低了 33%。

这些研究结果证实了温度对电解池性能的关键影响,显然,电解槽运行采用 80℃ 的温度是合理的。

4) 流量对欧姆电阻的影响

采用间隙为 2 mm 的电解池,研究了电解液流量对电解槽欧姆电阻的影响[4],如图 2-13 所示。在 250 mA/cm² 下,将电解液流量从 20 mL/min 增加到 80 mL/min,可以降低 0.4 Ω·cm² 的电阻。在更高的电流密度下,欧姆电阻的降低变得更加明显。通过增加流速可以进一步降低电解槽的电阻,但是保持电解质高流速所需的能量有可能比电解池电阻降低所消耗的能量更高。这些结果表明:欧姆电阻是由平电极之

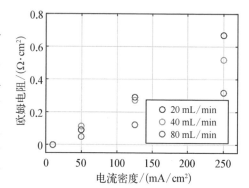

图 2-13　在不同电解质流速下,电解槽欧姆电阻与电流密度的关系(电极间距为 2 mm)[4]

(彩图见附录)

间电解质的空隙率决定的,每个气泡在电极间隙中存在的时间减少了,从而导致了欧姆电阻急剧减小。由于气泡的产生速率是恒定的,因此提高电解质的流速,会在更短的时间内清除单位体积的气泡,从而降低电极之间的空隙率。

5) 电流密度对欧姆电阻的影响

针对 2 mm 和零间隙电解池,采用更高的电流密度研究了电流密度对电解池性能的影响。研究表明,零间隙电解池在所有电流密度下,即使在 500 mA/cm² 以上,都具有明显较低的电压,这种改进可能归因于零间隙电解池的出色气体管理性能。即使在观察到大量气体逸出的情况下,在所测量的电解池电流范围内,电解槽欧姆电阻也只会出现很小幅度的增加。其他研究表明:在高电流密度下,由平面电极形成的气泡幕的影响是巨大的,而零间隙电解池,通过迫使气泡远离间隙电极,并聚集在流动通道中避免气泡幕的形成。这些结果表明,零间隙设计为碱性电解槽设计树立了现代标准[5]。

6) 电极孔结构对欧姆电阻的影响

电极形态会影响电解池的欧姆电阻,电极形态如图 2-14 所示,泡沫镍的初始欧姆电阻最低,比膨胀网的低 2%[4]。这是由于泡沫镍的小孔和高表面积,导

致了较低的离子传导电阻。由于电解质离子传导的平均距离较大,因此粗编织网表现出最大的欧姆电阻。这些重要结果,表明了多孔电极形态对电池欧姆电阻的影响,这是碱性电解池是否能够与 PEM 电解槽的高电流密度进行竞争的关键参数。

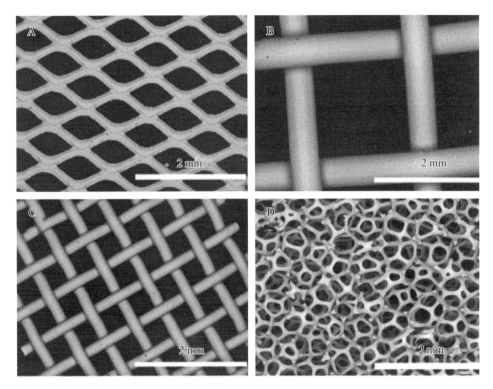

A—膨胀网;B—粗编织网;C—细编织网;D—泡沫镍。

图 2-14 不同电极基体的 SEM 形貌[4]

在高电流密度下运行时,所选的泡沫镍被气体堵塞,电解槽电阻急剧上升。这归因于其高孔隙率和较大的厚度,为气泡截留提供了许多位置。进一步增加电解质流速可以减轻欧姆电阻的增加。粗编织网和细编织网的欧姆电阻均随电流密度的增加而增加,但是相对泡沫镍而言,其增加幅度较小,粗编织网的增加幅度尤其小[4]。在四个所选择的材料中,膨胀网随电流密度的增加,其电阻增加最小。需要进一步研究电极形态,以实现兼具高表面积和出色气体管理特性的电极设计。

这些结果表明:零间隙碱性电解具有实现与 PEM 技术相关的高电流密度的潜力。这项技术使得碱性水电解有望朝着低成本和高效的目标迈进。

7) 隔膜对氢气中氧气含量的影响

对隔膜的要求:低电阻、氢气产物中氧气含量低(气体中交叉污染程度低),以及具有较好的耐用性。隔膜是影响氢气质量的重要因素。对于隔膜,通过优化操作条件和选择合适的隔膜(材料类型、孔径、厚度等),可以实现长寿命、低电阻压降和低交叉污染。

2.8 高压碱性水电解槽

通常,零间隙碱性水电解槽在80℃、适当压力和约几百毫安/平方厘米的电流密度下工作。这样的工作电流密度明显低于PEM电解槽的电流密度(几乎低10倍)。这是因为水电解槽的最佳工作电流密度是根据资本支出和运营成本决定的。

目前,行业中的共识是电堆级水电解槽的能耗约为4.8 kW·h/Nm³,系统级能耗最大为6 kW·h/Nm³(在小型系统上高达每小时几十标方;在较大系统上,所需的能耗会显著减少)。根据水分解反应的热力学计算得到的参考条件下获得的能耗为3.55 kW·h/Nm³,常见的电堆效率接近75%和系统效率高于60%。因此,降低碱性水电解槽的电能消耗仍然是一个热门话题,目标是电堆的能耗水平降至4 kW·h/Nm³,电堆效率达到85%。

在碱性水电解过程除了追求高效率外,还可以通过提高电解槽的运行压力,直接将氢气进行压缩,从而降低制氢成本。根据热力学计算获得了电解槽电压与压力的函数关系[8],槽电压随工作压力的升高而增大。

氧析出反应(OER)和氢析出反应(HER)的过电压以及隔膜上的电压降是电解槽电压降的主要组成部分。操作压力对电压的影响较为复杂。一方面,水的分解电压随着压力的增加而增加;另一方面,气体的溶解度和电解质的黏度随之发生变化。

文献报道了在压力高达100 atm下运行的水电解槽能耗[8]。为此,文献[8]采用了一种新型高效的镍栅阳极和阴极,表面涂覆了多孔镍涂层,作为HER和OER电极。同时,设计并制备了热稳定性好、电导率高的聚砜-二氧化钛复合隔膜,应用于加压碱水电解槽。当工作温度为80℃、压力达$1×10^4$ kPa的条件下,在电流密度为1 000 mA/cm²,用5节小电堆(0.5 kW)测量了电解槽的电化学性能,电解槽的能耗为4.4~4.5 kW·h/Nm³。通过新型电极和隔膜,在小型电堆上获得高压水电解的概念性验证。

2.9　可再生能源驱动碱性水电解

为了减少二氧化碳排放并摆脱对化石能源的依赖,在未来几十年中,使用可再生能源生产氢气的比例将大大增加。太阳能和风能分布最为广泛,是制氢首选的可再生能源,其次水力发电、生物质能和地热能也可以作为可再生能源制氢。水电解与可再生能源的结合特别有利,因为过量的电能可以以化学能的方式储存在氢气中,以平衡能源需求和能源产生量之间的差异。

可再生能源的特点是其分布的不均匀性和间歇性,从而导致水电解运行的功率不是一个定值,而是在一定的范围变化。当碱性水电解槽在低功率条件下运行时,会增加气体杂质的含量,所以常规的碱性水电解槽的负载范围有限。当氢气和氧气达到一定配比会形成爆炸性的混合物,电解槽应实施安全停机操作。此外,应该优化电解槽电压以保持高效率。光伏板可以直接连接到碱性水电解槽上,但风力发电机需要合适的能量转换器。通过将碱性水电解与储氢罐和燃料电池结合使用,可以用于稳定电网。这样可以减少传统上的氢储备,并且可以降低二氧化碳的排放。

为了安全高效实现可再生能源驱动的碱性水电解,需要优化碱性水电解槽的动态运行参数,使得碱性水电解槽与可再生能源的动态运行行为相适应。无论采用光伏发电,还是风力发电,电能均为波动状态,并且是间歇性的。因此,碱性水电解槽的动态运行更具挑战性。

常规的碱性水电解槽设计是在恒定条件下运行的,采用诸如电池、超级电容器之类的其他储能设备可以抑制能量的波动[9]。此外,当碱性水电解槽能够在动态条件下运行时,则不需要额外的储能装置,但是为碱性电解槽的设计、运行以及控制带来了新的挑战。目前可考虑的解决策略如下。

1)限时运行

有限的操作时间会导致系统大量的启动和关闭循环,因此会降低系统的预期寿命。电解槽的电极受到重复启停行为的影响,会加速电极退化。已知镍电极在 5 000～10 000 次启停循环后性能会明显退化。当仅使用光伏发电时,电解槽循环 7 000～11 000 次,相当于使用了 20～30 年的时间。可再生能源的波动性加剧了电极的退化,因为这种现象部分地充当了启停过程。

为了避免仅使用一个可再生能源的弊端,将几种能源进行组合可提高整体效率。仅使用光伏发电运行的法拉第效率约为 40%,但风力发电的法拉第效率约为80%。两种技术的结合可将法拉第效率提高到85%以上[10]。

为了防止气体杂质混合达到爆炸下限,大多数碱性电解槽的部分负载范围限制为其标称负载的10%~25%。可以通过使用能量储存设备来平衡低于最小负载的波动。

2)运行策略

对于含质量百分比为30%的KOH电解质溶液,系统最佳温度为80℃左右。由于采用碱性水电解槽不提供单独的加热单元,仅需通过反应的热量即可达到并保持温度。不过,应使用合适的冷却系统避免电解槽温度超过80℃,以防止电极性能退化。在低温下进行操作可抑制电极性能退化,但需要非常活泼的电催化剂才能达到足够的效率。

由可再生能源驱动的碱性水电解槽,合适的动态运行策略可以降低气体杂质比例。在两极独立循环的电解液气体杂质含量少,在电解质循环的组合模式中会产生大量的气体杂质。电解槽应自动在两种操作模式之间进行切换,当气体杂质过高时,切换到独立循环的分离模式,然后在产气率足够时再次进入电解质循环的组合模式。

气体污染高的主要原因是电解池在低电流密度下连续运行。这种情况可以通过减小整个电解池面积或将系统细分为几个较小的模块来运行。在低功率期间,可以关闭单个电堆或具有多个电堆系统的电解室,从而降低可用电极的面积,提高电流密度。此策略在维持最佳系统温度方面会存在问题。另一种方法是使用预测控制系统。例如,当预测到可再生能源的可用性较低时,系统可以在发生负面影响之前将温度、压力或操作模式更改为更合适的状态。

2.10 阴离子交换膜水电解

阴离子交换膜水电解(AEMWE)系统,采用阴离子交换膜(AEM)、纯水供料和廉价组件如非铂族金属催化剂和不锈钢双极板。为了挑战目前最先进的质子交换膜(PEM)水电解系统,AEMWE电解池的性能目标是与PEM系统的紧凑设计、稳定性、氢气纯度和高电流密度相匹敌。目前的研究除了需要使AEMWE技术在电解池性能方面达到先进水平外,同时还需要体现出AEM系统的成本优势。本节综述近年来AEMWE技术在关键材料开发[催化剂、膜和膜电极(MEAs)]和操作条件(电解质组成、电解池温度、性能结果)方面的重要研究成果。一旦克服了材料开发的挑战，AEMWE 可以推动大规模使用氢气作为储能载体的发展和应用。

2.10.1　水电解技术存在的问题

1）碱性水电解

碱性水电解（AWE）是一种成熟的氢气生产技术，目前 AWE 面临的主要挑战如下：腐蚀性电解液的后续处理，由于氢氧根离子传输较慢导致电流密度较小，以及隔膜并不能完全阻止气体在阴极和阳极间的交叉透过等问题。若氧气扩散到阴极室，会与阴极侧的氢气反应生成水，降低电解槽的效率。而若氢气扩散到氧气中，会产生大量混合气体，容易发生安全问题，尤其在电解槽低负荷（低于 40%）下使用时，因为此时氧气的生成率降低，从而使氢气交叉后浓度容易上升到危险水平（爆炸下限大于 4 mol% H_2），因此必须避免这一情况。

2）阴离子交换膜水电解

在碱性水电解系统中，采用固体聚合物电解质膜可以提高产物氢气和氧气的分离能力，具有更高的安全性和效率。在碱性介质中进行水电解时，可以采用非铂族金属用作析氢和析氧反应的催化剂，若同时采用碱性阴离子交换膜（AEMs），则可以有效降低碱性阴离子交换膜水电解（AEMWE）系统的成本。阴离子交换膜包括聚砜（PSF）基膜、聚 2,6-二甲基苯醚（PPO）基膜、聚苯并咪唑（PBI）基膜和无机复合材料基膜。

AEMWE 系统发展的最大障碍是膜的稳定性和离子导电性。目前，对 AEMWE 系统的研究仅限于实验室范围，主要集中在开发电催化剂、膜和理解工作机理上。研发的目标是希望在最重要的材料（催化剂、膜和离聚物）方面获得突破，并希望在合适的条件（电解质、操作温度）下获得最低的电压，最终期待获得高效、低成本和稳定的 AEMWE 设备。

基于碱性阴离子交换膜的电解槽包括一个膜电极（MEA）[11]，如图 2-15 所示，电极位于电解质膜的两侧。与使用多孔隔膜的传统碱性电解槽相比，该水电解装置具有操作效率高、安全性好和容易分离气体等优点[12]。

目前，AEMWE 存在的主要问题之一是电解质膜的导电性较低，导致制氢能量效率较低。为了提高 AEMWE 的电解池性能，必须采用高导电率的阴离子交换膜（AEMs）和高活性的水电解催化剂，并优化电解池工作条件。大多数已开发的 AEMs 被应用于燃料电池，只有少数用于水电解池试验[13-14]。燃料电池用 AEMs 也可应用于水电解,但由于电池的性能高度依赖于工作条件,这些 AEMs 的性能须在水电解装置中进行确认。除此之外,还应开发适用于碱性水电解析氧反应(OER)和析氢反应(HER)的催化剂,以满足对催化剂高催化活性和化学稳定性的要求。使用廉价膜和非铂族金属催化剂的 AEMWE 电解池是实现 2020 年能源部(DOE)目标(每千克水 2.30 美元和 43 kW·h/kg$_{stack}$)的候选方案。然而,目前最先进的 AEMWE 电池(1.8 V 下约 530 mA/cm^2)的性能及其所报道的耐久性(1 000 h)仍不足以满足工业需求。

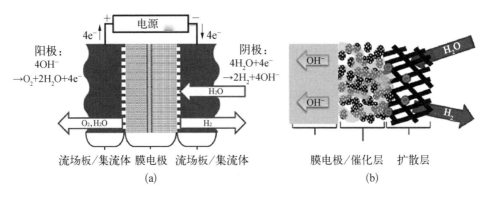

图 2‑15 AEMWE 电解池和 MEA 示意图[11]

(a) AEMWE 电解池;(b) MEA

2.10.2 阴离子交换膜水电解工业

1) Acta S.p.A 水电解槽

Acta S.p.A(ACTA,现为 Enapter)公司生产的 AEMWE 设备,能够在 3 MPa 下,每小时生产 100～1 000 L 高纯度氢气,同时无须机械干燥或压缩装置。该规模的阴离子交换膜水电解与碱性水电解的产率和成本相当。

Acta S.p.A 公司生产的产品,使用 A201 AEM(Tokuyama)制造的膜电极,在 43℃下控制催化剂负载量,其在单电解池试验中表现出稳定的性能[15]。在 470 mA/cm^2 的电流密度下,电解池电压在 1.89～2.01 V 之间变化。虽然缓慢的 OER 动力学是电解池过电位的主要来源,但结果表明:阴极活性对电解池性能也具有不可忽略的影响。

开发 AEMWE 膜的关键是考虑其离子导电性和稳定性。ACTA 开发了一种低密度聚乙烯(LDPE)基膜,称为 LDPE‑g‑VBC‑DABCO,并与商业 A201 Tokuyama 膜进行了比较[16]。在这项研究中,单电池测试是在 45℃下,1%(质量分数）的 K_2CO_3 电解液中进行的。结果表明：使用 LDPE‐g‐VBC‐DABCO 的膜电极在 600 mA/cm² 恒电流密度及 2 MPa 的条件下电解制氢，其过电压比商用 A201 基的 MEA 高 80 mV。在长期性能测试（500 小时）中，基于 LDPE‐g‐VBC‐DABCO 的 MEA 也显示出电解池电阻增加约 43%（从 30 mΩ 到 43 mΩ），而基于 A201 的商用 MEA 在稳定性测试中，电解池电阻没有明显增加[16]。

2）Proton OnSite 水电解槽

Proton OnSite 是世界上最大的质子交换膜水电解公司之一。最近，Proton OnSite 报道了构建 AEMWE 系统，该系统采用便宜的非铂族金属氧化物催化剂、加工和组装高效的 MEA，以及改进电解池设计，该系统比质子交换膜水电解更经济。

2.10.3　非铂族金属催化剂

开发适用于氢析出反应（HER）和氧析出反应（OER）的非贵金属催化剂对于降低 AEM 水电解的投资成本至关重要。目前的主要挑战在于优化这些材料的化学组成、提高其稳定性和活性。与贵金属相比，非贵金属催化剂的质量比活性相对较低，因此需要更大的催化剂负载量，这会导致欧姆电阻损失增大。

1）氢析出反应催化剂

与质子交换膜燃料电池相比，AEM 电解 HER 动力学缓慢，特别是对于非贵金属催化剂，更是要低 2～3 个数量级。碱性 HER 比酸性 HER 更为复杂，氢吸附（H_{ad}）、氢氧根吸附（OH_{ad}）和水解离都是开发催化剂材料时需要考虑的方面。

与铂催化剂相比，非铂族金属材料镍基 HER 电催化剂活性明显更低。在 AEM 水电解槽中，使用商用镍纳米粉（2 mg/cm²），以纯水供料，在 1.8 V 槽压下，其电流密度为 0.3 A/cm²[17]。镍本身的活性和稳定性相对较差，与其他过渡金属或其氧化物、硫化物、硒化物、氮化物或磷化物结合可提高其性能。

Ni‐Mo 合金在 1M KOH 溶液中，在电流密度为 0.4 A/cm² 条件下，其过电位为 0.11 V[18]，显示了优异的活性性能。Zhang 等在泡沫镍上制备了以 MoO_2 为载体的 $MoNi_4$ 电催化剂（$MoNi_4/MoO_2$ @ Ni）[19]，由于降低了伏尔默（Volmer）步骤的能垒（第一步基元反应），使其在碱性条件下具有高的 HER 活性。同样，Chen 等制备了 $MoNi_4/MoO_{3-x}$ 纳米棒阵列，具有同样的高活性[20]。研究结果表明，这类合金显示出接近零的起始电位（相对于氢的标准电极电位），在 10 mA/cm² 电流密度下,仅有 1 mV 过电位,在碱性介质中塔菲尔斜率为 30 mV/dec,可与铂媲美,是最先进的非铂催化剂之一。该催化剂在短期恒流试验中也表现出稳定性。但是该催化剂在 1.17~1.72 V 的电化学扫描中,催化剂失去了 HER 活性,这可能与 Mo(0)、Mo(Ⅳ)和 Mo(Ⅴ)到 Mo(Ⅵ)和 Ni(0)到 Ni(Ⅱ)的不可逆氧化有关。

学界已有很多关于 HER 催化剂半电池电化学性能的研究报告,但在实际 AEM 电解槽中,应用非铂族金属作为 HER 催化剂的报道很少。已经证明了 Ni - Mo 合金材料具有接近铂的显著活性,这类催化剂是当前最有希望应用于 AEM 电解槽电池的替代品。

2) 析氧反应催化剂

在水电解过程中,OER 动力学比 HER 动力学更为缓慢,因此,水电解的性能很大程度上取决于 OER 反应。电催化剂在高 pH 值溶液中的 OER 活性通常比在酸性或低 pH 值溶液中更大。因此,非贵金属氧化物可作为 AEMWE 的催化剂。此外,在碱性条件下运行的水电解系统,比在酸性条件下运行的水电解系统更持久和稳定。例如,在电位扫描过程中,OER 催化剂氧化铱和氧化钌在 0.05 M NaOH 电解液中的性能退化速率分别约为在酸性介质中的 1/700 和 1/600。由于表面钝化层的形成,金属氧化物在高 pH 值工作环境中也通常是稳定的。

对于碱性条件下的析氧反应(OER),半电池反应涉及 OH⁻ 的消耗,它在阴极形成后,必须通过阴离子交换膜进行传输,如式(2-12)和式(2-13)所示。

$$4OH^- \longrightarrow 2H_2O + O_2 + 4e^- \qquad (2-12)$$

$$2HO_2 + 2e^- \longrightarrow 2OH^- + H_2 \qquad (2-13)$$

OER 析出每个氧分子需转移 4 个电子,而对于 HER 反应,只需要转移两个电子就可以形成一个氢分子。这造成了固有的 OER 动力学迟缓,且在很多情况下还导致了更复杂的机制,这对电解池电压有着重要的影响。在 AEM 技术的情况下,OH⁻ 的唯一来源是离子传导离聚物。

Parrondo 等研究了具有高活性、高稳定性的焦绿石型结构金属氧化物作为 OER 催化剂,并采用 $Pb_2Ru_2O_{6.5}$ 和 $Bi_{2.4}Ru_{1.6}O_7$ 焦绿石进行了 AEMWE 电解池试验[21]。$Pb_2Ru_2O_{6.5}$ 和 $Bi_{2.4}Ru_{1.6}O_7$ 的电子导电率分别为(120±30)S/cm 和 (63±5)S/cm。在半电池评估中,在 1.5 Vvs. RHE 下,$Pb_2Ru_2O_{6.5}$ 和 $Bi_{2.4}Ru_{1.6}O_7$ 焦绿石的 OER 质量比活性分别为 202 A/g 和 10 A/g。随后,通过将催化剂油墨(IrO_2 或焦绿石和铂黑分别作为 OER 和 HER 催化剂,将以上物质与 AEM 黏

合剂混合制备催化剂油墨)喷涂在商业 AEM 膜(A201,Tokuyama Co.)上制备膜电极(MEAs)。AEMWE 电池在电解质为 1%(质量分数)KHCO₃ 溶液,50℃下运行,分别使用 IrO_2、$Pb_2Ru_2O_{6.5}$ 和 $Bi_{2.4}Ru_{1.6}O_7$ 作为 OER 催化剂时,在 1.8 V下电解槽显示约为 250 mA/cm²、500 mA/cm² 和 400 mA/cm² 的电流密度。使用具有最佳初始性能的 $Pb_2Ru_2O_{6.5}$ 测试 AEMWE 电池的长期性能,在200 mA/cm² 的恒定电流下运行,电解池显示出超过 200 h 的 1.75 V 恒定电压[21]。

(1) 镍基 OER 催化剂。

最近的研究结果表明,Ni-Fe 催化剂能比纯镍催化剂提供更高的活性。以去离子水供料时,Xiao 等在 2012 年的基础工作给出了较好的研究结果。他们采用 Ni-Fe 阳极(自交联季铵聚砜膜,Ni-Mo 阴极,70℃,纯水供料),在 1.9 V电解池电压下电流密度达到 0.6 A/cm²[22]。不过,Ni-Fe 阳极可能会降解退化,因为铁可在阳极发生浸出,并在阴极重新沉积。铁有助于提高氧气分解的催化活性,近年来人们对其机理进行了大量讨论。Xu 等研究了 AEM 电解中的$NiCoO_x$ 基催化剂,该催化剂具有优良的性能,并通过在颗粒表面添加 Fe 粒子,其催化性能获得了进一步提升[23]。

(2) 其他非贵金属基 OER 催化剂。

Wu 等制备研究了 $Cu_xCo_{3-x}O_3$ 尖晶石阳极催化剂[24],该催化剂具有 20~30 nm 的粒径,其中 $Cu_{0.7}Co_{2.3}O_4$ 具有最大的 OER 活性。Bessarabov 小组使用$Cu_xCo_{1-x}O_3$ 阳极和非常薄的(9 μm)A209 膜在 500 mA/cm² 的电流密度下进行电解,电解池的电压为 2.1 V,表现出近 200 h 的稳定性,电压衰减速率为 0.2 mV/h[25]。

一种基于铈掺入 $MnFe_2O_4$ 晶体晶格的 OER 催化剂,提供了更高的活性和导电性。使用 $Ce_{0.2}MnFe_{1.8}O_4$ 单电池,在槽电压为 1.8 V 时,其电流密度为300 mA/cm²。在连续电解中,$Ce_{0.2}MnFe_{1.8}O_4$ 耐久性大于 100 h[26]。

Wu 等使用 $Li_xCo_{3-x}O_4$ 三元金属氧化物的纳米颗粒作为非贵金属 OER 催化剂[27]。在 Co_3O_4 中掺入锂后,其电子电导率至少提高了 20 倍。$Li_{0.21}Co_{2.79}O_4$表现出最佳的电子导电性(2.1 S/cm)和 OER 电流密度(650 $mV_{Hg/HgO}$ 下约850 mA/cm²)。通过将催化剂油墨(即离聚物和催化剂的混合物)喷涂在 AEMs上制备了 MEAs。$Li_{0.21}Co_{2.79}O_4$ 负载量为 2.5 mg/cm² 用于催化 OER,镍粉的负载量为 2 mg/cm² 用于催化 HER,在 45℃ 及供给去离子水的 AEMWE 电池,在1.8 V 下显示约 40 mA/cm² 的电流密度[27]。

Wu 等通过制备锰和铜掺杂的钴酸盐氧化物,提高了钴酸盐氧化物 OER 催化活性[28]。在 $CuCl_2 \cdot 2H_2O$、$MnCl_2 \cdot 4H_2O$ 和 $CoCl_2 \cdot 6H_2O$ 溶液中加入 $NaNO_3$，然后在 70℃ 干燥，在空气中 400～500℃ 退火合成了催化剂。将催化剂浆料喷涂在膜的两侧，其中 Pt/C 作为 HER 的催化剂，并用于制备 MEAs。所制备的 $Cu_{0.6}Mn_{0.3}Co_{0.21}O_4$ 表现出优异的 OER 性能，并在单电池中测试了性能，在 40℃ 下用去离子水，在 1.8 V 下获得约 60 mA/cm² 的电流密度[28]。

非铂族金属催化剂作为阳极，用于 AEM 水电解去离子水的研究数量并不多。高活性的 Ni-Fe 催化剂（如层状双氢氧化物）以及由镍、钴、铜元素所形成的混合尖晶石型氧化物仍然是 AEM 水电解中最有可能成为高效阳极的候选材料。

另一个挑战是制备在高温下具有快速 OH^- 传输能力和低降解的固体聚合物电解质膜。

2.10.4 阴离子交换膜

阴离子交换膜是一类含有碱性活性基团，对阴离子具有选择透过性的高分子聚合物膜，也称为离子选择透过性膜。阴离子交换膜由三部分构成：带固定基团的聚合物主链即高分子基体（也称基膜）、带正电荷的活性基团（即阳离子）以及活性基团上可以自由移动的阴离子。大多数情况下，阴离子交换基团由三烷基季铵盐组成，这些盐通过苄基亚甲基连接在聚苯乙烯、聚砜、聚醚砜或聚苯醚等聚合物主链上。阴离子交换膜的本质是一种碱性电解质，在阴极产生 OH^- 作为载流子，经过阴离子交换膜的选择透过性作用移动到阳极。

阴离子交换膜是 AEMWE 的关键组件，阴离子交换膜作为离子导体，将氢氧根离子从阴极传输到阳极，同时，可以阻隔电化学反应产生的电子和两极产生的气体。目前，阴离子交换膜在强碱性环境容易发生降解，由此引发膜穿孔并造成电解池短路，使得 AEMWE 不能够长时间运行。因此开发高离子电导率与强耐碱的阴离子交换膜，是进一步发展阴离子交换膜水电解的关键。

1）阴离子交换膜现状

阴离子交换膜的主要缺点是热稳定性有限，尤其是在高 pH 值条件下的热稳定性有限。这一限制对 AEM 电解槽系统的长期稳定性以及操作温度有重要影响。因此，最近的研究集中在开发新的阴离子交换材料，以使其在碱性介质中具有更高的热/化学稳定性，以实现在电化学器件上的应用。大多数 AEM 是针对碱性燃料电池（AEMFC）开发的。对碱性膜基水电解池的关注和研究较少。寻找稳定的用于水电解的阴离子交换聚合物膜主要是筛选阳离子选择性基团。

为了使 AEMWE 具有高电流密度和良好长期运行能力,AEM 必须在水中表现出高的氢氧根传导性和一定的化学和机械稳定性,并且在高 pH 值环境中可确保燃料和产物交叉程度低,以及高度的尺寸稳定性。离子传导性高的AEMs 是通过控制离子交换容量制备得到的,这个值与聚合物主链上阳离子基团的数量相关。研究人员开发了各种类型的 AEMs,包括均质和异质的 AEMs,以改善这些膜在工作条件下的长期运行稳定性。研发的 AEMs 应制备成MEAs,并在单电池中进行实验,以确保其能真正提高 AEMWE 电池的性能和耐久性。图 2-16 显示了三种不同的 AEM 主干的化学结构。

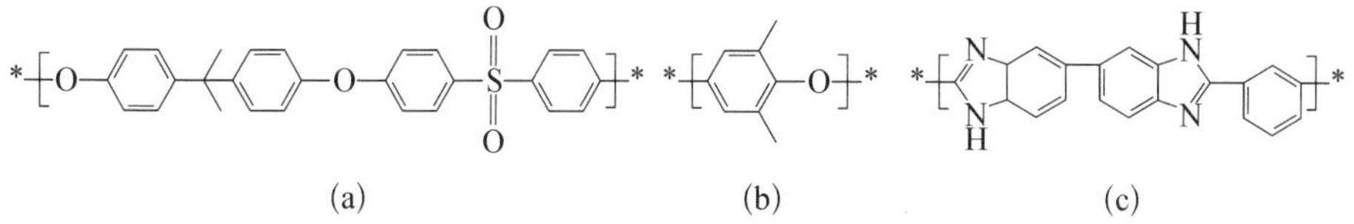

图 2-16　均质 AEMs 的化学结构[12]

(a) PSF;(b) PPO;(c) PBI

2) 聚砜基 AEM

基于聚砜(PSF)的膜用于 AEMWE,在高碱性条件下具有化学和机械稳定性,而且价格低廉且易于合成。Xiao 等使用自交联季铵聚砜(xQAPS)的阴离子碱性膜和非贵金属基电极,测试了 AEMWE 电解池性能[22]。基于 xQAPS 的膜,在 90℃ 下仅观察到 3% 的膨胀,同时自交联后在液态水中能保持有效的OH$^-$ 迁移率(20℃ 和 90℃ 下分别为 15 mS/cm^2 和 43 mS/cm^2)[29]。OER 和HER 的 MEAs 是通过在 80℃ 和 2 MPa 压力下,将自交联 xQAPS 膜热压在具有镍/铁涂层的泡沫镍和具有镍/钼涂层的不锈钢纤维毡之间,热压 2 min,随后在 AEMWE 电解池中测试表征性能[22]。在约 400 mA/cm^2 的恒定电流密度下运行 8 h,电压稳定在约 1.8 V,在此期间电压增加值不超过 3%。希望通过降低膜/电极接触电阻和使用更好的阴极催化剂进一步改善 MEA 的性能[22]。

Parrondo 等研究了基于 PSF 的 AEMs,在 AEMWE 电解池运行过程中的MEA 性能,分析了 AEM 降解的机理,主要包括季铵型聚砜-苄基-三甲基氢氧化铵(PSF-TMA$^+$OH$^-$)、季铵型聚砜-苄基-1-氮杂双环[2,2,2]-辛烷(PSF-ABCO$^+$OH$^-$)和季铵型聚砜-苄基-1-甲基咪唑(PSF-1 M$^+$OH$^-$)[30]。PSF-TMA$^+$OH$^-$、PSF-ABCO$^+$OH$^-$ 和 PSF-1M$^+$OH$^-$ AEM 在液态水中的离子电导率分别为 17 mS/cm、14 mS/cm 和 13 mS/cm,所有 AEM 的理论离子交换容量均为 1.8 mmol/g。MEAs 分别用钌酸铅焦绿石和铂黑作为催化剂,在

$50℃$下用超纯水进行水电解。使用 $PSF - TMA^+OH^-$ 膜的 MEA 表现出最高的电流密度,从极化曲线来看,在 1.8 V 时约为 $350\ mA/cm^2$。相比之下,基于 $PSF - ABCO^+OH^-$ 和 $PSF - 1M^+OH^-$ 膜的 MEA 在 1.8 V 下都表现出大约 $200\ mA/cm^2$ 的电流密度。显然,基于 $PSF - TMA^+OH^-$ 膜的 MEA 表现出最佳性能[30]。

3）聚苯醚基 AEM

聚苯醚(PPO)在碱性介质中比 PSF 表现出更好的稳定性,很容易被各种阳离子基团官能化。这些特性使其成为阴离子导电聚合物电解质的理想选择。为了提高 AEMs 在高 pH 值条件下的离子电导率和稳定性,Parrondo 等开发了基于用 TMA^+ 或 $ABCO^+$ 基团官能化的 PPO 及相应的 AEMs,并比较了它们在 $100\ mA/cm^2$ 恒流运行期间的初始性能和电解池电压[31]。TMA^+ 和 $ABCO^+$ 官能化的 PPO 膜,在 $50℃$ 的水中表现出比 PSF 更高的离子电导率,其值分别约为 $44\ mS/cm$(理论离子交换容量 IEC 为 $2.1\ mmol/g$)和 $42\ mS/cm$(理论离子交换容量 IEC 为 $1.9\ mmol/g$)[32]。通过组装膜电极和气体扩散电极,这些电极上分别涂有用于 OER 和 HER 的 IrO_2 和铂黑电催化剂,在 $50℃$ 下电解超纯水,研究了 AEMWE 单电池的性能。与 $PPO - ABCO^+OH^-$ 膜相比(1.8 V 时约为 $60\ mA/cm^2$),$PPO - TMA^+OH^-$ 膜具有更好的初始性能(1.8 V 时约为 $230\ mA/cm^2$)。

4）聚苯并咪唑基 AEM

Aili 等采用三种不同的 KOH 掺杂的聚苯并咪唑(PBI)膜,分别是未处理 PBI(线性 PBI),交联 PBI 和热处理 PBI(热固化 PBI),并分别组装和测试了 AEMWE 的初始性能[33]。在 N_2 气氛下,分别在 $280℃$ 和 $350℃$ 温度下对 PBI 膜进行热处理,加入交联剂二溴化对二甲苯,将交联度控制在 13% 左右,制备了交联膜和固化交联膜。将制备的薄膜夹在抛光镍板之间制造了 MEA,并在 $80℃$ 下使用 30%(质量分数)KOH 溶液进行 AEMWE 电解池性能测试。最后,把膜置于 $85℃$ 下的 25%(质量分数)KOH 溶液中,并保存 116 天,进行膜老化试验,观察聚合物降解情况。商业膜(Zirfon®)和线性、交联和热固化 PBI 膜的电导率分别约为 $77\ mS/cm$、$24\ mS/cm$、$20\ mS/cm$ 和 $26\ mS/cm$。与电导率测试结果相反,基于交联膜的 MEA 表现出最佳的单电池性能(1.8 V 下约为 $63\ mA/cm^2$),而基于商用膜、线性 PBI 膜和热固化 PBI 膜的 MEA,在相同的电压下(1.8 V)分别显示出约 $14\ mA/cm^2$、$14\ mA/cm^2$ 和 $27\ mA/cm^2$ 的电流密度[33]。膜老化试验发现,在水电解过程中,聚合物降解是通过苯并咪唑 C2 位置的主链水解发生的,分子质量也随之降低,最终导致膜性能下降。

Diaz 等使用 KOH 溶液掺杂的线性(未处理)和交联 ABPBI(聚 2,5 苯并咪唑)膜进行 AEMWE 电池测试[14]。与未处理的膜相比,采用交联工艺制备的膜,具有更好的化学稳定性、热稳定性和机械稳定性。通过把泡沫镍电极直接附加于膜上制造了 MEA。在 AEMWE 电池中,在 50℃和 70℃下对每个 MEA 的性能进行评估。交联膜的离子电导率(18 mS/cm)高于非交联线性膜的(17 mS/cm)。基于交联和线性 ABPBI 膜的 MEA 在电池于 50℃,1.9 M KOH 溶液中运行时,在 1.8 V 下显示了相似的电流密度,约为 53 mA/cm²。与基于交联 ABPBI 膜的 MEA(1.8 V 时约为 89 mA/cm²)和线性 ABPBI 膜(1.8 V 时约为 80 mA/cm²)均比基于商业膜(Zirfon®)的 MEA(1.8 V 时约为 47 mA/cm²)在 70℃,3.0 M KOH 溶液中表现出显著改善的性能。

5) 增强复合膜

通过引入不同的官能团使 AEMs 同时具有高离子电导率和化学稳定性是比较困难的。Wu 等研发出增强复合膜(RCMs)[34]同时具有高离子电导率和稳定性,并在 AEMWE 电池中进行了测试。Wu 等评估了基于 RCM 的 MEA 在 AEMWE 单电池中的性能,其中 RCM 由多孔 PTFE 支撑的复合膜组成,其中填充了聚甲基丙烯酸季铵盐(QPDTB)离聚物[34]。RCM 基 AEM 是一种超薄(30 μm)的 AEM,通过用 QPDTB 离聚物填充 PTFE 膜孔制备而成,它是由 Wu 等研究、开发的一种阴离子导体[17]。RCM 在 50℃时表现出 34 mS/cm 的离子导电性。MEAs 是通过把催化剂浆料喷涂在 RCM 上制备而成的,催化剂浆料中包含 QPDTB 离聚物和分别用于 OER 和 HER 的 Cu$_{0.6}$Mn$_{0.3}$Co$_{2.1}$O$_4$ 和 Pt/C 催化剂。用纯水在 22℃下测试 AEMWE 电解池的稳定性。基于 RCM 的 MEA 的电流密度在 1.8 V 下约为 200 mA/cm²。由于稳定性试验中使用的工作温度(22℃)较低,很难将该膜的耐久性与其他开发膜的耐久性进行比较。但是耐久性试验表明,在 AEMWE 电池运行 120 h 后,在 100 mA/cm² 的电流密度下,电池性能损失为 0.3%[34]。

6) 无机膜

最近,针对 AEMWE 电解池开发了基于层状双氢氧化物(LDHs)的无机材料,并且在碱性介质中的单电池测试中显示出优异的稳定性和可接受的 OH⁻ 导电性[35]。使用层状双氢氧化物的优势不仅在于其良好的化学稳定性,由于没有官能团,在合成 LDHs 膜的过程中不需要使用有毒或致癌试剂。

Zeng 和 Zhao 测试了一个包含 Mg‐Al‐LDH 膜的 AEMWE 的长期性能。该膜旨在克服常用的 AEM 存在的挑战,即低离子电导率、化学不稳定性和相应合成过程的化学毒性[13]。Mg‐Al‐LDH 膜在碱性环境中表现出优异的稳定性,并且在 60℃,高相对湿度(98%)下具有高的 OH⁻ 电导率(7.7 mS/cm)。采用 Mg - Al - LDH 膜和 Acta - SpA 的商业 OER(CuCoO$_x$)和 HER(NiM/CeO$_2$-La$_2$O$_3$/C)催化剂制备了 MEAs。在 50℃,0.1 M NaOH 溶液中测量了用不同厚度的 MEA 制成的 AEMWE 电解池的极化曲线,结果表明 300 μm、500 μm 和 700 μm 厚的 MEA,在 1.8 V 时的电流密度分别约为 60 mA/cm²、38 mA/cm² 和 26 mA/cm²。水分解电流密度随膜厚的增加而减小,这是由离子电阻的增加而引起的,对于厚度为 300 μm、500 μm 和 700 μm 的 MEA,离子电阻分别为 3.25 Ω·cm²、5.11 Ω·cm² 和 7.39 Ω·cm²[13]。

2.10.5 膜电极制备方法

将膜与催化剂材料结合,形成用于电解池测试的 MEA,其中制备 MEA 的主要方法有两种:催化剂涂层基底(catalyst-coated substrate,CCS)和催化剂涂层膜(catalyst-coated membrane,CCM)。

1)催化剂涂层基底

CCS 方法是将催化剂层沉积到适当的基底表面,使得催化剂层具有坚固性和稳定性。基底的作用是进行电子转移,机械支撑催化剂层,并有效去除气体产物。有几种不同的材料可以用作基底。水电解阳极侧的基底材料包括钛纸、镀铂钛板、不锈钢毡、泡沫镍等。镍是碱性水电解常用材料,而钛通常用于质子交换膜水电解中。镍和钛这两种材料作为阳极支撑,在碱性水电解中都表现出很高的热力学稳定性。在碱性环境中,不锈钢通常在阳极电位下钝化,以确保稳定性。与此同时,钝化层降低了电极和电解液之间界面的导电性。从热力学角度来看,碳在碱性条件下的稳定性约为在酸性环境下的 1/18,导致碳材料在 OER 条件下非常不稳定,因此,可以排除碳材料作为阳极基底长期使用的可能性。

在水电解阴极侧,可以很容易地使用碳材料作为基体。电极制备方法主要是将催化剂墨水喷在活性载体表面。其他常用的技术包括电沉积、磁控溅射、化学镀和丝网印刷。在不锈钢多孔金属框架上,制备了含有非铂族金属(NiAl 阳极和 NiAlMo 阴极)等离子喷涂电极[36],在 AEM 电解槽中使用了六甲基-对三联苯聚苯并咪唑膜(HTM - PMBI 膜),用 1 M KOH 供料,这种 CCS 方法在 2.1 V 下产生了 2 A/cm² 的电流密度(60℃)。

2)催化剂涂层膜

CCM 方法是将催化剂直接沉积到膜表面。因此,主要优点是催化剂与聚合物电解质膜紧密接触,从而提高离子导电性。该方法不仅可以使催化剂负载量减少[37]，同时可以保持 MEA 的性能。但另一方面，集流体之间的电接触也会变差，可以利用系统的电子导电率明显高于电解液的离子电导率作为一个合理的折中办法。随着碱性聚合物电解质的发展，这一方法引起越来越多的兴趣。

CCM-MEA 制备最常用的方法是在聚合物阴离子选择性膜表面喷涂催化剂油墨。最近，Ito 等比较了喷涂法和刮刀法制备的 CCM-MEA 的性能，结果显示采用喷涂技术获得了较好的效果[38]。喷涂法制备的电解池电阻率较低生产过程中还可以更容易、更精确地控制催化剂和黏合剂的负载量。PEM 水电解或燃料电池技术中常用的转印法不适用于阴离子选择性聚合物膜。这是因为该方法包括热压步骤，阴离子选择性聚合物膜在暴露于高温下时会出现化学不稳定性。

Leng 等于 2012 年发表了使用商业材料（Tokuyama A201 膜和 Tokuyama AS-4 离聚物）的研究工作[39]。然而，他们制备的 CCM-MEA 在碱性水电解条件下仅显示出有限的稳定性。向阴极室供去离子水（50℃），在 200 mA/cm² 电流密度条件下工作 27 h，电解池电压和电阻率急剧增加[39]。而当向阳极室提供 1 M KOH 时，作者观察到电解池电压恢复到初始值，CCM-MEA 的性能衰减主要是由于离聚物和/或膜-电极界面的降解。

2.10.6　AEM 工作条件

AEMWE 设备的电解池性能依赖于电解池温度、电解质溶液和进液方式等操作条件。在较高温度下运行电解池可提升反应动力学。引入碱性电解质溶液代替中性水，可增强 OH^- 导电性并降低欧姆电压降[39]。确定操作条件还应考虑到电解装置的稳定性和耐久性。当温度超过膜的热稳定性范围时，聚合物[16] 主链或官能团可能会降解；随着高浓度碱溶液的引入，膜的降解加速，这会导致 MEA 性能下降。因此，在适当的条件下运行对电池性能和 AEMWE 设备中所用材料的稳定性都至关重要。在本节中，简要回顾文献报道的 AEMWE 装置的工作条件，以阐明工作条件对电解性能的影响。

1）电解池温度

由于电极动力学、离子导电性和物质传输的改善，电解池性能通常随着温度的升高而提高。然而，因为 AEMs 的热稳定性的原因，大多数 AEMWE 电池的工作温度较低，通常低于 55℃。只有少数研究在 70℃ 以上进行了水电解实验。Pavel 等研究了在 35℃、45℃ 和 55℃ 下，使用 1%（质量分数）K_2CO_3 水溶液时，电解池电压对工作温度的依赖性[15]。研究结果表明：随着工作温度的升高，电解池电压线性降低,在 400 mA/cm² 下每升高 10℃,电解池电压降低约 80 mV[15]。简言之,工作温度的确定应考虑设备性能、稳定性和系统效率,包括电能和热能的利用效率。

2) 电解液类型

在碱性水电解中,采用高达 30%(质量分数)的浓 KOH 水溶液在电解池中循环,从而保证电解质具有足够的离子导电性。提高工作温度,可以增加电极反应动力学,并促进气体从电解质溶液中分离。但是,该溶液具有很大的腐蚀性,通常 AEM 中使用简单的去矿物质水,包括使用纯水或稀 KOH 或 Na_2CO_3/ $NaHCO_3$ 溶液。

AEM 电解槽中最常用的电解液是氢氧化物溶液(KOH 和 NaOH),考虑到隔膜的材料种类不同,其浓度在 0.06%~30%(质量分数)的范围内。KOH 溶液的电导率比 NaOH 溶液高得多,所以大多数研究采用 KOH 溶液。更重要的是,K_2CO_3 的溶解度明显高于 Na_2CO_3,采用 KOH 溶液缓解了沉淀物形成和分离器结垢的问题。此外,与 NaOH 相比,KOH 溶液的黏度较低。因此,尽管 KOH 的成本较高,但 KOH 提供了更可靠和更灵活的电解槽工作环境。

稀碳酸盐或碳酸氢盐溶液具有微碱性 pH 值(10~12),这样的条件能提高电解池材料以及聚合物阴离子膜 AEMs 的稳定性。因此,大多数研究使用钾盐,即 K_2CO_3 或 $KHCO_3$ 溶液。

3) 供料水

使用去除矿物质的水作为电解水的来源,是使 AEM 电解成为一种有竞争力技术的最理想解决方案。然而,使用纯水作为供料也带来了新的重大挑战。镍仅在 pH>9 时稳定,因此,采用纯水时,无法采用镍作为电极材料。钛基多孔材料和/或集流体适用该条件,但钛材料价格昂贵。

使用去离子水的另一个问题是二氧化碳对性能的影响。Parrondo 等[30]观察到电解池电压为 1.8 V 时,仅在 30 min 内,电流密度从 365 mA/cm² 降至 135 mA/cm²。这种现象是由于二氧化碳的污染导致碳酸盐和碳酸氢盐阴离子溶解,降低了膜和催化层黏合剂的离子导电性。因此,在采用水供料时,AEMs 的性质在确保催化剂层的机械稳定性的同时,需要保证在催化剂层内提供良好的离子导电性。

4) 进液方式

AEMWE 电池的进液方式对阴极氢气纯度和在水电解中的质量传输非常重要。进液方式,如双面供给阳极或阴极、单面供给阳极或阴极。阳极单侧供料有利于在阴极收集干燥的氢气,省去了从液体反应物中分离氢气的额外处理过程。Leng 等研究了 AEMWE 对供料类型与电解槽性能的关系[39]。阳极的单面供料比阴极的单面供料的寿命长 317 h。此外也观察到,在前 2 h 将去离子水供应至阴极,之后仅给阳极供料,观察到寿命长于 535 h[39]。

2.11 低品位盐水电解

目前的电解水技术均需要高纯水或碱性水溶液,在有些情况下对使用的水源需要脱盐和净化,这些工艺通常会增加整个系统的成本。如果开发出能够直接使用非纯水供给的电解槽,则可以避免净化流程和成本的增加。这里,简要介绍电极材料/催化剂在使用低品位水和盐水电解制氢的最新进展,这是一种比饮用水更丰富的全球资源。并讨论了电解槽设计中的相关挑战,以及在存在常见杂质(如金属离子、氯化物和生物有机体)的情况下,可以选择的电极材料。

2.11.1 盐水电解的挑战

氢除了可以进行能量储存外,还可以很容易地用于工业、家庭和进行运输,因而,全球氢市场在快速扩张。然而,目前氢的成本仍然比较高,将其融入日常生活以及实现美国能源部规定的氢成本最终目标(小于 2 美元/千克氢气)方面,仍存在一些挑战[40]。采用低品位水或盐水的电解,是降低氢生产成本的一个途径。

在电解过程中直接使用低品位盐水进行电解,需要开发高效和选择性的电极材料,以及适用于不纯水的有效膜。

将水分解为氧和氢是一个能量上升的化学过程,需要外部能源来驱动水分解反应。在电解槽中,电能被转换成化学能并以化学能的形式储存起来。阴极的析氢反应(HER)是一个得到电子的反应,在酸性或碱性条件下可以分别用式(2-14)和(2-15)来表示。阳极上的反应,即析氧反应(OER),是一个多电子转移过程,涉及多个中间产物。在酸性或碱性环境中可以分别用式(2-16)和式(2-17)来描述。

$$阳极:2H^+ + 2e^- \longrightarrow H_2 \qquad (2-14)$$

$$碱性溶液:2H_2O + 2e^- \longrightarrow H_2 + 2OH^- \qquad (2-15)$$

$$酸性溶液:2H_2O \longrightarrow 4H^+ + O_2 + 4e^- \qquad (2-16)$$

$$碱性溶液:4OH^- \longrightarrow 2H_2O + O_2 + 4e^- \qquad (2-17)$$

催化剂通常涂覆于电极上，或直接涂覆在离子交换膜上，以促进水分解反应。考察催化活性指标是在给定电流密度下的过电位。与 HER 反应相比，OER 反应比较复杂，即使使用最先进的催化剂也需要很大的过电位。

在海水（盐水）的电解过程中，会出现阴极局部 pH 值升高和阳极局部 pH 值降低的现象。研究表明，整体 pH 值为 4～10 的海水，即使在小于 10 mA/cm² 的中等电流密度下进行电解，电极表面 pH 值也会有大约 5～9 个 pH 单位的波动。如此剧烈的 pH 值波动可能会导致催化剂降解。在海水电解过程中，当 pH≥9.5 时，阴极附近的局部 pH 值增加会导致 Mg(OH)₂ 沉淀，堵塞阴极。稳定 pH 值波动可能需要添加辅助电解质。海水中存在的碳酸盐可以起到缓冲酸碱性的作用，但其缓冲能力不足以防止阴极局部 pH 值升高和阳极局部 pH 值降低[40]。

其他挑战包括海水或盐水中存在其他的阴离子和阳离子、细菌、微生物，以及小颗粒物，所有这些都可能损害电极/催化剂并限制其长期稳定性。分离阳极和阴极的膜也将迎来很大的挑战。

另一个关键问题是 OER 和阳极氯化物发生化学反应之间的竞争关系。氯化物的电化学氧化是一个复杂的化学过程，根据溶液 pH 值、施加的电位和温度，会发生多种反应。考虑温度为 25℃，并将氯元素的总浓度固定在 0.5 M（海水的典型氯化物浓度），可以绘制水氯化物化学的布拜（Pourbaix）图（又称电位-pH 值图），如图 2-17 所示[41]。

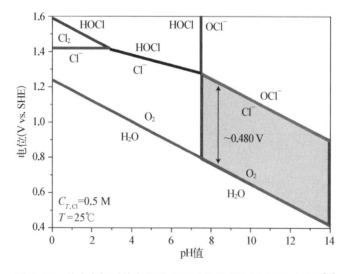

图 2-17　盐水电解质的布拜图，所示为电极电位与 pH 值的关系[41]

根据图 2-17,它提供了 0.5 M NaCl 电解质溶液中 H_2O/O_2 和 $Cl^-/Cl_2/HOCl/ClO^-$ 氧化还原电对的稳定性信息。

当 pH 值低于 3.0 时,析氯反应[ClER,式(2-18)]是主导反应。在较低的 pH 值和较高的阳极电位下,也可能发生次氯酸的生成反应。但当 pH 值为 3~7.5 时,次氯酸的生成成为主要反应。次氯酸盐的形成发生在 pH 值高于 7.5 的条件下,见式(2-19)。氯在两个 pH 值极限下,两个氯氧化反应如下:

析氯反应:

$$2Cl^- \longrightarrow Cl_2 + 2e^- \ (E^0 = 1.36 \text{ V vs. SHE, pH} = 0) \qquad (2-18)$$

次氯酸盐的形成反应:

$$Cl^- + 2OH^- \longrightarrow ClO^- + H_2O + 2e^- \ (E^0 = 0.89 \text{ V vs. SHE, pH} = 14)$$

$$(2-19)$$

根据图 2-17,与 OER 相比,氯化物的氧化在热力学上是不利的,在次氯酸盐形成之前,在 OER 与 ClER 标准电极电位之间的差异一直随 pH 值的增加而增大,并保持最大值约为 480 mV[41]。换言之,在碱性条件下,水氧化催化剂在高达 480 mV 的过电位范围内,氯并不析出,也就是没有任何氯化学的干扰。该区域对 OER 催化剂催化活性的要求最低,这是盐水电解中的"碱性设计标准"。

值得注意的是,两种氯化物反应[反应式(2-18)和式(2-19)]是两个电子反应,而 OER 中有四个电子参与,导致了 OER 比氯化物氧化产生更高的过电位,并使 OER 在动力学上不利。因此,开发高选择性的阳极催化剂是防止盐水电解过程中产生氯气的关键。

2.11.2　反应器设计注意事项

目前,主导商业市场的两种成熟的低温(低于 100℃)水电解技术是碱性水电解槽(AWE)和质子交换膜水电解槽(PEMWE)。其他新兴技术包括低温阴离子交换膜水电解槽(AEMWE),以及高温电解,如质子导电陶瓷电解(150~400℃)和固体氧化物电解(500~1 000℃)。这些电解槽技术使用超纯水、去离子水或 20%~30%(质量分数)KOH 水溶液(AWE),其中的污染物控制在一百万分之一水平及以下。选择这种高纯度的水是为了避免与催化剂、膜和一般组件降解相关的问题。

在 AEMWE 中，阴离子交换膜夹在阳极和阴极之间。水可以供给阴极、阳极或两侧。氢气和 OH⁻ 在阴极生成，OH⁻ 通过膜迁移到阳极并产生氧气。无论电解液供给哪一侧，OH⁻ 和 Cl⁻ 氧化之间的竞争都是一个问题。AWE 和 AEMWE 在操作过程中，采用高 pH 值有助于减少 Cl⁻ 氧化，高 pH 值特别适用于盐水电解产氢。

高温水电解槽包括质子导电陶瓷电解（150～400℃）和固体氧化物电解（500～1 000℃）。水蒸发并以水蒸气的形式输送到阴极产生氢气。固体氧化物或陶瓷膜选择性地将氧离子通过阳极，并氧化形成氧气。这种结构可以在水源到达催化剂和膜之前提供净化水源（产生"清洁"水蒸气）的机会。因此，这项技术有可能为电极材料打开设计窗口[40]。然而，与通常在 100℃ 以下运行的竞争技术相比，高工作温度意味着更高的能源需求和更高的运行成本。此外，为了满足对长期运行稳定性的要求，高温限制了电极材料和其他电解槽部件的类型。这些挑战可能会阻碍其与大型风电场配套的海上设施的安装。

这四种结构都有共同的问题，包括固体杂质、沉淀物和影响催化剂或隔膜材料的微生物污染造成的物理堵塞。因此，对盐水或低品位水进料进行简单过滤是避免膜堵塞的关键。

金属部件在盐水或低品位水中也存在腐蚀的危险。氯碱工业可以为选择耐恶劣腐蚀环境的材料提供一些指导。由于钛的高稳定性，所有与含有氯化物的水接触的部件都选用具有耐腐蚀性能的钛，包括阳极和阴极催化剂的载体材料。

2.11.3　不纯水电解用阳极材料

有几种策略可用于选择低品位水或盐水中运行的 OER 阳极催化剂[40]。首先，是碱性 OER/ClER 设计准则，即在碱性条件下操作的电解槽，需要开发在碱性条件下高活性的 OER 催化剂，保证 OER 和 ClER 两种反应的电位差最大化；其次是在碱性或酸性环境下设计对 OER 具有唯一选择性的催化剂；最后，无论在碱性或酸性条件下，在 OER 催化剂旁边都应采用 Cl⁻ 阻挡层，防止氯离子从电解液扩散到 OER 催化剂的表面。

1）碱性设计准则

第一种方法是基于热力学和动力学，以及盐水是一种非缓冲电解质的考量，可以通过添加剂来避免电解过程中局部 pH 值的变化。

从动力学方面考虑，由于 OER 具有更复杂的四电子反应机理，与氯化物的氧化竞争具有很大的挑战性。而热力学方面表明,碱性条件能为 OER 和 ClER 提供更大的电位差,对 OER 是有利的。基于这些原因,提出了一个碱性催化剂设计标准,即在碱性条件下的盐水中进行电解,实现 100％OER 的选择性的前提是催化剂在所选电流密度(例如,500～2 000 mA/cm²)下的过电位低于 480 mV[41]。文献报道了无支撑 NiFe 层状双氢氧化物(LDH)催化剂在约为 480 mV 过电位下表现出高达 290 mA/cm² 的电流密度,接近中型或大型电解槽所需的电流密度[42]。

2) OER 的选择性

第二种方法是开发具有活性中心的催化剂,以优化 OER 中间产物的化学键,使其具有更高的选择性。原则上,这种方法在所有 pH 值介质中都是可行的,但同时也具有挑战性,因为 OER 催化剂的活性位点通常也对 ClER 具有催化活性。

针对盐水电解的 OER 反应,所需催化剂选择性的研究主要集中在钴和钌基体系上。钴基 OER 催化剂由于其在中性的磷酸盐缓冲液中的优异表现而受到广泛关注。由于盐水的平均 pH 值接近中性,这对盐水氧化特别有吸引力。Co - Pi 是一种采用磷酸盐电解质,电沉积得到的钴基催化剂,在含有 0.5 M NaCl(pH＝7.0)的磷酸盐电解液中,在 1.30 V(vs. SHE)下可维持选择性 OER 反应,在 16 h 的实验中,氯离子的氧化电量只占 2.4％[43]。

将 Co - Fe 层状氢氧化物纳米颗粒,与碳(Vulcan XC - 72)混合并沉积在钛网状电极上,在模拟盐水(pH＝8.0)中表现出 94％±4％的法拉第效率。在恒定过电位为 560 mV 的条件下,经过 8 h 恒电位电解实验,通过的总电量中只有 0.06％归因于氯化物的氧化[44]。盐水中 OER 性能的改善归因于盐水和 CoFe 层状氢氧化物中多个离子的协同效应,即海水中的多个离子可以与电子转移反应一起调节质子转移。钴基硒化物电极在磷酸盐缓冲盐水(pH＝7.09)中测试结果表明,其性能优于参考 Ir - C/Pt - C 催化剂[45]。这两个例子说明了在接近中性/碱性设计标准的条件下,催化剂可以实现 OER 的高选择性。

3) Cl⁻ 阻挡层

在氯化物水溶液中,在玻璃碳负载含水氧化铱(IrO$_x$/GC)上电沉积 MnO$_x$ 薄膜[46],在 Cl⁻ 浓度为 30 mM 的溶液中,MnO$_x$ 不参与 OER 机制,而是充当 Cl⁻ 扩散屏障,同时保持对水的渗透性。由于 MnO$_x$ 层的存在增强了 OER 选择性。与无锰的 IrO$_x$ 电极相比,MnO$_x$ 涂层电极的电化学性能较差,这可能是由于水通过惰性 MnO$_x$ 层的扩散受限所致。

2.11.4 析氢阴极

与阳极处的水氧化相反,在非纯水中运行的阴极,其主要问题是基于 HER 电催化剂在存在杂质的情况下的长期稳定性,这些杂质可能导致催化剂活性部位堵塞及腐蚀。盐水和地表淡水都含有大量不需要的阳离子,包括 Ca^{2+} 和 Mg^{2+},它们在还原条件下以氢氧化物的形式沉积在阴极上,据报道,由于短时间运行(24 h)后的盐沉积,电流密度损失大于 50%。

在反应条件下,铜、镉、锡、铅等溶解离子的还原和电沉积也会影响阴极表面。金属离子的阴极竞争反应发生的程度取决于所施加的电位。世界范围内海水和地表淡水成分的不断变化,需要一个标准海水成分研究电极过程,这样所获得的结果容易进行比较。提高阴极稳定性的关键方法如下:通过工程方法(如 PEM 电解槽)使用膜来防止杂质到达阴极;开发表面位置对 HER 有选择性并能抵抗副反应/失活的催化剂;在催化剂顶部沉积选择性渗透层,用于阻挡杂质,同时允许电解质和产物的转移。

1) 催化剂的稳定性

铂在含有 0.5 M NaCl 的碱性电解槽中作为阴极运行[42],连续运行 100 h 后,所报告的电流密度损失约 50%。这种损失被认为是由于碱性膜导电性的恶化,而不是催化剂的失活。发现每隔 20 h 后休息 4 h 其性能可恢复。在 90℃、pH=12、含 3.5%NaCl 溶液的电解液中,对 Ni‑Fe‑C 电极的碳含量和晶粒度进行了研究[47],最大含碳量(1.59%)和最小晶粒度(3.4 nm)的电催化剂具有最低的 HER 过电位。

双功能催化剂能够同时作为阳极和阴极催化剂,这简化了电解池结构,并且可以通过电位转换实现电化学再生,例如在 KOH(pH=13)中 FeO_x 双功能材料[48],每 1 h 通过电位切换反转阳极和阴极可防止催化剂活化损失。在铁箔电极上也获得了类似的结果,其中向系统中添加 0.6 M NaCl,电解过程中显示以 2∶1 生成了氢气和氧气。

Cl^- 和相关的 Cl^- 氧化产物(如氯气)引起的腐蚀可能是电极稳定性的问题。尽管氯化物的氧化产物主要是阳极的问题,但可能会发生气体交叉扩散,应考虑在存在氯化物和氧化产物(如氯气)的情况下阴极的稳定性。铂或镍合金与过渡金属包括铬、铁、钴和钼(即 PtM 和 NiM)形成的合金,已证明可以减少在盐水和氯气存在下导致金属氯化物形成的腐蚀,提高长期稳定性[49-50]。钛网格上的 PtMo[49]合金在实际海水中表现出优异的性能,在 172 h 运行后,其原始电流密度损失小于 10％。NiMo[50] 合金也被证明是催化活性和长期稳定性的良好组合。这些合金耐腐蚀性的提高归因于合金中的金属 M 与 Cl₂ 之间的竞争性溶解反应。含钼的合金在传统的碱性水电解槽中也被认为具有良好的过电势和稳定性。

2）阻挡层

在催化剂表面添加阻挡层,可限制阳极处不必要的 Cl⁻ 化学反应,以提高长期稳定性。最近已经证明了几个阴极保护层的例子。据报道,镀在铂阴极上的一薄层 Cr(OH)₃ 作为选择性阻挡层,为与次氯酸盐的 HER 竞争性还原提供选择性[51]。MnOₓ 也被认为与 Cr(OH)₃ 具有相似的作用,在盐水中提供防腐蚀、抗结块和抗中毒的保护。在添加选择性渗透覆盖层后可能会出现传质问题,但这种方法可以显著改善在不纯净水中运行系统的长期稳定性。

2.11.5　盐水电解展望

为了使不纯或盐水的电解可行,需要注意几个问题。使用合适的膜对于使用海水或低品位水而无须大量净化处理的高效电解槽至关重要。常用的膜和隔膜技术容易受外来离子传输和堵塞的影响,但这对系统的活性和寿命的影响还不完全清楚,进一步研究杂质对膜的堵塞作用将是非常有价值的[40]。

在阳极,克服氯氧化和水氧化之间的竞争对于成功电解盐水至关重要。氧气释放选择性可以通过在碱性条件下进行,这已在含有 NaCl 的高碱性系统(pH≈13)中得到证明。但是,当将海水的 pH 值调整到约 10 以上时,会带来与形成沉淀相关的其他挑战。根据布拜(Pourbaix)图,可能有机会在 pH＝8～9 附近操作并保持氧气选择性。在这种情况下,严格控制 pH 值成为一项至关重要的任务,并且可能需要强大的缓冲液[40]。在不纯水中运行阳极和阴极的其他策略如下:通过膜选择性运输离子,在催化剂表面上形成选择性渗透材料或阻挡层;寻找具有催化选择性位点的电极材料,以利于所需的反应,抑制副反应和催化剂中毒。

真实海水的成分很复杂,并且在全球范围内随地域变化,因此使用标准化的电解质成分对新催化剂材料进行基准测试很重要。对于缓冲盐水,应使用类似的标准以及明确定义的缓冲液种类和浓度。其他需要标准化的相关参数,包括在标准电流密度下(如 10 mA/cm²,200 mA/cm²)的长期稳定性评估(大于100 h)。已经有一些电催化剂具有良好的活性和选择性,但长期稳定性仍然是一个问题[40]。

向无碳社会的转变需要在降低成本方面认真考虑。在大多数情况下,与结合了脱盐和净化装置的电解技术相比,盐水电解技术需要在资金和运营成本上具有竞争力。鉴于岛屿上可再生能源的丰富性以及对储存技术和自给自足的渴望,再加上目前在这类地区可免去进口化石燃料的固有成本,这些岛屿可以成为测试新技术的理想场所。尽管尚不清楚哪种电解槽技术更适用于盐水,但最好在接近中性(pH=7~9)的条件下运行,除非气相电解具有竞争力,否则阴离子交换膜碱性电解槽(AEM)最有可能满足这一要求。

参考文献

[1] 池凤东.实用氢化学[M].北京:国防工业出版社,1996.

[2] Sivanantham A, Shanmugam S. Nickel selenide supported on nickel foam as an efficient and durable non-precious electrocatalyst for the alkaline water electrolysis[J]. Applied Catalysis B: Environmental, 2017, 203: 485-493.

[3] Lu X, Zhao C. Electrodeposition of hierarchically structured three-dimensional nickel-iron electrodes for efficient oxygen evolution at high current densities[J]. Nature Communications, 2015, 6(1): 1-7.

[4] Phillips R, Edwards A, Rome B, et al. Minimising the ohmic resistance of an alkaline electrolysis cell through effective cell design[J]. International Journal of Hydrogen Energy, 2017, 42(38): 23986-23994.

[5] Nagai N, Takeuchi M, Kimura T, et al. Existence of optimum space between electrodes on hydrogen production by water electrolysis[J]. International Journal of Hydrogen Energy, 2003, 28(1): 35-41.

[6] Bongenaar-Schlenter B, Janssen L, van Stralen S, et al. The effect of the gas void distribution on the ohmic resistance during water electrolytes[J]. Journal of Applied Electrochemistry, 1985, 15(4): 537-548.

[7] Zhang D, Zeng K. Evaluating the behavior of electrolytic gas bubbles and their effect on the cell voltage in alkaline water electrolysis[J]. Industrial & Engineering Chemistry Research, 2012, 51(42): 13825-13832.

[8] Kuleshov N, Kuleshov V, Dovbysh S, et al. Development and performances of a 0.5 kW high-pressure alkaline water electrolyser[J]. International Journal of Hydrogen Energy, 2019, 44(56): 29441-29449.

[9] Brauns J, Turek T. Alkaline water electrolysis powered by renewable energy: a review [J]. Processes, 2020, 8(2): 248.

[10] Khalilnejad A, Riahy G. A hybrid wind-PV system performance investigation for the purpose of maximum hydrogen production and storage using advanced alkaline electrolyzer[J]. Energy conversion and management, 2014, 80: 398-406.

[11] Cho M K, Lim A, Lee S Y, et al. A review on membranes and catalysts for anion exchange membrane water electrolysis single cells[J]. Electrochem. Sci. Technology,,

2017，8(3)：183 – 196.

[12] Millet P，Andolfatto F，Durand R. Design and performance of a solid polymer electrolyte water electrolyzer[J]. International Journal of Hydrogen Energy，1996，21(2)：87 – 93.

[13] Zeng L，Zhao T. Integrated inorganic membrane electrode assembly with layered double hydroxides as ionic conductors for anion exchange membrane water electrolysis[J]. Nano Energy，2015，11：110 – 118.

[14] Diaz L A，Hnát J，Heredia N，et al. Alkali doped poly (2，5-benzimidazole) membrane for alkaline water electrolysis：characterization and performance[J]. Journal of Power Sources，2016，312：128 – 136.

[15] Pavel C C，Cecconi F，Emiliani C，et al. Highly efficient platinum group metal free based membrane-electrode assembly for anion exchange membrane water electrolysis[J]. Angewandte Chemie International Edition，2014，53(5)：1378 – 1381.

[16] Faraj M，Boccia M，Miller H，et al. New LDPE based anion-exchange membranes for alkaline solid polymeric electrolyte water electrolysis [J]. International Journal of Hydrogen Energy，2012，37(20)：14992 – 15002.

[17] Wu X，Scott K. A polymethacrylate-based quaternary ammonium OH^- ionomer binder for non-precious metal alkaline anion exchange membrane water electrolysers [J]. Journal of Power Sources，2012，214：124 – 129.

[18] Tang X，Xiao L，Yang C，et al. Noble fabrication of Ni-Mo cathode for alkaline water electrolysis and alkaline polymer electrolyte water electrolysis[J]. International Journal of Hydrogen Energy，2014，39(7)：3055 – 3060.

[19] Zhang J，Wang T，Liu P，et al. Efficient hydrogen production on MoNi 4 electrocatalysts with fast water dissociation kinetics[J]. Nature Communications，2017，8：15437.

[20] Chen Y Y，Zhang Y，Zhang X，et al. Non-noble metal-based carbon composites in hydrogen evolution reaction：fundamentals to applications Advanced Materials，2017，29：170331 – 170338.

[21] Parrondo J，George M，Capuano C，et al. Pyrochlore electrocatalysts for efficient alkaline water electrolysis[J]. Journal of Materials Chemistry A，2015，3(20)：10819 – 10828.

[22] Xiao L，Zhang S，Pan J，et al. First implementation of alkaline polymer electrolyte water electrolysis working only with pure water[J]. Energy & Environmental Science，2012，5(7)：7869 – 7871.

[23] Xu D Y，Stevens M B，Cosby M R，et al. Earth-abundant oxygen electrocatalysts for alkaline anion exchange-membrane water electrolysis：effects of catalyst conductivity and comparison with performance in three-electrode cells，ACS Catalysis，2019，9：7 – 15.

[24] Wu X，Scott K. $Cu_x Co_{3-x} O_4$ $(0 \leqslant x < 1)$ nanoparticles for oxygen evolution in high performance alkaline exchange membrane water electrolysers[J]. Journal of Materials Chemistry，2011，21(33)：12344 – 12351.

[25] Vincent I，Kruger A，Bessarabov D. Hydrogen production by water electrolysis with an

ultrathin anion-exchange membrane [J]. International Journal of Electrochemistry, 2018, 13: 11347 – 11358.

[26] Pandiarajan T, Ravichandran S, Berchmans L J. Enhancing the electro catalytic activity of manganese ferrite through cerium substitution for oxygen evolution in KOH solutions [J]. Rsc Advances, 2014, 4(109): 64364 – 64370.

[27] Wu X, Scott K. A Li-doped Co_3O_4 oxygen evolution catalyst for non-precious metal alkaline anion exchange membrane water electrolysers [J]. International Journal of Hydrogen Energy, 2013, 38(8): 3123 – 3129.

[28] Wu X, Scott K. A non-precious metal bifunctional oxygen electrode for alkaline anion exchange membrane cells[J]. Journal of Power Sources, 2012, 206: 14 – 19.

[29] Pan J, Li Y, Zhuang L, et al. Self-crosslinked alkaline polymer electrolyte exceptionally stable at 90℃[J]. Chemical Communications, 2010, 46(45): 8597 – 8599.

[30] Parrondo J, Arges C G, Niedzwiecki M, et al. Degradation of anion exchange membranes used for hydrogen production by ultrapure water electrolysis [J]. Rsc Advances, 2014, 4(19): 9875 – 9879.

[31] Parrondo J, Ramani V. Stability of poly (2, 6-dimethyl 1, 4-phenylene) Oxide-Based anion exchange membrane separator and solubilized electrode binder in solid-state alkaline water electrolyzers [J]. Journal of The Electrochemical Society, 2014, 161 (10): F1015.

[32] Arges C G, Wang L, Parrondo J, et al. Best practices for investigating anion exchange membrane suitability for alkaline electrochemical devices: case study using quaternary ammonium poly (2, 6-dimethyl 1, 4-phenylene) oxide anion exchange membranes[J]. Journal of The Electrochemical Society, 2013, 160(11): F1258.

[33] Aili D, Hansen M K, Renzaho R F, et al. Heterogeneous anion conducting membranes based on linear and crosslinked KOH doped polybenzimidazole for alkaline water electrolysis[J]. Journal of Membrane Science, 2013, 447: 424 – 432.

[34] Wu X, Scott K, Xie F, et al. A reversible water electrolyser with porous PTFE based OH^- conductive membrane as energy storage cells[J]. Journal of Power Sources, 2014, 246: 225 – 231.

[35] Furukawa Y, Tadanaga K, Hayashi A, et al. Evaluation of ionic conductivity for Mg-Al layered double hydroxide intercalated with inorganic anions[J]. Solid State Ionics, 2011, 192(1): 185 – 187.

[36] Wang L, Weissbach T, Reissner R, et al. High Performance Anion Exchange Membrane Electrolysis Using Plasma-Sprayed, Non-Precious-Metal Electrodes[J]. ACS Applied Energy Materials, 2019, 2(11): 7903 – 7912.

[37] Hnát J, Plevova M, Tufa R A, et al. Development and testing of a novel catalyst-coated membrane with platinum-free catalysts for alkaline water electrolysis[J]. International Journal of Hydrogen Energy, 2019, 44(33): 17493 – 17504.

[38] Ito H, Miyazaki N, Sugiyama S, et al. Investigations on electrode configurations for anion exchange membrane electrolysis[J]. Journal of Applied Electrochemistry, 2018, 48(3): 305 – 316.

[39] Leng Y, Chen G, Mendoza A J, et al. Solid-state water electrolysis with an alkaline membrane[J]. Journal of the American Chemical Society, 2012, 134(22): 9054 - 9057.

[40] Tong W, Forster M, Dionigi F, et al. Electrolysis of low-grade and saline surface water [J]. Nature Energy, 2020: 1 - 11.

[41] Dionigi F, Reier T, Pawolek Z, et al. Design criteria, operating conditions, and nickel-iron hydroxide catalyst materials for selective seawater electrolysis[J]. ChemSusChem, 2016, 9(9): 962 - 972.

[42] Dresp S, Dionigi F, Loos S, et al. Direct electrolytic splitting of seawater: activity, selectivity, degradation, and recovery studied from the molecular catalyst structure to the electrolyzer cell level[J]. Advanced Energy Materials, 2018, 8(22): 1800338.

[43] Cheng F, Feng X, Chen X, et al. Synergistic action of Co-Fe layered double hydroxide electrocatalyst and multiple ions of sea salt for efficient seawater oxidation at near-neutral pH[J]. Electrochimica Acta, 2017, 251: 336 - 343.

[44] Zhao Y, Jin B, Zheng Y, et al. Charge state manipulation of cobalt selenide catalyst for overall seawater electrolysis[J]. Advanced Energy Materials, 2018, 8(29): 1801926.

[45] Bennett J. Electrodes for generation of hydrogen and oxygen from seawater [J]. International Journal of Hydrogen Energy, 1980, 5(4): 401 - 408.

[46] Obata K, Takanabe K. A permselective CeOx coating to improve the stability of oxygen evolution electrocatalysts[J]. Angewandte Chemie, 2018, 130(6): 1632 - 1636.

[47] Song L, Meng H. Effect of carbon content on Ni-Fe-C electrodes for hydrogen evolution reaction in seawater[J]. International Journal of Hydrogen Energy, 2010, 35 (19): 10060 - 10066.

[48] Martindale B C, Reisner E. Bi-functional iron-only electrodes for efficient water splitting with enhanced stability through in situ electrochemical regeneration [J]. Advanced Energy Materials, 2016, 6(6): 1502095.

[49] Zheng J, Zhao Y, Xi H, et al. Seawater splitting for hydrogen evolution by robust electrocatalysts from secondary M (M= Cr, Fe, Co, Ni, Mo) incorporated Pt[J]. Rsc Advances, 2018, 8(17): 9423 - 9429.

[50] Golgovici F, Pumnea A, Petica A, et al. Ni-Mo alloy nanostructures as cathodic materials for hydrogen evolution reaction during seawater electrolysis[J]. Chemical Papers, 2018, 72(8): 1889 - 1903.

[51] Vos J, Koper M. Measurement of competition between oxygen evolution and chlorine evolution using rotating ring-disk electrode voltammetry[J]. Journal of Electroanalytical Chemistry, 2018, 819: 260 - 268.

第3章

质子交换膜水电解

质子交换膜水电解（proton exchange membrane water electrolyzer，PEMWE），也称聚合物电解质膜水电解（polymer electrolyte membrane water electrolyzer，PEMWE），相较于碱性水电解技术（AWE），起步要晚百余年，但是它是目前最受关注，且发展最快的水电解制氢技术。据预测，在未来 10 年（2020—2030）内，水电解技术将逐步从碱性水电解转向 PEMWE，同时 PEMWE 也会形成性价比上的综合优势。

本章将围绕 PEM 水电解的基本原理、材料（包括电催化剂、电解质膜、多孔传输层）、部件（包括双极板、膜电极、电堆）、系统以及应用等方面，展开全面详细介绍。

3.1　质子交换膜水电解概述

20 世纪 50 年代，PEMWE 为再生太空和潜艇中的生命支持介质（如氧气、水、二氧化碳）应用而开发。当时采用相对较薄的固体离子交换膜代替碱性水溶液电解质，在很大程度上克服了碱性水电解系统所面临的三个挑战，实现了更高的电流密度、在更高的压力下运行和间歇操作（提升了在低负荷下运行的能力）。

图 3-1 给出了 PEMWE 的原理结构图，该结构由七层组成。带有催化剂涂层的膜（catalyst coated membrane，CCM），也称膜电极（membrane-electrode assembly，MEA），其中包括聚合物电解质膜（polymer electrolyte membrane，PEM）。该电解质膜提供选择性控制，能保证两种电极之间的电子绝缘而质子导通，且将所产生的氢气与氧气分开。MEA 是发生电化学反应的场所，是 PEMWE 的核心部件。MEA 夹在阳极多孔传输层和阴极多孔传输层（分别简称 PTLa 和 PTLc）两个多孔传输层（porous transport layer，PTL）之间，与导电、导热的双极板（bipolar plate，BPP）一起，为电池两极之间的阳极催化剂层（CLa）和阴极催化剂层（CLc）提供了水和气体产物传输途径和电子传导。阳极

催化剂层也称阳极(anode),或氧电极(oxygen elecrode),相应地阴极催化剂层也称阴极(cathode),或氢电极(hydrogen electrode)。BPP 上有流动通道,以确保通过 PTL 的水流动均匀,且便于排除产生的气体产物。通常,液态水从阳极引入电池。在电解过程中,水通过阳极 PTL_a 到达阳极 CL_a,被氧化成质子、电子和氧气,如式(3-1),发生析氧反应(oxygen evolution reaction,OER),或称水氧化反应(water oxidation reaction,WOR)。所产生的氧气通过阳极 PTL_a 排出,并沿 BPP 流道排出电解器。质子产自于阳极 CL_a,并通过膜传输到阴极 CL_c,在氢的析出反应(hydrogen evolution reaction,HER)过程中被还原成氢分子,见式(3-2)。在电解质膜中,质子运动伴随着水的传输,同时产生电曳阻力。产生的氢气随后被输送通过阴极 PTL,并从电池中排出。总的水电解反应式为式(3-3)。在实际 PEMWE 设计中,经常采用水通过阳极和阴极进入电池,随排出气体循环,并控制电池温度。

$$阳极反应:2H_2O \longrightarrow O_2 + 4H^+ + 4e^- \tag{3-1}$$

$$阴极反应:4H^+ + 4e^- \longrightarrow 2H_2 \tag{3-2}$$

$$总的电解反应:2H_2O \longrightarrow O_2 + 2H_2 \tag{3-3}$$

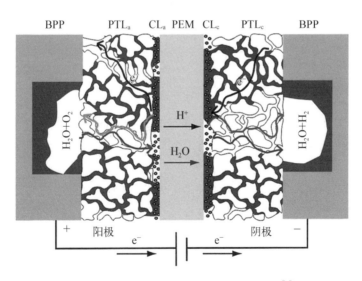

图 3-1　PEMWE 电解槽的横截面示意图[1]

　　PEMWE 系统通常在高的电流密度($1\sim3$ A/cm^2)下运行,紧凑的设计能够被集装箱化,甚至在更大规模范围内的制造以及现场部署,也具有明显优势。聚合物电解质膜的无孔特性允许在更适合与间歇可再生能源配对的灵活操作条件下快速循环,并提供足够的响应速度,以应用于电网平衡。此外,与 AWE 对比,PEMWE 的膜式设计(无间距电极)可以做到更高的氢气纯度、更高的初始输出压力和较低的最小运行负荷(通常为 5%额定功率)。可直接在自加压电解槽中产生压力高达 3.5×10^4 kPa 的加压 H_2/O_2 气体,不需要进一步压缩储存或运输,降低了资本投入和运营成本。

随着可再生能源技术的发展和普及,最近几年,PEMWE 进入高速发展阶段,发展到单个兆瓦级规模,有报道的最长耐久性超过 10 000 h。然而,由于该技术依赖于稀有贵金属材料(铱和铂),除了加速析氧反应和析氢反应电催化剂外,作为流场部件上的耐腐蚀涂层也需要贵金属材料,这大大增加了 PEMWE 的成本支出。

3.2 质子交换膜水电解基本原理

PEM 电解槽运行时,向阳极供应过量的水,其中水通过电能分解成质子、电子和氧气,发生析氧反应,或者称氧化反应。与此同时,产生的质子通过聚合物电解质传输到阴极,而产生的电子沿着外部电路运动,并和质子结合成氢气,发生析氢反应。两个半电池反应 OER 和 HER 均属于多相电催化反应,它们反应机理复杂性差异很大[式(3-1)和式(3-2)]。

3.2.1 析氧反应机理

PEMWE 水分解效率受制于缓慢析氧反应,阳极 OER 的四个电子转移过程和机理成为关注的重点。从基于塔菲尔斜率分析,到密度泛函理论(DFT)计算等广泛的表征方法,人们提出了许多析氧反应机理。

PEMWE 所用的聚合物电解质膜是固体的,其酸性类似中强酸,因此按酸性水电解处理。如图 3-2 所示,在酸性介质中有两种建立在催化循环、连续的质子和电子转移基础上的 OER 机理,分别是吸附质演化机理(adsorbate evolution mechanism,AEM)和晶格氧参与机理(lattice oxygen participation mechanism,LOM),这两种机理已被广泛接受[2]。

对于基于 AEM 的双核反应路径,水分子首先吸附在表面金属阳离子上,分解成质子(H^+),形成 HO^*(*代表吸附态),在第二步中,进一步解离第二个质子,形成 O^*。之后,O^* 受到另一个水分子亲核攻击,形成 HOO^*。最后,氧气被释放,同时伴随着解吸质子。

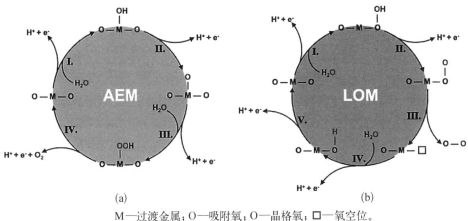

M—过渡金属；O—吸附氧；O—晶格氧；□—氧空位。

图 3 - 2　两类 OER 反应机理[2]

(a) 吸附质演化机理(AEM)；(b) 晶格氧参与机理(LOM)

另一种称为 LOM 的单核四电子转移机制，它是基于一系列原位同位素标记实验提出的。与 AEM 相反，晶格 O 参与 LOM 中氧的形成。首先，一个水分子吸附在表面晶格 O 上，使第一个质子离解形成 HO*，在第二步中进一步使第二个质子离解形成 O*。其次，氧通过耦合被吸收的 O 和表面晶格 O 以及表面氧空位的存在而释放。最后，通过空位上的水吸附和解离，表面晶格恢复到原来的状态。

在最常用阳极催化剂氧化铱上，有所谓"双核机理"和"单核机理"，或者在上述两种机理基础上的改进机理[3]。OER 主要通过高度结晶的 IrO₂ 表面上的 AEM 进行，而来自电催化剂晶格的更多氧原子可能通过 LOM 参与非晶态 IrOₓ 上的 OER[2]。虽然这种 LOM 将导致相对较高的 OER 活性，但由于铱物种的快速溶解，耐久性较低。

在"双核机理"中，O—O 键通过两个吸附在两个铱位上的氧原子形成。氧化铱电极上的 OER 遵循以下反应路径：

$$2IrO_2 + 2H_2O \longrightarrow 2IrO_2^*OH + 2H^+ + 2e^- \tag{3-4}$$

$$2IrO_2^*OH \longrightarrow 2IrO_3 + 2H^+ + 2e^- \tag{3-5}$$

$$2IrO_3 \longrightarrow 2IrO_2 + O_2 \tag{3-6}$$

实验证实，上述反应中式(3-5)是速率决定步骤。

结合在 OER 电位下的非晶态氧化铱多光谱研究，Pfeifer 等提出了另一种

OER 机理,该机理基于在 Ir(Ⅲ/Ⅳ)(或者表示成 IrO_x)的水合氧代羟基氧化物 (hydrated oxohydroxide)中亲电氧(O⁻)物种的亲核攻击,从而形成 O—O 键。 在氧化铱的循环伏安(CV)中,在 1.4 V vs.RHE 电位下氧化信号源于亲电氧物 种的形成,而不是 Ir(Ⅳ)氧化为 Ir(Ⅴ),RHE 代表可逆氢电极。该机理认为发 生以下反应过程:

$$IrO_xO^{2-}H \Longrightarrow IrO_xO^- + H^+ + e^- (\sim 1.4 \text{ V vs. RHE}) \qquad (3-7)$$

$$IrO_xO^-H + H_2O \Longrightarrow IrO_xO^-O^-H + H^+ + e^- \qquad (3-8)$$

$$IrO_xO^-O^-H \Longrightarrow IrO_x + O_2 + H^+ + 2e^- \qquad (3-9)$$

在该机理中,还不清楚氧气是从单个铱位点,还是双铱位点上析出,并且也没有 关于塔菲尔斜率的报道。

第三种 OER 机理是在上述两种机理基础上的改进,它是基于金红石结构 氧化物(110)表面的 DFT 计算,提出的所谓"单核机理"。水在一个金属位点上 发生离解,形成吸附的 O* 物种。当第二个水分子在同一个位点上分离时,就形 成了 O—O 键(·OOH)。这种机理的路径可以总结如下:

$$H_2O \Longrightarrow HO^* + H^+ + e^- \qquad (3-10)$$

$$HO^* \Longrightarrow O^* + H^+ + e^- \qquad (3-11)$$

$$O^* + H_2O \Longrightarrow HOO^* + H^+ + e^- \qquad (3-12)$$

$$HOO^* \Longrightarrow O_2^* + H^+ + e^- \qquad (3-13)$$

$$O_2^* \Longrightarrow O_2 \qquad (3-14)$$

对于金红石型 IrO_2,在第二步式(3-11)中要形成 O*,需要的活化能最高,该步 骤是速率决定步骤。通过使用 O* 物种的结合能作为评价依据,上述单核路径 成功地预测了不同金属氧化物的 OER 活性。此外,单核路径假设在每个步骤 中电子和质子转移是耦合在一起的,这就导致对 pH 值依赖,许多报道结果证实 了这一观点。虽然得到许多研究结果的支持,但基于单核路径的 DFT 模型对 OER 机理仅仅满足了必要性,不具备充分性,因为该模型仅考虑了热力学可行 性,并未考虑动力学因素影响。

尽管提出了许多反应机理,但到目前为止,在酸性环境下详细反应机理仍然 难以捉摸,这阻碍了基于知识层面上的催化剂设计[4]。此外,在 OER 条件下,催 化剂表面结构发生动态的价态变化,也增加了对单晶电极研究难度。

3.2.2 析氢反应机理

早在1789年就发现了析氢反应,它仅由两个连续的质子-电子转移过程组成,没有副反应。析氢反应是在电极表面上产生气态氢的多步骤过程,也是电催化中研究最多的、最透彻的电化学过程。图3-3揭示了在酸性溶液中的两种电极表面沃尔默-海洛夫斯基(Volmer-Heyrovsky)机理和沃尔默-塔菲尔(Volmer-Tafel)机理[5]。析氢反应大概包括以下两个步骤。

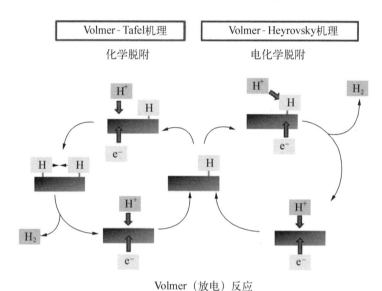

图 3-3 酸性溶液中电极表面析氢的机理[5]

(1)首先发生氢离子在电极表面的电化学吸附,这一步称为 Volmer 反应或放电反应:

$$H^+ + M + e^- \rightleftharpoons MH^* \tag{3-15}$$

(2)随后,可能通过两种不同的反应途径生成氢气。

在第一种可能性中,第二个电子向被吸附的氢原子转移与另一个质子从溶液中的转移相耦合,从而析出氢气,即通过电化学脱附反应(Volmer-Heyrovsky 机理):

$$MH^* + H^+ + e^- \rightleftharpoons M + H_2 \tag{3-16}$$

在第二种可能性中,两个被吸附的氢原子在电极表面结合生成氢气,这一点

在铂催化剂上已被证实,即通过化学脱附反应(Volmer-Tafel 机理):

$$2MH^* \rightleftharpoons 2M + H_2 \qquad (3-17)$$

3.2.3 效率

在利用可再生能源进行电化学制氢的技术和经济上,电解系统的效率都是至关重要的。制氢成本主要由相对较高的电力成本(电费)决定,只有提高电解槽效率才能降低制氢成本。电解槽的效率有三种定义,包括电流效率、能量效率和电压效率,下面分别介绍。

法拉第损耗代表了一种与电流相关的效率损失,即没有在阴极气体出口处产生氢气的那部分电流损失,有时也采用电流效率,或法拉第效率 η_F 来表述:

$$\eta_F = \frac{\dot{m}_{reH_2}}{\dot{m}_{idH_2}} \qquad (3-18)$$

其中 $\dot{m}_{reH_2}$ 和 $\dot{m}_{idH_2}$ 分别定义为可用的实际生产氢量和在理想条件下最大可能的氢产量。所谓在理想条件下(100%法拉第效率)最大可能的氢产量是假设所有消耗电流都用于产生氢气,这样根据电流和电解时间,通过法拉第定律计算气体的理论体积,如式(3-19)所示,计算出理论上的最大可能的氢产量:

$$\dot{m}_{idH_2} = \frac{30RTI}{FP} \qquad (3-19)$$

其中 $\dot{m}_{idH_2}$ 的单位为 L/min;理想气体常数 $R=0.082$ L·atm/K·mol;温度 T 的单位为 K;压力 P 采用 atm 为单位;电流 I 的单位为 A;法拉第常数 $F=96\ 485$ C/mol。

实际电解槽所产生的氢气或氧气能够透过电解质膜,会发生透过现象。一方面,如果氢气透过到阳极,氢气和氧气在阳极铱氧化物催化剂上不能发生反应,这样就导致阳极室中的氢气和氧气可能达到爆炸极限,从而产生安全隐患。另一方面,如果氧气透过电解质膜,到达阴极,这时氢气和氧气在阴极铂催化剂上发生催化燃烧反应,生成水,所产生的不利影响是消耗了氢气,减少氢气产量。显然,无论上述哪一种情况发生,氢气和氧气的透过现象都会导致法拉第损耗,甚至出现危险。式(3-19)的法拉第损耗 η_F 是损失的氢与理论产生氢气的比值,其中理论产生氢气量可以用法拉第定律计算,损失的氢是理论产氢量减去阴极气体出口氢量。特别是在加压条件下或者使用薄的电解质膜,气体透过现象严重,相应地法拉第损耗增加,电流效率降低。

接下来讨论电解效率,它代表一种能量转换效率,即输出的总化学能与总输入能量(包括电能和热能)之比值。为此要了解关于几种电解槽电压定义。

从热力学上知道,热力学参数 ΔG、ΔH 和 ΔS 之间关系如下:

$$\Delta H = \Delta G + T\Delta S \tag{3-20}$$

式中,ΔH 代表熵变化;ΔG 为吉布斯自由能的变化,体现了反应过程输入电能的有效部分(转换到氢气中的能量,不包含损耗的焦耳热);T 为反应的温度;ΔS 为反应的熵变;$T\Delta S$ 代表了电解反应过程所吸收的热能。

假定所有通过电池的电子都参与反应,可以计算代表热力学可逆电压的 U_{rev} 和代表热中性电压的 U_{th},

$$U_{rev} = \frac{\Delta G}{nF} \tag{3-21}$$

$$U_{th} = \frac{\Delta H}{nF} \tag{3-22}$$

式中,F 为法拉第常数;n 为参与反应(3-3)的电子摩尔数;U_{th} 代表的热中性电压是指没有熵变时的电压。热中性电压包括热能受熵变化的约束,在标准条件下是 1.48 V。注意不要将 U_{th} 与可以将水分解成氢气和氧气的必须值可逆电池电压($U_{rev} = 1.23$ V)混淆。

U_{el} 代表电池的实际端电压,受到电池中的各种极化损失影响。活化过电压 U_{act} 为满足电极化学动力学需求所需要的额外电压,与活化能、电解速率以及温度有关;欧姆过电压 U_{ohm} 为连接体以及电极和电解质的电阻引起的电压损耗;浓差过电压 U_{conc} 体现了多孔电极内的扩散阻力引起气体浓度的损失,与电解速率和几何参数有关。

$$U_{el} = U_{rev} + U_{act} + U_{ohm} + U_{conc} \tag{3-23}$$

电解效率 η_{el} 为反应过程反应焓变与输入的电能之比,也称电压效率,它常容易与电流效率 η_F 混淆,

$$\eta_{el} = \frac{\Delta H}{nFU_{el}} = \frac{U_{th}}{U_{el}} \tag{3-24}$$

需要指出的是对低温电解技术(碱性电解和质子交换膜电解),液态水被电解,电解效率 η_{el} 应使用反应的高热值(HHV)。在高温技术中,是水蒸气被电解,电效率计算应使用反应的低热值(LHV)。

电解槽总效率 U_{totall} 定义为电解效率 η_{el} 和电流效率 η_F 的乘积。电解槽总效率也可以通过理论能量消耗量（39.4 kW·h/kg H$_2$，HHV）与实际电解槽产生每千克氢气的总能耗之比计算。

在标准状态下，水的理论分解电压 U_{rev} 为 1.23 V，相应电耗为 2.95 kW·h/m³。碱性电解中，电耗为 4.5～5.5 kW·h/m³，电解槽总效率为 54%～66%。PEM 电解电耗为 3.6～3.8 kW·h/m³，电解槽总效率为 78%～82%。

3.3　电催化剂

电催化剂提供电化学反应的活性位点，决定电化学反应速率的快慢，因而在电化学过程中起着非常关键的作用。特别是在 PEMWE 中，这种借助于电催化剂，使电极、电解质界面上的电荷转移加速反应的催化作用影响更加突出。

阳极是水电解中产生过电势以及能量消耗的主要来源，析氢的阴极极化影响很低[6]，这是因为相对于 HER，OER 更复杂，氧电极上的交换电流很小，相应地 OER 反应速率缓慢。当电解池的电流密度为 1 A/cm² 时，氢电极上的过电位大约为 20 mV，而氧电极上的过电位大约为 400 mV，后者过电位是前者的 20 倍，是 PEMWE 中最关键影响因素。铂催化剂的 OER 交换电流密度为 1.61×10^{-9}～1.61×10^{-6} A/m²，而 Pt-Ir 的 OER 交换电流密度则达到 1.61×10^{-4} A/m²，比前者提高了 2 个以上的数量级。铂催化剂的 HER 交换电流密度为 1.61×10^{-1}～1.61×10^{-2} A/m²，相比氧电极，氢电极的极化影响很低。

目前，贵金属基 IrO$_2$ 和 RuO$_2$ 催化剂是酸性溶液中最好的 OER 催化剂，大多数商用 OER 催化剂都是基于贵金属材料，如 IrRuO$_x$、WIrO$_x$、PtNi 和 IrTe 等。由于铱昂贵的成本和稀缺性（年产仅几万吨），需要制订开发战略，减少阳极中贵金属含量，增加铱利用率，并实现更高的 OER 活性[7]。

HER 动力学强烈依赖于电极材料，铂电极上的 HER 是已知最快的电催化过程之一。除了铂和铂族金属以外，一些非贵金属也有很好的 HER 催化活性，相比较而言阴极催化剂选择空间较大。

3.3.1　阳极催化剂

高效、稳定、经济、环保是 OER 电催化剂的主要追求目标：① 高效电催化剂应为良好的导电体,并对电催化剂表面的氧中间体(如过氧化氢和超氧化物中间体)具有中等的吸附能,对这些氧中间体的结合能不太强或太弱;② 具有一个良好的氧化还原中心,这对于一个有效的电催化剂是至关重要的,也还要有催化反应所需的高活性位点;③ 电催化剂必须具有耐电解质酸性腐蚀的能力,特别是在高阳极电位下无相变或者相变相稳定,且不会溶解在电解质中,这一点非常重要。基于这些标准制订关键策略,才能设计出良好的 OER 电催化剂。

随着 PEMWE 愈加受到关注,有多类 OER 催化剂在研究开发中[8],如贵金属基纳米材料(如铂、钌、铱)、合金材料(如 IrPd、AuIr、RuCu、IrCoNi)或金属间化合物(如 Al_2Pt)、贵金属基氧化物(如 RuO_x、IrO_x、$NiIr@IrO_x$、$IrWO_x$)、壳核结构(如 IrO_2 包覆的 TiO_2 核壳微粒 $IrO_2@TiO_2$)、硫属化合物(如 $RuTe_2$、$IrSe_2$)、硼化物(如 RuB_2)、焦绿石($A_2B_2O_7$)、钙钛矿(ABO_3)和金属基单原子材料(如 Ru-N-C),以及非贵金属化合物催化剂(如 Ni_2Ta、MoS_2、WC、$CoMnO_x$、$NiFePbO_x$、$CoFePbO_x$、$Ni_{0.5}Mn_{0.5}Sb_{1.7}O_x$、$CN_x$)等。人们根据电子状态(氧化数)和结构影响(配位环境),综合研究他们的 OER 活性中心特征和性能。

如前所述,好的 OER 催化剂应该过电位低,表现出良好的 OER 催化活性,同时金属溶解速率也低,能保持长期催化活性稳定性。如图 3-4 所示,在酸性介质中,用作 OER 催化剂的单金属氧化物在活性和稳定性之间存在相反的关系,活性最高的氧化物(锇≫钌>铱>铂≫金)呈现出高达数量级差别的溶解速

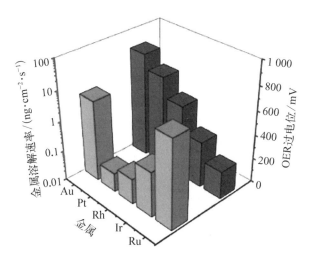

图 3-4　在 5 mA/cm² 几何电流密度条件下,不同金属
电极的过电位和金属溶解速率 OER 性能[4]

率,即其稳定性最低(金≫铂>铱>钌≫锇)。虽然 RuO₂ 比 IrO₂ 活性更高,然而由于 PEM 水电解槽使用全氟磺酸电解质的强酸性和 OER 下高阳极电位产生的强腐蚀性,RuO₂ 稳定性较差。综合比较,铱在 OER 活性与稳定性方面达到较好平衡[9]。任何一种电催化剂,除了活性和化学稳定性以外,满足电子传导也是基本要求之一。虽然金属氧化物存在导电性差的缺点,但是在高电位下金属大多以氧化物状态存在。IrO₂ 和 RuO₂ 在金属氧化物中表现出相对较高的金属导电率,均为 10^4 cm^{-1} · Ω^{-1} 数量级。这是由于在 IrO₂ 和 RuO₂ 氧化物中,金属-金属距离和阳离子半径与内 d-轨道可以重叠,因此在这些 d-能带中的 d-轨道上的电子产生了电子导电性。

铱的氧化态、纳米尺寸、形状、结构等多种因素影响电催化活性和稳定性[10-12]。在质子交换膜燃料电池科学中,对氧还原反应(oxygen reduction reaction,ORR)进行了长期深入研究,由此带动了对新型高活性 ORR 催化剂的广泛开发,并取得巨大进步。与 ORR 催化剂开发状况不同,目前在水电解领域仍缺乏对 IrO$_x$ 等 OER 催化剂的深入和充分研究,关于新型高效催化剂探索不够充分,迫切需要发现和设计下一代 OER 材料,满足在苛刻的酸性条件下达到耐用、活性好、价格合理等众多需求。

研究表明,铱化学氧化状态会显著影响电极的催化活性和耐久性。与铱氧化物相比,尽管铱黑平均晶粒尺寸较小(铱黑约为 3 nm,铱氧化物约为 5 nm),但铱黑电催化剂的初始性能明显低于铱氧化物。进一步研究发现,在高电流密度下运行期间,铱黑电极显示出随时间而降低的电池电位;而铱氧化物电极显示出相反趋势——电池电位增加,在接近 1 000 h 时,会产生约 10 μV/h 的降解速率。铱黑的这种异常行为是由于金属铱氧化为 IrO$_x$ 所致。在电解 1 000 h 后,铱氧化物催化剂表面呈现水合结构,铱 4f 结合能负向移约 0.5 eV,这对应于在表面上形成亚化学计量比的铱氧化物。这些结果表明,表面具有高氧化态的水合 IrO₂ 有利于降低析氧过电位。

还有一些研究表明,混合 Ir-Ru 氧化物具有很好的电催化性能。例如,Siracusano 等[13]采用改进的亚当斯(Adams)熔融法制备 IrO₂ 基和 Ir₀.₇Ru₀.₃O$_x$ 基电催化剂,获得了大小相当的结晶尺寸(分别为 5.4 nm 和 5.2 nm)。与 IrO$_x$ 相比,混合 Ir-Ru 氧化物的电化学活化能降低约 20%(从 48.1 kJ/mol 降至 39.5 kJ/mol)。Ir₀.₇Ru₀.₃O$_x$ 性能明显优于 IrO$_x$:在 90℃、3.2 A/cm² 的电流密度下,Ir₀.₇Ru₀.₃O$_x$ 电催化剂的电压增益为 0.1 V,或者,在 90℃ 和 1.85 V 下电流密度增加 0.6 A/cm²。此外,还发现 IrRuO$_x$ 有与 IrO$_x$ 类似的塔菲尔斜率,但前者电荷转移电阻降低,表明两者具有相同的机理,但 IrRuO$_x$ 具有更高的本征活性。

将铱、钌与过渡金属合金化、形状控制纳米结构,均可提高 OER 活性。Din 等通过水热法合成了直径 60 ± 10 nm 的球形三元 IrRuMn 催化剂[14],实验证实了其塔菲尔斜率(45.6 mV/dec)非常低和极好的稳定性。Van Pham 等制备了一种壳核 IrO_2/TiO_2 催化剂[15],合成过程分为两个步骤:在 TiO_2 核上形成 H_2IrCl_6 壳,再通过热解将 H_2IrCl_6 壳转化为 IrO_2 层。在第一步中,在乙醇中 TiO_2 的表面电荷需要从负电荷转换为正电荷,吸附$[IrCl_6]^{2-}$,通过将溶液 pH 值调整到低于零电荷点的值,例如 pH 值在 6 附近。通过添加乙酸和 H_2IrCl_6,TiO_2 颗粒的 Zeta 电位从未改性时的 -4.2 mV,变为正值 $+28$ mV。因此,$[IrCl_6]^{2-}$ 被静电吸引到 TiO_2 颗粒表面,并再次将其表面电荷改变为 -42.5 mV。由于高电荷表面,带有$[IrCl_6]^{2-}$ 壳的 TiO_2 颗粒的分散性与未改性的 TiO_2 颗粒相比,得到显著改善。在第二步中,在 500℃下通过空气中 30 min 热解化学反应,将 H_2IrCl_6 壳转化为 IrO_2 层,获得壳核 IrO_2/TiO_2 催化剂。通过对比,PEMWE 使用 IrO_2/TiO_2 催化剂,阳极催化剂铱负载量为 0.4 mg/cm²,在 1.67 V 时达到 1 A/cm²,优于使用商用催化剂(Alfa Aesar 的无载体 IrO_2 和 Umicore 的负载 IrO_2/TiO_2)。

稳定性是评估 OER 催化剂性能的另一个重要因素,因为催化剂需要在苛刻的酸性条件下,长期催化期间保持稳定的性能。设计一种稳定性和活性都很好的催化剂通常是一个巨大挑战,以至于在某些情况下,必须在稳定性和活性之间做出平衡妥协,因为两者是负相关的。提高 OER 催化剂稳定性的措施之一是优化催化剂的结构和组成,将两种最佳的催化剂结合起来是一种广泛使用的经验策略,如前面提到的 Ir-Ru 氧化物混合物。还可以借助于催化剂与载体材料的结合,而催化剂载体的性能在很大程度上取决于载体材料的性质,如稳定性、导电性以及与催化剂的相互作用。已有一些载体材料应用于 OER 催化剂制备,如 TiC、TiO_2、钽或铌掺杂 TiO_2、锑或氟掺杂 SnO_2(ATO 或 FTO)等。

将铱负载在某种载体上,是提高贵金属利用率的最有效措施。在多相催化中,通常具有高比表面积的载体用于在催化剂合成期间稳定高度分散的活性金属纳米颗粒,并确保其在反应期间的抗团聚稳定性。对于电解槽,载体也可用于提高电极导电性,以降低颗粒之间的接触电阻。在酸性 OER 环境下载体还应满足以下要求:载体必须耐化学和电化学溶解,具有较高的电子导电性。添加载体,例如 TiC、TiO_2、SnO_2、$Nb_{0.2}Ti_{0.9}O_2$、$Ti_{0.7}W_{0.3}O_2$、$Ti_{0.7}Ta_{0.3}O_2$ 等,不仅促进了铱纳米颗粒的分散,而且还有效地去除了吸附的羟基物种,并释放出更活跃的 IrO_2 反应位点[11]。基于 TiC 载体导电性能良好并且抗氧化腐蚀,隋升等采用超声波分散、甲醛化学还原 $(NH_4)_2IrCl_6$ 沉积方法制备 Ir/TiC 负载型催化剂[16]。

铱是以面心立方的结构负载在载体上，负载在 TiC 上铱的粒度大约为 10 nm。负载型 Ir/TiC 析氧性能明显提高，在氧析出电位 1.5 V 下，在相同活性组分载量条件下，Ir/TiC 电流密度是铱黑的 9 倍。

　　掺锑的 SnO_2（antimony-doped tin oxide，ATO）被认为是最合适的催化剂载体，因为它具有较高的电子导电性，以及在 PEMWE 的 OER 条件下的稳定性。然而有争议的是，最近有研究表明 ATO 在高阳极电位下可能不稳定，这是由于锑的浸出作用。Hartig-Weiss 等成功地设计并合成了一种由负载在 ATO 上铱纳米粒子构成的 OER 催化剂[7]。以高导电性（2 S/cm）和高比表面积（50 m^2/g）ATO 作为载体，获得了铱催化剂高度分散。如图 3-5 所示，此增强的活性效果将可将阳极中贵金属催化剂载量显著降低（约 75 倍）。在 80℃下将 Ir/ATO（质量分数为 11.0%）性能与参考催化剂铱黑和 IrO_2/TiO_2 进行比较。图 3-6(a)显示了在 80℃下，在氧气饱和的 0.1 M H_2SO_4 溶液中，Ir/ATO（质量分数为 11.0%）和两种参考催化剂在消除内阻后的阳极极化曲线，Ir/ATO 的 OER 起始电位约为 1.39 V vs. RHE，即比铱黑和 IrO_2/TiO_2 催化剂的正电压分别低 40 mV 和 70 mV。图 3-6(b)显示了三种催化剂的相应塔菲尔图，由于水合铱氧化物与 ATO 载体的相互作用，导致 Ir/ATO 的塔菲尔斜率较低。图 3-6(c)中的 OER 活性值是根据在 1.45 V vs. RHE 时的塔菲尔曲线［见图 3-6(b)］确定的，Ir/ATO 性能（约 1 100 A/g Ir）远优于铱黑（约 190 A/g Ir）和 IrO_2/TiO_2（约 45 A/g Ir），从而证明通过将高比表面积铱催化剂分散在导电氧化物载体上，可以获得优异的 OER 活性。以上所有测量均在氧气饱和的 0.1 M

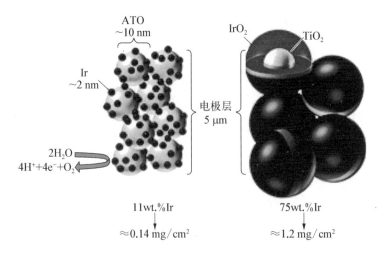

图 3-5　ATO 负载铱氧化物催化剂的增强活性
将使贵金属催化剂负载量显著降低[7]

H_2SO_4中进行,催化剂铱载量为 3.7 μg/cm²(每平方厘米电极面积上有 3.7 微克铱),扫描速率为 5 mV/s。Ir/ATO 非常高的 OER 活性是由于铱纳米颗粒被控制在 2~4 nm 范围内,提供了高表面质量比,同时可能会增强铱纳米颗粒与氧化物之间的协同作用支持,即所谓强的金属-载体相互作用。该负载在锑掺杂氧化锡(ATO)上的催化剂,表现出超过发表文献报道的最高 OER 初始活性。

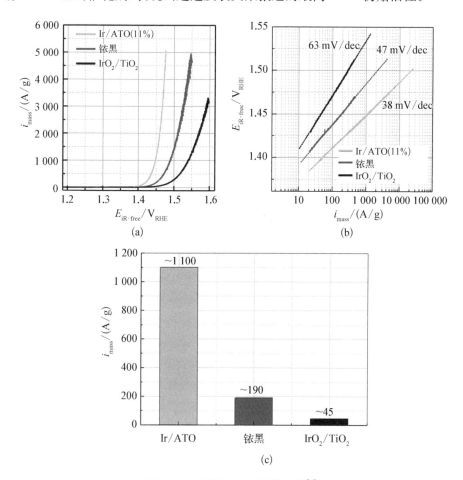

图 3-6　电催化 OER 极化曲线[7]

(a) 铱质量标准化电流密度;(b) Ir/ATO(11.0%)、铱黑和 IrO_2/TiO_2(Umicore 产品)催化剂
等消除内阻校正塔菲尔曲线;(c) 在 80℃和 1.45 V vs. RHE 下的 OER 活性

3.3.2　氧化铱催化剂制备方法

氧化铱是最常用的、具有长期稳定性的 OER 催化剂,其合成制备主要分为

熔融法和湿化学法两种方法。

典型的亚当斯(Adams)熔融法通过将金属氯化物前驱体与 $NaNO_3$ 在空气中高温熔融,用来制备各种贵金属氧化物。工业上采用亚当斯熔融法生产无载体 IrO_2 催化剂,包括将 H_2IrCl_6 前驱体与 $NaNO_3$ 混合,然后在 $350\sim500℃$ 的空气中加热干燥的混合物 $0.5\sim2$ h,并冲洗掉剩余的盐($NaNO_3$ 和 $NaCl$)。产生 IrO_2 催化剂通常包含小的、无定形的 IrO_2 纳米颗粒聚集体。亚当斯熔融法的溶解和熔融两步反应如下:

$$H_2IrCl_6 + 6NaNO_3 \Longrightarrow 6NaCl + Ir(NO_3)_4 + 2HNO_3 \tag{3-25}$$

$$Ir(NO_3)_4 \Longrightarrow IrO_2 + 4NO_2 + O_2 \tag{3-26}$$

改进的亚当斯熔融法基于铱前驱体在氧气气氛下的热分解,因而不再需要添加硝酸盐氧化剂。将 $IrCl_3$-盐酸溶液加入柠檬酸-乙二醇溶液中的混合,然后加热到 $90℃$ 温度下搅拌。在此条件下,发生聚合以形成金属聚合物前驱体。在接下来的一步中,金属聚合物前驱体在 $400℃$ 下在氧气气氛下煅烧,分解产生 IrO_x:

$$2IrCl_3 + 2O_2 \Longrightarrow 2IrO_2 + 3Cl_2 \tag{3-27}$$

除了亚当斯熔融法外,还有各种湿法合成 IrO_2 催化剂方法[11],包括采用封盖剂稳定的纳米颗粒,或不使用封盖剂的。在封盖剂存在下的胶体合成成了一种流行方法,用来制备高分散度(大于 50%,即小于 2 nm)的、单分散近球形纳米颗粒,或者形成各向异性纳米结构以增加催化剂层孔隙率或促进某些晶体面形成,例如,在十六烷基三甲基溴化铵(CTAB)存在下,通过在乙醇中用过量 $NaBH_4$ 还原 $IrCl_3$ 而形成铱纳米颗粒。

近年来,也开发了一些新铱催化剂制备方法。Lu 等以 TiO_2 纳米管阵列(TNTA)为模板,通过电沉积法制备了垂直排列的 IrO_x 纳米阵列(IrO_x-NAs)[12]。通过调整电沉积过程中的扫描速率,采用扩散控制沉积工艺,获得了长度可调的 IrO_x 开口纳米管阵列和空心纳米棒阵列。通过构建增强离子传导一维催化剂的三维电极,IrO_x-NAs 在 1/20 铱负载量下的 OER 电流密度与商用 IrO_2 纳米颗粒几乎相同。Yu 等通过使用反应喷雾沉积技术(RSDT)将催化剂直接沉积到 Nafion® 膜上来制备催化剂层,达到了超低铱载量[3]。火焰由雾化前驱体溶液液滴燃烧形成,并由连续的氧气/甲烷诱导火焰稳定。铱前驱体在燃烧过程中分解,形成金属铱纳米粒子。与使用一般湿化学方法相比,IrO_x/Nafion® 催化剂的 OER 质量活性提高了 10 倍以上。IrO_x/Nafion® 催化剂在电解槽中实现了约 4 500 h 的稳定运行,在 1.8 A/cm² 和 80℃ 的条件下,超低铱负载量为 0.08 mg/cm²,仅为商业 MEA 负载量的 1/30,而典型商业电极载量为 1~3 mg/cm²。

氧化铱是最常用的、具有长期稳定性的 OER 催化剂。表 3-1 给出了各种常见商用铱基催化剂生产厂家及其产品技术指标[10]。

表 3-1 各种商用铱基催化剂技术指标[10]

序号	产品/规格	生产厂家	颗粒尺寸/nm	相成分及结晶尺寸/nm	BET 比表面积/(m²·g⁻¹)
1	铱黑/(99.8% 铱)	Alfa Aesar	4.1±2.1	铱/3.74±0.10	14
2	铱氧化物/(IrO₂,99%铱)	Alfa Aesar	6.5±5.3	铱/>1,非晶	30
3	TiO₂负载铱氧化物/(IrO₂/TiO₂,73.35%铱)	Umicore	7.2±6	IrO₂/3.1±0.2	30
4	铱氧化物/(IrO₂,99.9%铱)	Sigma Aldrich	20~600	IrO₂/>10	2
5	H2-EL-Ir(高活性、高稳定)	Heraeus	—	3	60
6	H2-EL-85IrO(高活性、高稳定)	Heraeus	2~4	—	175~195
7	H2-EL-xxIrO-S(极高活性)	Heraeus	2.5~3.5	部分非晶	20~70
8	H2-EL-xxIrRu(极高活性)	Heraeus	2.5~3.5	部分非晶	120~200

注:颗粒尺寸是根据 TEM 法确定的;结晶尺寸是根据 XRD 法确定的。

虽然铱催化剂获得了广泛应用,但仍面临严峻考验。由于至今还没有寻找到具有足够导电性,并在质子传导膜施加的腐蚀性很强的酸性环境中保持稳定性的催化剂载体,目前使用的是无载体铱催化剂或在低导电载体上负载铱催化剂,这导致催化剂负载量非常高,一般 PEMWE 需要大于 0.5 gIr/kW 的数量级。然而,铱是地球上最稀有的材料之一,估计年产量仅为 4 t。假设 1 t 铱每年生产量的 25% 可应用于 PEMWE,在现有技术水平下,1 t 铱仅相当于 2 GW 的年增长量,远低于产生全球影响所需的每年数百吉瓦的规模要求。如果再考虑把化石燃料生产的氢气替换成 PEM 水电解氢(绿氢),相当于电解氢产量达到每年 $7×10^8$ t H₂[基于 H₂ 的高热值(HHV)285.8 kJ/mol 换算]。据估计到 21 世纪末,要实现彻底脱碳,需要年电解槽装机容量约为每年 150 GW[17]。还是假设每年 1 t 铱可用于 PEM 水电解,未来要形成每年 100 GW 的新增容量,目前最先进

的技术(催化剂铱载量为 2 mg/cm²)铱利用率需要进一步改进,需要提高到
0.01 g/kW,即比现在的技术提高 50 倍(见图 3 - 7)。

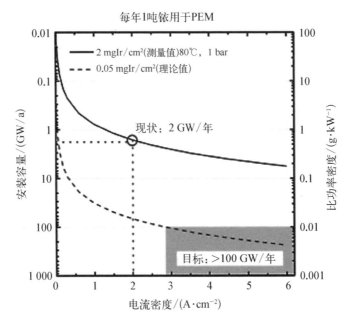

图 3 - 7　按铱计算的比功率密度与相关安装
容量(假设 1 t 铱/年用量)[17]

　　因此,将 PEMWE 阳极的铱用量减少至目前水平的 1/50 是 PEMWE 技术
在全球范围发挥作用的关键目标。为此,需要从两个不同的研究方向应对这一
挑战:① 开发新的 OER 催化剂替代铱,该催化剂具有更好的本征活性和相当
的稳定性,这可以通过寻找酸稳定的混合金属氧化物、碳化物、硫化物、氮化物或
惰性金属等替代物实现;② 更好地利用铱等催化剂材料,这可以通过发现新的
稳定催化剂且导电的载体材料,例如过渡金属氮化物等。

3.3.3　阴极催化剂

　　前面提到 HER 在铂电极上具有超快动力学,即使使用旋转圆盘电极
(rotating disk elctrode, RDE)装置,法拉第电流也常常受到 HER 过程中产生氢
气的质量传输限制。在酸性条件下,传统上 PEMWE 阴极普遍采用铂基催化剂,
铂析氢反应速度比铱析氧反应要高出 2 个数量级。正是由于常用铂催化剂具有快
速析氢反应动力学,即使铂催化剂载量从 0.3 mg/cm²降至 0.025 mg/cm²,也不会

对 PEMWE 性能产生任何影响,显然它不是瓶颈制约因素。

　　一般来讲,催化剂筛选准则主要基于萨巴蒂埃(Sabatier)原理。为了促进质子-电子转移过程,一种优良的 HER 电催化剂应与吸附的 H^* 形成足够强的键合;与此同时,它也不能太强,键能大小要适中为好,而且释放气态氢产品。因此,析氢反应速率取决于氢在金属催化剂上的吸附能,氢结合能等于零的催化剂具有最高催化活性。如图 3-8 所示,交换电流密度—吸附自由能之间的依赖关系符合火山形状曲线,可以发现铂及其铂族元素钯、铱、铑、铼等位于最大值位置,它们的析氢反应活性最好[18]。

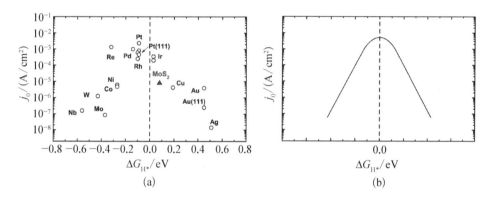

图 3-8　交换电流密度随吸附自由能的变化而变化

(a) HER 实验火山曲线显示铂的析氢反应活性最高;(b) 理论 HER 火山曲线预测氢结合能等于零的催化剂活性最高[18]

　　现在,商业 PEMWE 阴极侧的金属铂负载量保持在 $0.5 \sim 1.0 \ \mathrm{mg/cm^2}$ 之间,未来需要进一步降低达到 $0.2 \ \mathrm{mg/cm^2}$ 以下。最近,许多研究致力于从材料的角度理解金属表面的物理性质如何控制 HER 动力学。例如 Tymoczko 等在铂的单原子层中加入单层铜,可在低过电位时提高催化活性约 2 倍,呈现出在类似条件下最高的 HER 比活性(交换电流密度约 $3.0 \ \mathrm{mA/cm^2}$ 与 Pt(111)相比,约为 $1.5 \ \mathrm{mA/cm^2}$)[19]。他们从实验和理论两个方面,证明铜原子层的选择性定位改变了铂吸附能,从而促进了电化学析氢,加速了迄今为止已知最快的电催化反应之一,其原理是利用配体效应,在第二原子层中的亚单层数量的铜原子诱导Pt(111)的电催化活性增加,这使其成为有史以来在酸性介质中,在同样条件下对 HER 最有效的电催化剂。

　　为了进一步降低其他碳载电催化剂的成本,特别是那些仅由地球丰富材料和低成本组成的催化剂,如 Ni-C、$Mo_2C/CNTs$、$Ni_2P/CNTs$、共掺杂 $FeS_2/CNTs$、WO_2/C 纳米线和包覆在氮掺杂石墨烯中的 CoFe 纳米合金等,已被广泛研究作为潜在的替代 HER 铂电催化剂的选择,即无铂催化剂。无铂的 HER 催化剂,特别是基于 3d 过渡金属的铁、钴、镍等电催化剂具有良好的氢活化反应吉布斯自由能变化值 ΔG,在析氢催化剂应用上备受关注[9]。引入硫、氮、硼、碳和磷等非金属元素,可以显著改善过渡金属较低的电催化活性、稳定性和耐用性等性能。Foteini 等采用简单合成路线,通过将铁络合物浸渍在导电碳载体上,然后进行磷化处理,得到高度结晶的、暴露(010)面为主的纳米颗粒[20]。在单电池测试中,NiP$_2$ 作为阴极只比最好的 Pt/Nafion/IrRuO$_x$ 膜电极的过电位高 13%。在 22℃的单电池中,在 2.06 V 下,FeP 阴极的电流密度为 0.2 A/cm^2,与最先进的铂阴极相比,功率输入仅相差 0.07 W/cm^2,优于其他非贵金属催化剂阴极。分析认为,暴露 FeP[010]面是高电催化活性的原因。在除铂以外的催化剂中,碳负载 MoS$_x$ 和钯基纳米颗粒是电催化活性和稳定性最好的催化剂。

铂催化剂具有卓越的催化活性和优越的利用率,仅需 0.01 g Pt/kW,相当于 100 GW/年的 PEMWE 增长每年消耗 1 t 铂,相对而言受资源限制影响较小。此外,作为铂的替补选择,钯的地球资源丰富且成本相对低廉,把它用于析氢反应研究工作越来越受到人们重视。总的来讲,虽然希望用更便宜材料取代 PEMWE 阴极铂,但并不紧迫,目前阳极使用铱才是发展 PEMW 的一个主要障碍。

3.4 电解质膜

PEMWE 的中间材料是一层很薄的、能传导质子的聚合物电解质膜。该膜起到两个作用:一是用于传导携带离子电荷的质子(溶剂化质子);二是分隔开氢分子和氧分子两种电解产物,从而防止它们的自发性结合,并在结合中大量放出反应热,再次转化为水。电解质膜占 PEMWE 电解槽的成本很小(约 5%),但对极化损耗有很大贡献,因此它对 PEMWE 的整体性能有显著影响[21]。

目前,全氟磺酸(perfluorinated sulfonic acid, PFSA)材料由于其化学和热稳定性、良好的质子导电性和机械强度,通常用作 PEMWE 电解质膜材料。传统上采用的 Nafion® 品牌 PFSA 膜,因其具有高当量重量(EW=1 100 g)、厚度适当(约 100 μm)、高耐久性、高质子导电性和良好的机械稳定性等优点,能够达到高电流密度(2 A/cm^2)水电解要求。

3.4.1 全氟磺酸电解质膜

构成最先进 PEMWE 的 PFSA 离聚物(ionomer)是一类离子导电聚合物,

它具有类似 PTFE 的疏水性骨架结构,侧链磺酸$[(SO_3)^- H^+]$提供优异的质子导电性。如图 3-9 所示,通常采用一组参数描述 PFSA[22]:① 当量重量(equivalent weight,EW),每个离子基团的干聚合物克数,即 $g_{polymer}/mol_{ionic\text{-}group}$,它与离子交换容量(ion-exchange capacity,IEC)成反比;② 侧链化学结构及其长度,EW 通过 $EW = 100m + MW_{侧链}$(即侧链分子质量)与主链中 TFE 单元的数量 m 直接相关。一般 EW 在 $600 \sim 1\,500$ g/mol 范围内,能达到良好的平衡传导效果和稳定性。例如,当 3M 的离聚物 EW 降至 800 g/mol 以下时,在水中开始失去显著的刚度,形成凝胶状。对于一定的 EW,PFSA 的侧链越短(即侧链分子质量越低),其主链部分越长。因此,侧链长度(x 和 y)和主链长度(m 和 n)控制 PFSA 离聚体的 EW 和化学结构及其性质。

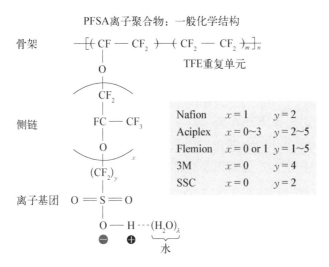

图 3-9 主要商用 PFSA 离聚物的化学结构及其关键化学结构参数[22]

这些 PFSA 离聚物具有相同的骨架化学性质,有时根据其侧链长度和 EW 对 PFSA 进行分类,例如,Aquivion®(以前的 Dow 公司)PFSA 通常被归类为短侧链(short side chain,SSC)PFSA,而 Nafion® 被认为是长侧链(long side chain,LSC)PFSA。有时,基于侧链长度的分类可能会有所变化,例如,与科慕 Nafion® PFSA 膜相比,3M 的 PFSA 膜侧链较短,但它不被称为 SSC PFSA 膜,通常 SSC PFSA 膜指苏威的 Aquivion® PFSA。

SSC-PFSA 携带功能性离子传输基团的侧链长度较短。这种化学改性会导致相当显著的性能变化,特别是,更高的 EW 和更高的玻璃化转变温度(T_g),从而可以把工作温度范围扩展到 100℃以上。苏威的 Aquivion® PFSA 膜的特点是增强导电性,玻璃化转变温度高,结晶度高。膜的离子导电性得到改善,导致电池电阻显著降低,阳极处的电荷转移电阻也显著降低。结果,获得了更小的电阻和更高效的电解性能。尽管有如此诱人的性能和许多特质性能,SSC - PFSA商业应用开发很少,科学研究仅限于少数文献。Aquivion® PFSA膜应用于PEMWE的系列产品有Aquivion E87 - 05(EW 870,厚度50 μm)、Aquivion E87 - 12S(EW 870,厚度120 μm)、Aquivion E98 - 05S(EW 980,厚度50 μm)、Aquivion E98 - 09S(EW 980,厚度90 μm)和Aquivion E98 - 15S(EW 980,厚度150 μm)等,其中后缀S代表化学稳定。

PFSA的一个重要性质——离子传输,不仅取决于水,还取决于水与$-SO_3$位点的相互作用、侧链(其长度和亲水性)以及聚合物链的定义尺度传输网络中节段运动。水与离子的传输是密切相关的,质子传导通过质子"跳跃"机理实现。PFSA膜暴露于潮湿或液态水环境,会增加与每个磺酸基团相关的水分子数量。亲水性的离子基团吸引水分子,而水分子倾向于使离子基团溶剂化,并使质子与SO_3H(磺酸)基团离解。通过水分子和氢键促进的机制,解离的质子从一个酸位置"跳跃"到另一个酸位置,实现离子传导[22]。

有多家公司生产PFSA膜。科慕(Chemours,2015年从杜邦公司剥离出来)公司的Nafion® PFSA膜是应用最广泛的一种磺化四氟乙烯基含氟聚合物共聚物,此外还有3M公司(商品名Dyneon™)、苏威特种聚合物(Solvay Specialty Polymers)公司(商品名Aquivion®,以前称为陶氏SSC®)、FUMATECH(商品名fumasep®)、旭硝子玻璃(Asahi Glass)公司(商品名Flemion®)和旭化成(Asahi Kasei)(商品名Aciplex™)等PFSA膜产品,而W. L. 戈尔联合公司(W. L. Gore and Associates)、FUMATECH生产增强型PFSA膜。

3M公司的Dyneon™氟离聚物是四氟乙烯(TFE)和全氟丁烷磺酰氟乙烯醚的共聚物,短侧链不含悬挂的- CF_3基团。Dyneon™氟离聚物具有多种优点,可以在给定的EW下具有更高的结晶度,$EW \geqslant 725$时在沸水中是稳定的,膜的性能和耐久性可以通过改变EW、厚度和添加剂量来优化。

最常用的PFSA膜材料是非常耐用的科慕长侧链PFSA聚合物Nafion®系列,包括Nafion® 117(厚度180 μm)、Nafion® 112(厚度75 μm)、Nafion® 212(厚度50 μm)和增强型Nafion® XL(厚度30 μm)等型号。

德国FUMATECH是全球唯一一家提供增强短侧链PFSA膜的公司,同时也生产长侧链PFSA膜产品。通过选择合适的增强基材,生产的PEMWE膜厚度为80~150 μm。所选用的机械增强材料聚醚醚酮(PEEK或PK)或全氟烷氧基(PFA)树脂具有开放式网格结构。厚度的选择主要取决于阴极和阳极之间所需耐受的压差,例如型号 F‑1075‑PK 膜可承受最大 5 bar 的阴/阳极压差,而 FS‑10150‑PF 膜则最大达到 20 bar 的阴/阳极压差。表 3‑2 给出了水电解用 fumasep® 膜主要指标。PEMWE 膜产品包括两类薄的 LSC‑PFSA 膜(fumasep® F‑1075‑PK 和 fumasep® F‑10100‑PK)和 SSC‑PFSA 膜 fumasep® FS‑990‑PK。增强 120 μm 膜的标准等级标记为 fumasep® F10120‑PK,用于高压操作的增强 150 μm 膜的名称为 fumasep® F‑10150‑PF。

表 3‑2　FUMATECH 的水电解 fumasep® 膜主要指标

膜	厚度/μm	增强材料	电压 (2 A/cm², 80℃)/V	高频电阻 (80℃)/(mΩ/cm²)	活化时间/h	最大压差/bar
F‑1075‑PK	80	PEEK	1.71	120	<1	5
FS‑990‑PK	95	PEEK	1.71	123	<0.1	10
FS‑10100‑PK	100	PEEK	1.79	145	<1	10
FS‑10120‑PK	120	PEEK	1.83	162	<1	15
FS‑10150‑PF	150	PFA	1.90	200	<3	20

3.4.2　全氟磺酸电解质膜厚度与机械增强

使用薄膜可以大大降低欧姆损耗,从而显著增加电流密度,如图 3‑10 所示[23]。在进口水和电池端板温度为 80℃,阴极和阳极侧的环境压力,阳极和阴极侧的水量为 40 mL/(min·cm²)实验条件下,180 μm 厚的 Nafion® 117 基电池显示了最陡的极化曲线。当电池电压为 2.02 V 时,电池效率约为 62%(LHV),此时电池电流密度达到 3 A/cm²。通过将膜从厚度 180 μm 的 Nafion® 117 更改为厚度 50 μm 的 Nafion® 212,在 3~4 A/cm² 的极化曲线线性区域内评估的电池电阻减少 103 mΩ·cm²,该电池在 2.04 V 时达到 7 A/cm²,在电压上限时则达到 18 A/cm²。薄的增强 Nafion® XL 膜(30 μm 干基厚度)电池电阻降低 14 mΩ·cm²,损耗最低,在 2.05 V 时达到 10 A/cm²,在接近电压上限 2.9 V 时达到 25 A/cm²。在电池效率为 43%(LHV)时,电功率密度为 72.5 W/cm²;若将 2 V 作为操作上限,电池效率仍然位于大于 60%(LHV)的合理值范围。与

Nafion® 117 相比，Nafion® 212 膜的电流密度可以增加 1 倍，Nafion® XL 膜的电流密度甚至增加 3 倍以上。因此，只需要使用 1/3 的 Nafion® 117 的活性电池面积，Nafion® XL 膜电池就可以实现相同氢气输出。

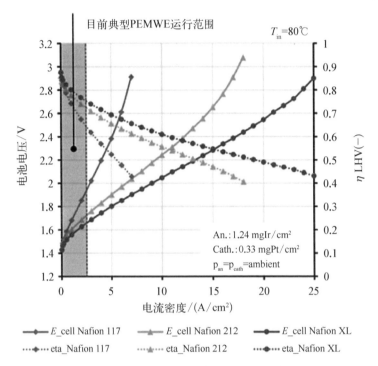

图 3-10 使用基于 **Nafion**® **117**、**Nafion**® **212** 和 **Nafion**® **XL** 的膜电极进行
高电流密度测试时的电池极化曲线和相应的电池效率(LHV)[23]
(彩图见附录)

在电流密度显著增加的情况下，结合保持高效率和材料使用最省，可以按比例降低投资成本。这涉及减少膜厚度，同时保持低的气体透过交叉以及减少贵金属用量。在高电流密度下运行的 PEM 电解槽中，膜是决定电压效率和反应速率的主要因素。在高电流密度下，质子在膜内的传输对总极化电阻贡献最大。在现有水平的 PEMWE 中，在 3 A/cm² 时，主要由膜导致的欧姆损失占总极化电阻的 85% 以上。

高的操作压力，不仅有利于提高 PEMWE 产氢能力，也能减少氢气储存时气体加压限制。PEMWE 高工作压力(大于 20 bar)的主要不利影响是加剧气体交叉渗透，导致电流效率和气体纯度的降低。氢气和氧气的渗透通量取决于两侧气室压差和膜特性，膜的特性包括渗透性和厚度。使用 PTFE 机械增强膜是降低渗透性的一种实用选择。通常，由于在低电流密度下在阳极氧气气流中的氢气浓度过高,某些加压 PEM 电解槽不能在低于 20% 的部分负荷下运行。

开发能够在较高工作温度和压力下保持高机械强度的膜是非常重要的。针对薄的电解质膜带来的机械强度降低,可以采用化学改性或物理增强的方法应对。通过侧链或端链交联,可以实现聚合物结构化学改性增强,而物理增强则依赖于以各种形式(多孔聚合物基底、纤维、颗粒、纱线)加入机械稳定的聚合物或无机支撑材料。

通过物理增强,可以在膜结构和性能上引入各向异性,特别是微孔膨胀聚四氟乙烯(ePTFE)薄膜在增强 PFSA 膜时,取得尤其明显的实际效果。寻找创新的支撑增强膜吸引了研究者的极大兴趣,因为采用高性能的支撑材料,可以制备更薄的膜(低电阻),同时具有足够高的机械稳定性和韧性。这一需求不仅对于电解,而且对于燃料电池应用来说都是显而易见的。作为物理增强材料,除了最先进的 e-PTFE 显示出良好的性能外,芳香族聚合物也可能具有同样的优势。Shin 等报道了通过退火和多孔载体制备了物理增强短侧链全氟磺酸膜[24]。他们采用 3 M 729 和 Aquivion® 720 电解质离聚物浸渍 ePTFE 多孔骨架,并分别在 140℃、170℃ 或 200℃ 退火。退火引起的物理性能的改善归因于聚合物结晶度的提高和链间自由体积的减小。制备高性能的 SSC-PFSA 膜,其耐久性和质子电导率均得到提高。

3.4.3　氢渗透及其应对策略

氢安全是水电解槽运行中必须考虑的重要因素。在环境温度和压力下,氢气在氧气或空气中爆炸下限为 4%(按体积计)。在电解槽内阳极气室气体混合物中氢气体积比例控制在 1% 以内,一旦该浓度超过 2%～3%,电解槽将被强制关闭(该范围为生产控制参数范围,不同工厂具体参数不同)。

基于提高电解槽效率和安全性的考虑,一方面,必须设法减轻通过膜向阳极气室的氢渗透问题,较厚的膜有利于阻止渗透发生,正如 3.4.2 节所述,薄的电解质膜会促进氢气从加压氢室渗透到阳极室氧气流的过程。另一方面,当追求电解槽在高电流密度状态下运行时,希望减小聚合物电解质膜厚度,以降低电池电阻,提高产氢电流密度,因为在聚合物电解质膜中的质子传输对高电流密度下的欧姆损耗起着重要作用,对与欧姆降相关的效率损失起着非常大的影响。在保证一定的电压效率下,通过使用薄膜,既要实现高电流密度,又要保持氧气流中的低氢浓度,这就需要从设计和缓解策略两方面考虑,以达到效率和安全性两者的有效兼顾。

除了上述氧气中氢气浓度超标安全问题外,薄的膜还将涉及膜的使用寿命。氢和氧透过膜的互相混合可能导致在催化剂上形成过氧化氢或自由基(H·、·OH 和·OOH),进而攻击和破坏膜。PFSA 聚合物长期受到自由基攻击,会导致的膜变薄,进一步形成恶性加剧效果。氢渗透速率随电流密度的增加而显著增加,并且这种效应随着阴极电极离聚物与碳比例增加而增强[25]。

缓解氢渗透策略主要是通过集成到阳极或膜中的气体复合催化剂(gas recombination catalysts,GRC)和自由基清除剂两种解决方案。GRC 主要是铂基材料,自由基清除剂则采用铈或锰等氧化物。

图 3-11 显示了使用镀铂的 MEA 电池时阳极氧气和阴极氢气气体中的杂质浓度[26]。当铂仅镀在阴极上时,阴极气流中的杂质(氢气流中的氧气)浓度保持较低,而阳极气流中的杂质(氧气气流中的氢气)浓度显著增加。当铂仅镀在阳极上时,结果正好相反,即阴极处的氧气杂质浓度显著增加,而阳极处的氢气杂质浓度保持较低。这些结果表明,通过膜的渗透气体在镀铂处被消耗,镀铂在产生高纯度气体中起着关键作用。

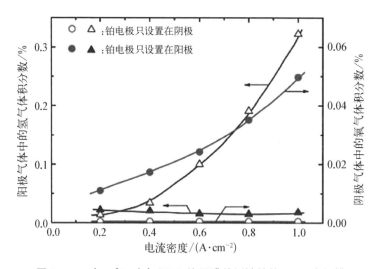

图 3-11　在 80℃、大气压下,使用膜单侧镀铂的 MEA 电解槽电解时阳极和阴极气体中的杂质浓度[26]

(彩图见附录)

Pantò 等报道了在阳极中使用了由 IrRuO$_x$ 和 PtCo 混合物制成的复合催化剂层[27],其中金属催化剂载量分别为 0.3 mg/cm^2(Ir+Ru)和 0.2 mg/cm^2 PtCo。在高电流密度(4 A/cm^2)下,基于上述复合催化剂的 MEA 显示出非常低的性能损失和极佳的耐久性。如图 3-12 所示,电池电压在开始时增加得较快,但耐久性曲线在 3 500 h 运行后显示出平坦趋势(在最后 1 000 h 内衰减率为 9 μV/h),此时复合催化剂 MEA 的电池电压比未含有复合催化剂的低 30 mV 左右。使用含有 PtCo 催化剂的 MEA,可以使电解槽在薄膜情况下,在非常高的电流密度下运行,减少安全问题,且不会影响电池的耐久性。

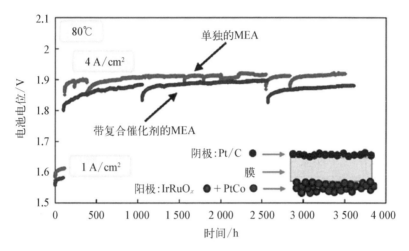

图 3-12　在 1 A/cm² 和 4 A/cm² 以及 80℃ 条件下,阳极添加
PtCo 催化剂和不添加膜电极耐久性实验[27]

在美国能源部资助项目(EE0001859,2020.03.01—2023.02.28)中,科慕与 LANL 开展水电解槽用薄型低透过质子交换膜的性能和耐久性研究,研发具有气体复合催化剂层的厚度不超过 50 μm 的 PFSA 基膜(GRC PGM 最大负载量为 0.1 mg/cm²),预计与具有同等厚度且没有 GRC 层的膜相比,氧气中氢气出口含量至少减少 50%。在 0.5~2 A/cm² 的电流密度下,氧气中氢气的最大量为 2%[28]。

在膜或催化剂层中掺入自由基清除剂,已在 PEMFC 中进行了研究,并取得了很好的改良效果,但在 PEMWE 中仍有很大的探索空间[21]。

3.4.4　电解质膜面临的问题及其应对策略

尽管 PFSA 膜具有很好的综合性能,然而在一定程度上它仍是 PEMWE 最薄弱的环节。PFSA 膜的一个缺点是在高于 100℃ 的温度下会失水,从而失去离子导电性,这使得它们无法用于更高温度下的水电解,从而失去借助提高工作温度来增强电极动力学和降低过电位的可能性。还有 PFSA 膜的降解问题,已经有研究证实,并报告了各种聚合物电解质膜的降解机制,膜减薄是膜降解的效果之一。此外,还有在某些特定情况下造成的膜损害,如在低于 0℃工作温度环境中的水冻结,以及在长时间 PEMWE 使用期间,PFSA 膜所面临各种各样的退化和损坏影响:

(1) 污染物(即杂质、微量自由基和杂质阳离子);

(2) 长时间的水热老化引起膜的形态变化;

(3) 以 PFSA 主链和侧链的化学分解形式发生的化学降解;

(4) 机械稳定性,当质子膜处于运行时的外部诱发应力(压缩或拉伸);

(5) 热稳定性,膜在高温(大于 200℃)下引发 PFSA 的分解,类似于化学降解;

(6) 其他因素,如暴露于紫外光、X 射线诱导的损伤等,会引发主链断裂并降低机械稳定性。

除了以上使用环境造成的性能退化问题外,PFSA 膜自身也存在一些内在缺点[29]:① 涉及剧毒中间体(如全氟砜)的昂贵生产工艺;② 使用后对环境不友好的含氟离聚物的处理难题;③ 使用后 PFSA 回收的问题;④ PFSA 的高价格。

因此,研究人员正在积极探索少氟或者不含氟的碳氢聚合物膜,例如芳香族聚醚、聚醚砜、聚醚酮、聚苯膦氧化物、聚苯醚、聚砜和其他芳香族主链聚合物,以克服 PFSA 膜缺点,一直受到材料科学家所关注。Bender 等以亚芳基主链多嵌段共离聚物(MBI)和三元亚芳基主链酸碱共混膜为基础,合成了部分氟化烃膜[29]。机械稳定性好的 MBI 膜在 50~100 mS/cm 范围内具有良好的质子导电性,制备的三元酸碱共混膜也显示出良好的质子导电性,其范围为 56~138 mS/cm。Klose 等将全碳氢聚合物用于 PEMWE[30],发现由磺化聚苯砜(sSPP)作为膜和电极黏合剂成分,这种全碳氢、无氟的 MEA 在 1.8 V 下达到 3.5 A/cm²,明显优于最先进的 Nafion 电池(N115 膜为 1.5 A/cm²),其高频电阻显著降低[(57±4) mΩ·cm²,(161±7) mΩ·cm²]。在完全加湿试验中,纯 sPPS 膜的气体透过量(小于 0.3 mA/cm²)低于 Nafion N115 膜(大于 1.1 mA/cm²)的 1/3。

总之,针对仍然存在的一些主要挑战,有必要继续提高膜性能,降低成本,适当提高导电性,减少气体渗透,并增强在高工作压力下的机械性能。

3.5 多孔传输层

多孔传输层也称集电体,或气体扩散层(gas diffusion layers,GDL),不同称呼体现出其在 PEMWE 中所发挥的多重作用：提供物质传输通道，收集电流，以及机械支撑等。

3.5.1　多孔传输层材料

阳极和阴极使用的 PTL 材料各有不同要求。目前，阳极多孔传输层主要是厚度约为 $200~\mu m$ 的钛基材料，如钛网、钛布、钛纤维、钛毡、钛泡沫、烧结钛粉体等，其成本约为 280 欧元/千瓦，未来目标是降至低于 44 欧元/千瓦。阳极 PTL 发展方向是开发带保护层的不锈钢材料，具有沿厚度方向的梯度孔，或者带有微孔层（micro-porous layer，MPL）的双层结构。由于不存在材料氧化问题，阴极多孔传输层主要是基于 PEMFC 技术，采用碳纸或碳布，便能够满足性能和耐久性要求。因此，在以下介绍中除非明确指出，将仅围绕阳极 PTL 内容开展讨论。

孔隙率直接影响 PTL 内部的电荷和质量输运，它对物质传输和电荷传输的影响表现出相反的趋势：较高的孔隙率使物质传输更加方便，但限制了电荷传输；反之，低孔隙率促进电荷传输，但会影响质量传输。研究表明，在常压，$2~A/cm^2$ 条件下，PTL 的孔隙率为 30%～50%，这是 PEMWE 的最佳值，更高的电流密度则需要更高的孔隙率。Majasan 等对明显不同的两种平均孔径钛基 PTL 进行了表征和研究[31]。两种钛基 PTL 样品分别标记为小孔径 SP - PTL（$16~\mu m$）和大孔径 LP - PTL（$60~\mu m$），它们的参数指标如表 3 - 3 所示。SP - PTL 样品显示出相对均匀的孔径分布，包括一个分布较窄、尺度接近的 $16~\mu m$ 微孔。LP - PTL 在大约 $60~\mu m$ 处显示了一个相对较宽的峰，在微孔中也显示了三个较小的孔径峰区域。与 LP - PTL 相比（$0.58~cm^3/g$），SP - PTL 显示出明显更大的孔隙体积（$1.70~cm^3/g$）。根据层析数据计算 PTL 样品的孔隙率，SP - PTL 和 LP - PTL 的孔隙率分别为 34.3% 和 32.7%。极化曲线结果表明，SP - PTL 性能是优于 LP - PTL 的，约为 200 mV。

表 3 - 3　两种 PTL 参数指标[31]

样　品	平均孔径 /μm	厚度 /mm	粉末尺寸 /μm	孔体积 /(cm^3/g)	迷宫因子
SP - PTL	16	1.3	100～200	1.70	2.35
LP - PTL	60	1.2	100～200	0.58	2.84

　　沿厚度方向上,具有一定孔隙率梯度分布的 PTL 表现出更好的性能。Lee 等研究了基于孔隙率梯度 PTL 材料的微尺度下的传输行为[32],以 45 μm 和 125 μm 粒度的钛颗粒用作原料,PTL 的高孔隙率(HP)部分通过使用 125 μm 原料在软钢衬底顶部进行 32 次等离子炬扫掠(plasma torch sweeps)反复操作来制备,PTL 的低孔隙率(LP)部分通过使用 45 μm 原料在上述的 32 层顶部进行 8 次反复等离子炬扫掠来制备。然后,在 0.5 M 硫酸中溶解掉软钢衬底,得到具有梯度孔隙率的、厚度约为 455 μm 的 PTL。与反向的高孔隙率部分靠近催化剂层配置对比,当较低孔隙率部分靠近催化剂层时,CL‑PTL 界面附近的气体饱和度降至原光的 1/2,电池电压降低 29%。该工作证明了在 PEM 电解槽中使用功能性空间梯度 PTL 的重要性,采用与催化剂层相邻的低孔隙率可部分减少欧姆和质量传输损失。

　　选择合适的 PTL 厚度也很重要。从电荷或物质传输必须移动的距离角度来讲,薄的 PTL 更好。然而,过薄的 PTL 不具有良好的结构,难以保证其稳定性。Balzer 等开发了一种与流场结合的新型 PTL,以克服薄的 PTL 结构问题[33]。PSL/钛网 PTL 是通过两步制备的:首先优化细钛粉沉积技术,以便在结构支撑材料钛网上生成均匀层,接下来是在真空下烧结,形成牢固结合的结构。真空烧结是防止氧化物的形成。这种由低成本钛网上与钛多孔烧结层通过扩散粘合,形成 PSL/钛网的 PTL 的新方法不需要单独在双极板上形成一个流场。PSL 厚度是 0.7 mm,具有均匀的孔径分布(平均孔径 52.3 μm)和孔隙率(40%～50%),并通过扩散粘合与网状 PTL 连接,消除了导致欧姆损耗的任何界面。在通常的用于商用电解槽 150 N/cm² 压紧力下,与未涂覆的钛网相比,新开发的 PSL 将接触电阻降低了 43%(大约 58 mΩ·cm)。带有 PSL/钛网 PTL 的电池在电压 2.54 V(过载)时达到 6 A/cm²,在约 2.2 V 时达到 4 A/cm²,显示具有线性斜率的极化曲线特征。相比之下,商用 PEMWE 电解槽,如 Hydrogenics、西门子和 Proton Onsite 等的电解槽在 2 A/cm² 时,电压达到 2.2 V。很明显,采用 PSL/钛网的 PTL,PEMWE 允许在相同电池电势下以 2 倍商用 PEMWE 电解槽的电流密度运行。

3.5.2　多孔传输层涂层

　　PTL 表面做涂层是必要的,涂层能提高 PTL 的电接触性能和稳定性。特别是在高电位、酸性环境、高温、高压等恶劣条件下,稳定的 PTL 涂层有助于提高 PTL 的耐久性。

为了确保长期稳定的电解槽性能,目前阶段通常将大量(不小于 1 mg/cm²)的贵金属(金、铂、铱)用于最普遍使用的钛基 PTL 涂层。近来也有一些关于不锈钢制成 PTL 报道,采用等离子喷涂的方法涂覆非贵金属 Nb/Ti 的研究[34]。PEM 水电解槽中所使用的钛基 PTL 会发生表面钝化(钛氧化),从而增加 PTL 与电极之间的界面电阻。在苛刻的电池条件下,随着时间的推移钛的表面氧化状态发生变化,变化情况主要取决于阳极过电位、pH 值和电池温度等情况,这些因素诱导氧化钛连续生长,逐渐形成一层薄膜。为了避免这一问题,PEM 水电解槽中的钛组件通常涂有铂族金属(PGM),如铂或金,显然这会增加组件的成本。除了成本因素考虑外,在 PTL 上使用铂基或金基涂层时还面临两个严峻挑战:① 研究表明,铂和金在 PEM 电解槽阳极条件下是不稳定的,需要使用非常厚的涂层,才能将电解槽的寿命延长到 50 000 h 以上;② 在 PEM 电解条件下,无论是铂氧化物还是金氧化物,都无法达到与铱氧化物相当的、可接受的长期稳定性。Liu 等介绍了一种简单且可放大的方法,通过在商用钛 PTL 上溅射很薄的铱层来保护钛 PTL 免受钝化[35]。他们将清理干净的 PTL 放入等离子溅射室中,分别对 PTL 的每一侧执行溅射程序,沉积得到 20～150 nm 厚的铱层。他们进一步研究发现,在 PTL 上负载 0.025 mg/cm² 的铱作为保护层足以实现与具有更高铱负载的 PTL 相同的电池性能[34]。这种铱负载比目前商用 PEM 水电解槽中通常用于保护层的金或铂负载减少到原有的 1/40,他们认为 PTL 上的铱涂层不仅可以用作保护层,保护钛基 PTL 免受钝化,还可以提高整体 OER 反应速率,获得额外的电池性能。Daudt 等采用粉末冶金材料流延法制备了 250 μm 的多孔钛板,然后用进行直流磁溅射形成高电导率(1×10^4 S/cm)、厚度 1 000 nm 的 NbN 薄膜,沉积 NbN 基涂层避免钛钝化,提高多孔钛板在酸性环境中的导电性和耐久性[36]。

除 PTL 保护性涂层,还有建议在 PTL 与催化剂层之间增加一层过渡层,以改善界面物质传输状况。Polonský 等采用一种抗氧化掺锑氧化锡(antimony-doped tin oxide,ATO)的阳极多孔层,可以改善膜与喷在其上的催化剂层之间的接触,同时保持与底层钛毡的良好接触[37]。图 3-13 扫描电子显微照片显示出钛毡在沉积微孔层前(a)和后(b)对比情况,在微孔层(d)上面直接喷涂催化层比直接在钛毡(c)处理,表面更为平整、微孔均匀,其中微孔层面质量密度为 11.8 mg/cm²,它由 ATO 和 5.9%(质量分数)的 Nafion 组成,两个电极(c、d)催化层的成分相同,均为 IrO_2(1.1 mg/cm²)和 Nafion(0.19 mg/cm²)。

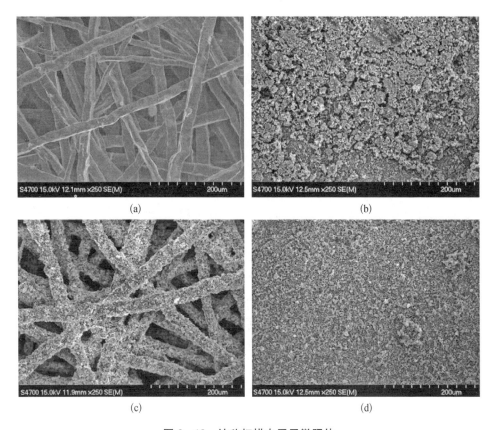

图 3‑13 钛毡扫描电子显微照片

(a) 在沉积微孔层前;(b) 在沉积微孔层后;(c) 直接喷涂催化层在钛毡上;(d) 直接喷涂催化层在微孔层上[37]

3.6 双极板与流场

双极板是 PEMWE 电解槽的关键部件之一,它提供机械支撑,将水和产生的气体通过流场通道在电池内分配,然后排出到电解槽外部。BPP 设计涉及材料选择、涂层工艺以及流场设计与加工等内容。最常见的 BPP 部件基材包括奥氏体不锈钢(SS316 和 SS403)和钛,因为它们具有较低的界面接触电阻、较高的耐腐蚀性、抗弯强度和易于批量生产。与 3.3 节中的 PTL 情况类似,涂层也是保护 BPP 基底免受腐蚀所必需的,最常用的材料包括锡以及其他具有非钝化氧化物和可靠导电性的贵金属(如铂、金、铱等)等。

3.6.1 双极板材料与涂层

BPP 材料必须满足 PEMWE 使用要求,达到特定的性能指标要求,例如高导电性、高导热性、高机械强度、高耐腐蚀性、高冲击耐久性和低气体渗透性等主要指标。

基于 PEMWE 工作条件的苛刻性,如在高工作电位(小于 2 V)、低 pH 值、高温(60~80℃)和氧气饱和环境(阳极)下的耐腐蚀性,钛基材料是 BPP 的主要选择。此外,钛基材料作为制造 PEMWE 的材料,具有卓越的导热性和导电性,有利于及时排除运行时产生的电荷和热。目前双极板多由钛制成,因为钛表面的 TiO_{2-x} 钝化层保护其在 PEM 电解槽的腐蚀性环境中免受腐蚀,具有良好耐久性。然而,钛金属价格昂贵,其流场加工复杂,且费时。为了获得良好的 PEMWE 性能,当前钛 BPP 多使用镀铂涂层,这种 BPP 通常占电解槽成本的 50%。

不锈钢是未来 BPP 材料更合适的选择。不锈钢,如高合金钢奥氏体钢(AISI 316L、304L 或 904L)具有高度耐腐蚀性。较高铬含量的不锈钢可以防止腐蚀,但较高的铬含量也会导致较高的接触电阻。当用于双极板时,不锈钢会被腐蚀。此外,铁和铬离子会毒害电解槽的膜电极组件。在质子交换膜水电解槽中,使用纯的铁基合金作为双极板似乎很困难,然而可以将其用作涂覆保护材料的基材。因此,不锈钢双极板必须采用耐酸性环境腐蚀和导电好的涂层进行保护。

在过去的几十年里,开展了大量的钛或不锈钢双极板表面上做涂层处理研究工作。虽然 Ti_4O_7($1.0×10^5$ S/m)、TiN($4.0×10^6$ S/m)、铌($6.2×10^6$ S/m)和钽($7.4×10^6$ S/m)等各种涂层材料的电导率均高于 TiO_2(低 $1×10^{-6}$ S/m),可以作为涂层材料候选,但通常人们更倾向于使用高电导率的贵金属(铂:$9.4×10^6$ S/m,金:$4.6×10^7$ S/m)表面改性。采用表面处理作为表面保护和降低接触电阻手段,特别是使用铂和金,这也导致 BPP 材料成本的显著提高[38]。为降低生产成本,人们开发了许多替代常用贵金属铂、金等涂层材料,如钛氧化物、钛氮化物等,以及各种物理沉积方法。在氩等离子体气氛中,在钛双极板上制备了厚度 50 nm 的 Ti_4O_7 薄膜,形成了极低的接触电阻($4~5$ mΩ·cm²),达到了与贵金属保护层的同样效果。Lettenmeier 等开发了一种非贵金属双层涂层,用于保护 PEM 电解槽高腐蚀环境中的不锈钢基双极板[39],预计该 BPP 成本会比最先进的涂有铂或金的钛基 BPP 低得多。在不锈钢基体上,采用气相溅射(钛,厚度

50 μm)和物理气相沉积磁控溅射(铌,厚度 1 μm)两个连续步骤,依次分别沉积铌/钛层薄膜。与铂和金相比,铌在地壳中的丰度与铜、锡或锌等工业材料的丰度在同一数量级,铌的价格(50～90 欧元/千克)明显低于铂或金,后两者分别约为 27 000 欧元/千克和 35 000 欧元/千克。Rojas 等采用 PVD 沉积保护层(CrN/TiN、TiN、Ti 和 Ti/TiN),对不同的不锈钢基材(SS316L、SS904L 和 SS321)进行了全面的研究[40]。所研究的涂层通过 PVD 获得,有多层(CrN/TiN 和 Ti/TiN)和两个单层(Ti 和 TiN)。基于 Ti/TiN 双层的 PVD 涂层,SS321 显示出的结果较好。若使用 PVD 技术,用涂有涂层材料(如 Ti/TiN)的不锈钢(如 SS321)替换目前的铂涂层钛,将意味着制造双极板的材料价格降低 90%。

3.6.2 双极板流场

PEMWE 的操作电流密度越来越高,这需要足够的传质策略来确保足够的反应物供应和产物的移出。由于气(氢气或氧气)-液(水)两相流体的存在,PEMWE 流场的形状和几何形状直接影响反应物分布的均匀性和流道的热管理效率。特别是,气体析出(产生气泡)起着相当大的影响作用:① 积极作用是提供沿 BPP 流道的电极和膜冷却途径;② 负面影响是会遮蔽电极表面,加大反应的过电压,增加电解液电阻和限制电流密度。在较低电流密度时,这种负面影响不大,因为气体的析出只发生在电极的"背面"(与膜相对),且气体不会减少电极之间的电解质体积及其导电性。但是,在相对较大的电流密度(如大于 1 A/cm^2)时,气泡负面影响增大,对电催化剂表面的遮蔽和 PTL 孔的堵塞,将会导致传质损失和电流密度的降低,从而使 PEMWE 性能下降。

BPP 流场可以分为流道型和空隙(孔隙)型两种类型,前者包括平行流道、蛇形流道、点状流道、螺旋流道等形式;后者包括膨胀金属板、编制网等流道形式,其基本行为类似于多孔介质。与使用带流场的、较厚的双极板不同,空隙型流场使用平且薄的双极板,通过放置的各种形状的流动阻断件,形成特定流场,这样的流场设计便宜,便于维护。机械加工流场的隔板在设计上具有最大的灵活性,包括通道尺寸、脊面宽度和流动路径等的选择和设计。其主要缺点是加工成本,加工需要大量加工工作,会导致相当大的材料浪费以及材料厚度增加,厚的板材最终将增加欧姆损耗。替代上述流道型流场的机床切削加工方法,就是冲压或液压成形,这样可以节省大量材料,并加快生产制造速度,然而在大多数情况下冲压流场将设计成相对位置反向的阴极与阳极,这限制了许多设计参数变化。也可通过冲压或液压成形获得不同几何形状的阴极和阳极,然而,这需要设计成两层板结构,外加一个焊接过程,导致导电性降低和制造时间延长。空隙(孔隙)型流场则不需要上述的机械加工过程。

有研究者认为蛇形流场的性能高于平行流场。Rho 等分析了聚合物电解质膜水电解槽内的两相流动和电化学行为[6],观察到在 PTL 中氧气积聚位置的电流密度不均匀分布,揭示了去除氧气对于提高 PEMWE 的性能非常重要。进一步分析了不同电流密度(1 000 A/m²、10 000 A/m² 和 20 000 A/m²)下的 PEMWE 性能:① 在 1 000~10 000 A/m² 的低电流密度下,蛇形流场与平行流场之间的性能差异较小;② 在 20 000 A/m² 的高电流密度下,蛇形流场的工作电压比平行流场低 0.016 V。在高电流密度下,氧气泡的存在会使 PEMWE 的性能下降,观察到电流密度分布不均,相应的最大电流密度为 211.0%。最后,总结指出与平行流场相比,蛇形流场在去除氧气方面具有优势,蛇形流场的性能高于平行流场。

相对而言,平行流道模式的优势在于最小压降。比较平行流道、蛇形流道(单流道)和蛇形流道(双流道)三种模型,平行流道设计的效果最好,它能够保持高于高压电解压力阈值的稳定压力分布,并且能够通过确保稳定的标称流速,来最大限度地减少电催化剂的腐蚀,以及以最小的湍流通过流场。Toghyani 等认为平行流道模式压降最小,仅为 301 Pa,这是因为该模式中的流速较低,但会导致反应物在 GDL 层中的扩散速率降低[41]。因此,反应物向催化剂层的扩散缓慢,制氢速率降低。但是,平行流道结构在电流密度分布和制氢速率方面的性能最差。

Li 等综合考察阳极侧和阴极侧流场,研究了流场和流动形态对聚合物电解质膜水电解槽高温性能的影响,测试了三种类型的流场模式(蛇形、平行和级联,级联流场模式由许多平行排列的短挡板和与它们垂直的平行流道组成),得出如下结论[42]:

(1)阴极流场形式仅影响欧姆电阻。蛇形流场模式通过浸湿聚合物电解质膜的肋下流动,提供最低的欧姆电阻。

(2)阳极流场形式影响显著,这与液态水短缺,产生相关过电位有关;与蛇形和平行流场模式相比,级联流场模式减少过电位,提供更好电解性能。

(3)流程构型(逆流与顺流)对电解性能影响不大。

(4)在阳极和阴极分别使用级联和蛇形流场模式,在 120℃,2 A/cm² 下提供 1.69 V 的最小电解电压。

通过强化流动过程,抑制大气泡形成,能够提高电解性能。Lafmejani 等开展了非常规的膨胀金属板 BPP 内流动的实验和数值研究[43]。膨胀金属是一种一步成形和切割的板,板上的切口形成空隙(孔隙),使气体和液体得以充分流动。编织材料也可用作流场板或多孔传输层,它们可以比膨胀金属具有更小的孔径。膨胀金属网作为流场板,膨胀金属网的基本行为类似于多孔介质。对膨胀金属网孔隙内液体流动的模拟表明,该结构有形成强再循环区的趋势,但可能更重要的是,还迫使水流向 MEA。在实际电池中,后者将导致向 MEA 的高水传输速率,从而确保作为流动板的膨胀金属网具有良好的传质和冷却性能。Kaya 等证实了施加磁场对 PEMWE 性能的显著和积极影响[44],这是由于电极表面磁场的弛豫和泵送效应,从而提高了氧气泡的去除率并降低了质量传输极化。此外,由于产生的氧气与阳极材料之间的接触减少,预计强化的氧气泡去除将延长电解槽的使用寿命。

3.7 膜电极

膜电极(membrane electrode assembly,MEA)通常包括基于铱的 OER 催化剂层、基于铂的 HER 催化剂层以及夹持在两者中间的质子交换膜,构成所谓"三明治"结构。综合性能、耐久性和成本等因素,MEA 是 PEMWE 系统的核心部件。

3.7.1 电催化剂墨水制备

制备 MEA 的第一个步骤是配制电催化剂墨水,其制备过程涉及将催化剂粉末分散到合适的溶剂和 PFSA 离聚物溶液中,形成一种高度均匀分散的、类似墨水状的悬浮液。需要指出的是,阴极的铂催化剂是一种高度易自燃的材料,如在油墨制备过程中处置不当的话,很容易产生火灾危险,同时损失昂贵的电催化剂。制备稳定、分散良好的电催化剂墨水一直是质子交换膜燃料电池面临的挑战,PEMWE 也面临同样问题。

合理设计的催化剂墨水是在喷涂时能够尽量减少溶剂被膜吸收而引起 PFSA 膜的溶胀。分散溶剂在形成电极层的最终形态(即催化层微观结构)方面起着至关重要的作用,从而影响 PEMWE 性能。Park 等讨论了最常用的溶剂体系(水+异丙醇)的影响[45]。催化剂墨水中的高水含量会产生更好的涂层,因为膜对水吸收率低于异丙醇。墨水中催化剂固含量高时,对辊-辊生产制备有利,但这会导致墨水难以保持稳定分散,从而出现催化剂颗粒的团聚。如图 3-14

所示,在 20%(质量分数)催化剂固含量、水与异丙醇比为 75∶25 时,得到最好的催化剂涂层效果。

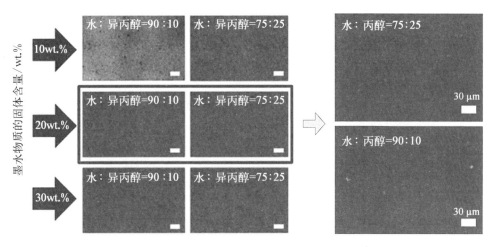

图 3-14　催化剂墨水成分对涂层质量的影响[45]

　　还有一个必须高度重视的问题,就是希望 PFSA 离聚物在催化剂表面形成一层均匀、薄的包覆层,这是因为 PFSA 离聚物在催化剂层中承载多重功能:① 作为质子导体,将质子传导从 PEM 膜主体延伸到催化剂表面的离子导体功能;② 作为黏合剂提供催化剂层的三维立体结构,形成具有丰富的多孔气体通道,并保持一定的机械稳定性;③ 拥有适当的亲水/疏水功能,从而保持催化剂层一定的水分。如果催化剂层中 PFSA 离聚物的含量较低,质子可能无法进入催化剂层的每个部分,从而导致催化剂不能充分发挥作用,催化剂利用效率低。然而,过度增加离聚物的量,可能会增加催化剂层中气体传输通道的堵塞,同样降低催化剂利用率。此外,当阳极中使用基于 RuO_2、IrO_2 等氧化物的催化剂,一旦离聚物超过一定量,催化剂层中的电子传导可能会降低。因此,在其他参数(如催化剂载量、催化剂尺寸、催化剂油墨溶剂等)一定时,通常存在一个最佳的离聚物含量。

3.7.2　膜电极制备工艺

　　关于膜电极制备工艺,有大量文献报道如何将催化剂颗粒涂覆到膜上。将催化剂涂覆在膜上,以形成用于 PEM 水电解的催化层,其制造工艺包括化学镀、使用各种技术(如通过喷涂)直接涂覆或通过所谓的“贴花转移”法在膜上形成催化剂层。这些名目繁多的各类工艺,可以简单地归结为两类膜电极构型。这两类构型涉及了 MEA 的两种主要制造技术[46]:一种是目前最普遍采用的方法,就是催化剂涂层膜(catalyst coated on membrane, CCM)方法;另一种是把催化剂层涂在多孔传输层的多孔传输电极(porous transport ectrode, PTE)方法。在 CCM 方法中,通常分别将阳极和阴极两个催化剂层直接涂覆到质子膜上,或者通过贴花工艺(decal transfer)转移到质子膜上。贴花工艺在 MEA 的制造中引入中间步骤,催化层先涂敷在一种临时基底膜上,如聚四氟乙烯膜,然后将催化剂层热压到质子膜上,再将聚四氟乙烯膜剥离,得到 MEA。上述两种 CCM 制造技术都需要预先制好的独立电解质膜。在替代 CCM 方法的 PTE 方法中,在 PTL 上涂催化剂层,从而使其成为 PTE,然后在阳极和阴极之间装入一片独立的电解质膜,再进行热压,便得到 MEA。

下面简述三种制作 MEA 的工艺。

(1) CCM 法制作工艺:Lagarteira 等比较详细地介绍了 CCM 法制作 PEMWE 的 MEA 工艺[47]。首先是制备阳极。使用研钵和杵将铱黑(Umicore 产品)和 Ti_4O_7 催化剂载体(长沙普荣化工有限公司)按照 3:7 质量比例混合。按照 Nafion 离聚体与总固体颗粒之间的比例是 30%(质量分数),在混合过程中加入 20%(质量分数)Nafion 溶液和所选的有机溶剂。丝网印刷墨水中的固体含量保持在 37.5%。移除质子膜的保护膜,并在环境湿度下保持一段时间后,对质子膜进行称重。随后,将质子膜放置在多孔金属基底上,以便在涂层过程中使用真空吸附固定系统。使用配备 Koenen Typ - 10 M6 网格(4 cm² 开放面积)的 Aurel 900 丝网印刷机进行阳极涂层。印刷压力设置为 1.5 N/cm²,丝网与基板之间的距离为 0.8 mm。完成涂层后,首先在丝网印刷支架上,在白炽灯(40 W,距离 10 cm)产生的红外辐射下干燥样品 10 min,以去除大部分溶剂,再在 348 K 下在干燥箱中干燥 30 min。接下来是印刷阴极。通过将 60%(质量分数)Pt/C(Johnson Matthey)和 5%(质量分数)Nafion 溶液(离聚物)在 50%(体积分数)异丙醇-水中混合,制备喷雾悬浮液(催化剂墨水)。首先向催化剂粉末中添加去离子水,以避免纳米催化剂粒子与低分子醇接触时着火。Nafion 离聚物含量和喷雾悬浮液中的固体含量比例保持在 35%(质量分数)。悬浮液中的总固体含量为 0.8%(质量分数)。喷涂催化剂墨水期间,使用 378 K 的加热真空台,干燥挥发溶剂,同时避免质子膜的膨胀。完成阴极涂覆后,将 CCM 在 1.75 MPa 和 398 K 下热压 5 min,得到 MEA。

热压处理 CCM 同时带来了良好的 MEA 性能及其性能重现性[48]。热压工艺很大程度上影响 MEA 的性能和稳定性,需要进行优化。在 55℃下进行超过

5 000 h 的实验,优化的 MEA 提供了具有极低的不可逆衰变(小于 3 μV/h)的稳定性。Siracusano 等还发现有一些可逆降解,不确定是否与 CCM 特性有关,可能与扩散层特性有关。

Lagarteira 等比较了乙二醇、丙二醇和环己醇等不同溶剂,对阳极催化剂分散效果影响[47]。使用环己醇分散的催化剂墨水是唯一一种不会产生任何明显膜膨胀的墨水。与使用丙二醇的墨水相比,使用乙二醇的墨水产生的膜膨胀最明显。只有使用环己醇的样品呈现出均匀的涂层,可以保证均匀的催化剂负载。使用环己醇作为墨水分散时,丝网印刷获得的 MEA 具有最高的铱质量活性,即 0.26 A/mg 在 1.7 V 和 40℃下,阳极涂有环己醇分散的 MEA 的铱质量活性是商用 MEA 的 1.5 倍。

(2) PTE 法制备工艺:以下是 Bühler 等采用的 PTE 法制备面积为 5 cm² MEA 的例子[46]。在沉积催化剂层之前,先用手术刀去除 5 cm² 大小的钛粉烧结 PTL 的边缘毛刺(激光切割残留物)。然后将 PTL 浸入碱性清洗溶剂[Borr Chemie 公司的 5%(体积分数)Deconex OP153 溶解于去离子水中]中,并进行 10 min 的超声波处理以去除有机污染物。冲洗 PTL,并在异丙醇中再次超声处理 10 min,然后使用去离子水。将阳极 PTE 和阴极 PTE 分别压在 Nafion 117 膜的两个面上,以完成 PTE 配置的 MEA。

用于喷涂阳极 PTE 的 IrO₂ 基催化剂墨水在异丙醇和去离子水(等量)的混合物中,含有 1%(质量分数)的固体(催化剂和 Nafion D520 离聚物)。用水润湿 IrO₂ 粉末后,添加异丙醇和 Nafion。在烧杯中添加上述成分后,进行搅拌。然后将催化剂墨水在冰浴中连续超声处理 30 min,并同时搅拌。在搅拌墨水一晚后,在将墨水注入喷雾涂布机的注射器之前,再重复超声波处理步骤。激光切割成 5 cm² 正方形的钛基板放置在喷涂机热板上的 1 mm 厚 PTFE 框架中。将热板设置为 120℃,喷涂空气压力设置为 0.6 kPa,喷头速度设置为 170 mm/s,催化剂墨水的流速为 0.45 mL/min。在进行喷涂期间,使用磁力搅拌器搅拌在注射器内的墨水。设置一条弯曲喷涂路径,间距为 1.5 mm。将用于重新装入注射器的额外墨水放置在磁性搅拌器上,以保持墨水中的颗粒在溶剂中充分分散。先在 1 cm² 矩形金属板上喷涂,再通过在微型天平上称重,来确定 MEA 上贵金属载量。Bühler 等测试比较发现,在同等催化剂负载下阳极 PTE 性能优于对比的 CCM 法 MEA,且重现性也好[46]。他们认为直接喷射沉积的阳极催化剂层方法,在催化剂层和阳极 PTL 之间形成了机械稳定界面,从而确保了高催化剂利用率、电连通性以及足够的质量传输。

(3) 新的 MEA 工艺:近年来,不断涌出一些新的 MEA 工艺技术,例如,直接膜沉积方法、双层复合阳极结构等。Holzapfel 等最近提出了由阳极 PTE、阴极 PTE 和直接沉积膜组成 MEA 的直接膜沉积(direct membrane deposition, DMD)膜电极的 DMD-MEA 方法[49]。DMD-MEA 方法是将膜直接喷涂到阴极电极上制备的,所采用的阴极电极是一个具有微孔层且涂有 Pt/C 的碳布基底。完整的 DMD-MEA 由阳极电极和膜阴极组成,阳极电极是一种涂有 IrO2 的多孔钛纤维基底。图 3-15 给出了 CCM、PTE 和 DMD 三种不同的 MEA 制造工艺示意图。与使用 Nafion117 膜的催化剂涂层膜(CCM)和多孔传输电极(PTE)型 MEA 进行比较,发现 DMD-MEA 具有良好的电化学性能。在该 MEA 制造中,由于采用了简单的逐层制造方法,简化了制造路线,提高了设计自由度。通过恰当平衡催化层中电子和离子渗透,以及延伸催化剂和电解质之间的反应界面,在 3 A/cm² 下达到了创纪录的 1.82 V 的性能。

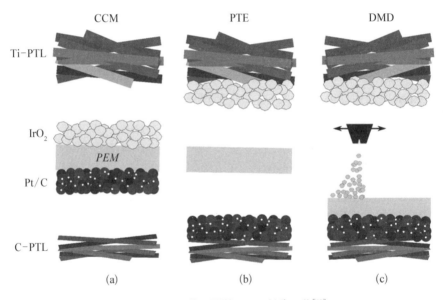

图 3-15 三种不同的 MEA 制造工艺[49]

(a) CCM;(b) PTE;(c) DMD-MEA

Hegge 等提出了一种高孔隙率的 IrOx 纳米纤维子层与高比表面积的 IrOx 纳米颗粒子层相结合的双层复合阳极结构[50]。在静电纺丝后,将 IrOx 纳米纤维置于环境气氛下的烘箱中,并以 1 K/min 的加热速率加热至 370℃,保持 4 h,得到一种易碎的 IrOx 纳米纤维,可直接用于催化剂墨水制备,在随后的超声波处理步骤中折成单个纤维。首先在膜上喷涂铱负载量为 0.1 mg/cm² 的纳米颗粒,然后在膜顶部沉积铱负载量为 0.1 mg/cm² 的纳米纤维,制备出纳米纤维层间 MEA。通过这种混合结构设计,可以将铱负载量减少 80% 以上,同时仍能够保持性能。尽管混合层的催化剂铱的总负载量为 $0.2 \, mg/cm^2$,但与催化剂铱负载量为 $1.2 \, mg/cm^2$ 的最先进电池相比,具有类似的电解性能,性能的提高归因于良好电接触和高孔隙率的 IrO_x 纳米纤维,与高比表面积的 IrO_x 纳米颗粒的完美结合。

3.7.3　膜电极性能和耐久性

极化曲线也称电流密度-电压曲线,是在稳态条件下,在外加电流密度下测量电池电压,常用来描述膜电极的性能。一般将极化曲线划分成 3 个不同的特征区间,即所谓的活化极化区、欧姆极化区和浓差极化区。每个极化区间的主要影响因素各不相同,如图 3-16 所示。活化极化损失,也称动力学损失,是由于缓慢 OER,借助高活性的电催化剂,可将阳极的析氧动力学影响降至最低。催化剂载量、催化剂类型、利用率、电化学活性面积和催化剂载体的稳定性等因素,决定了在极化曲线活化区间的水电解性能。MEA 在欧姆区的性能在很大程度上取决于电解槽组件的导电性,尤其是双极板。对单电池来说,膜离子电导率是影响欧姆极化行为的最主要因素。具体分解开来看,膜的离子导电性、膜厚度、MEA 子层之间的接触电阻、压缩压力和 PTL 的电子导电性等特性是影响极化曲线欧姆区性能的一些关键因素。在高电流密度下(浓差极化区),MEA 性能受气体产物扩散的传质限制和

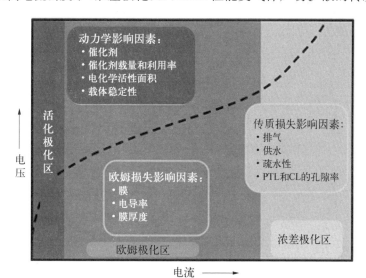

图 3-16　活化、欧姆和传质区域影响 MEA
极化曲线性能的示意图

MEA 亚层孔隙内的水传输的影响。必须确保双层 PTL 和 CL 孔内有效的两相传输，以便在潮湿操作条件下保持 MEA 不淹水。PTFE 含量(疏水性)、孔隙率、孔径和压缩压力(在运行期间的不同压缩负荷循环期间确定 MEA 子层之间的界面间隙)等特性决定了极化曲线传质区域的 MEA 性能。

与许多设备类似，电解槽的效率也取决于运行工作点，而不同点在于其电化学反应效率，即电压效率，在部分负载荷时是增加的。由于电流密度与制氢速率成正比，因此电流密度越高，制氢速率越高。电池电压随着电流密度的增加而增加，从而降低电压效率。温度越高，电解效率越高。随着电池温度的升高，在同样电流密度下，电池电压降低(效率提高)。

反应温度对 MEA 性能有显著影响，因为催化反应速率和膜的比电阻都强烈依赖于温度，而运行压力的影响相对较小。高的压力对效率只有轻微的负面影响，与此同时，高的压力会减小气泡体积，这在一定程度上改进电解池中的流体动力学特性，从而使电池性能得到一定补偿。Siracusano 等在相同的贵金属负载量(阳极铱的负载量为 0.4 mg/cm²，阴极铂的负载量为 0.1 mg/cm²) 条件下，比较了基于两种不同铱催化剂(分别是铱黑和铱氧化物)的 MEA，发现两种膜电极的一些不同规律，如图 3-17 所示[51]。铱黑催化剂在极化曲线中显示两个斜率，特别是在高工作温度下[见图 3-17(a)]。在低电流密度(约 0.1 A/cm²)下与在高电流密度(约 1 A/cm²)下，表现出不同的电化学活化过程(Volmer-Butler 方程)，这可能是由于电极特性随催化性能的改善而改变。通常，在高电流密度和欧姆效应下，质量输运效应会因气泡效应趋于恶化(气泡效应)鉴于基于铱黑催化剂的 MEA 的极化曲线[见图 3-17(a)]，在高电流密度和高温下出现略微平坦的极化趋势，可以认为这是由于在高析氧速率下操作期间可能的铱黑表面氧化所致。与基于铱黑的 MEA 相比，情况恰好相反，基于铱氧化物催化剂的 MEA 的极化曲线趋势[见图 3-17(b)]未显示任何与电流相关的变化，同时在相同电流密度下显示较低的电池电位，即具有更高的效率。在低电流密度区间(不大于 100 mA/cm²)内，从 IrO₂ 到铱黑的塔菲尔斜率在 58～75 mV/dec 之间变化，表明铱氧化物催化剂的反应动力学得到改善。在高电流密度下，根据反应机理的变化，IrO₂ 催化剂的塔菲尔斜率增加至 106 mV/dec，例如，在低电流密度下可能存在 Temkin 型吸附等温线，而在高电流密度下，吸附变为 Langmuir 型。然而，对于铱黑，在高电流密度下，塔菲尔斜率增加至 295 mV/dec，这表明伴随着氧的释放出现了一些其他现象。除了铱黑比 IrO₂ 扩散限制更大的可能影响之外，由于多孔结构较少，在纳米级水平上，铱黑在高电流密度下塔菲尔斜率的更大增加很可能与伴随的从金属到氧化物的表面改性有关，XPS 分析证明了这一点。

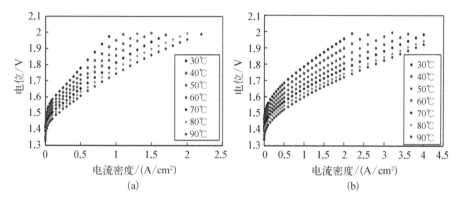

图 3 - 17　基于(a) 铱黑和(b) IrO₂ 催化剂的 MEA 在不同温度下的极化曲线[51]
（彩图见附录）

　　影响 MEA 性能衰减的因素多且复杂,有兴趣的读者可阅读专门的文献。这里介绍两种基于铱黑和 IrO₂ 催化剂的 MEA 耐久性研究结果。基于相同的贵金属负载量(阳极:0.4 mg/cm²,阴极:铂负载量为 0.1 mg/cm²)条件下,Siracusano 等分别在 1 A/cm²(对应于铱黑和 IrO₂ 极化曲线的斜率变化)和 80℃条件下进行 1 000 h 的 MEA 耐久性实验[51]。图 3 - 18 在实验初期,基于铱黑 MEA 显示出比基于 IrO₂ 催化剂的 MEA 更高的电池电压,即 1.85~1.9 V 与 1.65 V。因此,根据极化行为这两种催化剂的工作效率完全不同,IrO₂ 催化剂的效率更高。然而,两种催化剂的电池电压随时间的变化趋势完全相反。随着时间的推移,在前 200 h,铱黑基 MEA 电池电位快速下降,相应的效率提高(呈现出 −72 μV/h 趋势)。接下来曲线趋于平缓,在接近 1 000 h 的运行周期内,负趋

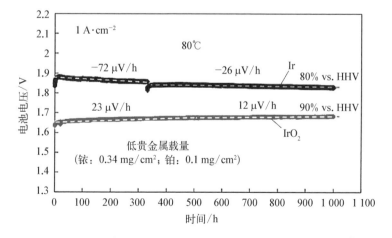

图 3 - 18　两种基于铱黑和 IrO₂ 催化剂的 MEA 耐久性实验结果[51]

势降低,为 $-26\,\mu V/h$。与之相反,IrO_2 显示电池电压随时间增加,在最后一个周期,呈现出约 $12\,\mu V/h$ 的降低速率。上述现象将随着时间或时间的推移而缓解,据观察到的趋势可能在几千小时后发生改变。

总之,从 PEMWE 技术状态和应用市场发展,可以归纳出膜电极面临耐久性和成本两大挑战。主要挑战之一是希望达到超过 10 万小时的长期耐久性,为此需弄清 MEA 的降解机理,对关键退化问题进行个性化处理,并对实际操作条件下的 MEA 耐久性提供可靠的评估,探讨缓解退化机制的具体方法。另外一个主要挑战是降低 MEA 组件的成本,这需要通过降低贵金属负载量和使用经济高效的膜来实现。目前,PEMWE 在 $2\,A/cm^2$ 电流密度时电池槽电压为 $2\,V$,阳极和阴极催化剂载量为 $2\sim3\,mg/cm^2$ PGM,商用装置寿命为 6 万~8 万小时,正逐渐从小众应用市场,如生命支持、工业氢气、发电厂冷却等,向大规模储能领域渗透,产氢成本仍较高(3.7 美元/千克氢)。下一代 PEMWE 将在更苛刻的条件下运行和达到更高的性能,如 $80\,℃$、$70\,bar$ 和 $5\,A/cm^2$。

3.8　电解槽与制造产线

PEMWE 制氢系统的核心部分是发生电化学反应的电解槽,若沿用碱性水电解技术习惯,称之为"电解槽";若沿用质子交换膜燃料电池技术习惯,也可称"电堆"。因此,"电解槽"和"电堆"的说法在 PEMWE 中都有使用。

PEMWE 电解槽通常由多达几百个单个电解电池单元组成,并配备两块端板而成。多个具有相同表面积的单个 PEM 水电解单元,可以堆叠在一起组成电堆,以提高生产能力。如图 3-19 所示,电堆有三种构型配置选项。在第一种配置中,每个电池并联,并进行电气互连;在最流行的第二种配置中,每个电池以

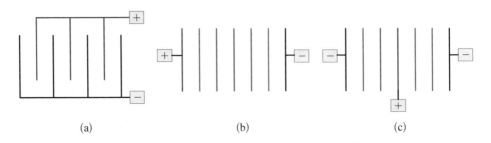

(a)　　　　　　　　　　　(b)　　　　　　　　　　　(c)

图 3-19　三种电解槽构型配置示意图

(a) 单极(并联);(b) 双极(串联);(c) 双极(中心阳极)

串联方式进行电气连接,电解槽总电压等于所有电解单元电压之和;第三种配置是第二种配置的一种变体,它在中心放置一个中心阳极,其电解槽总电压等于第二种配置的总电压的一半。

PEMWE 电解槽主要包括集电器、BPP、PTL 和 MEA 等部件。端板位于电解槽的两端,以保持恒定压紧压力,以降低电阻和密封气体。厚的端板能承受高压,但会造成电解槽的重量较重以及引起不必要的材料消耗。相比之下,薄板则会产生不均匀的夹紧压力,从而由于泄漏和大接触电阻特性,以至恶化 PEMWE 性能。

电解槽的形状有方形和圆形两种选项,从力学考虑方形端板比圆形端板具有更大的应力集中和变形,显然圆形更有优势。从历史上看,商业化销售的电解槽主要是圆形的。圆形电解槽的优点是比矩形电解槽更容易设计。与矩形设计相比,圆形设计能更好地应对更高的压力,并能更均匀地分配水。矩形设计也可以,然而,需要更仔细地选择设计,以确保水均匀分布到整个催化剂层。当圆形电池的有效面积扩大时,材料废料(用于隔板、膜,有时用于多孔传输层)呈线性增加,因为大多数材料或组件是矩形的。一般典型的圆形电池设计将比矩形电池浪费 1.27 倍的材料。烧结钛多孔传输层、膜和隔板的价格占电解槽成本的主导地位,这种浪费将阻碍成本的降低。

目前,小功率型 PEMWE 电解槽更倾向于采用圆形的端板和双极板结构,而大功率型则采用方形结构,即使在加压运行也是如此。当单个电池的活性表面积增加到一定大小时,方形几何形状更可取,不仅占用场地较小,而且更适合自动化制造程序,并能减少材料切割损失。图 3 - 20 给出了 Giner 公司的 G5、Merrimack、Allagash 和 Kennebec 电解槽外观图,其主要参数如表 3 - 4 所示,均来自 Giner 网站。每片电池的有效面积从 $50 \ cm^2$、$300 \ cm^2$、$1 \ 250 \ cm^2$,到最大的 $3 \ 000 \ cm^2$,产氢量从每分钟几升到每天上吨规模。

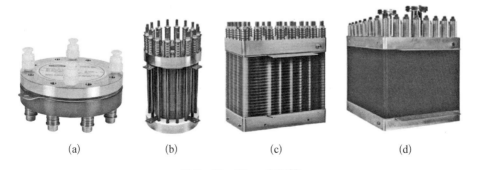

（a）　　　　　（b）　　　　　（c）　　　　　（d）

图 3 - 20　Giner 电解槽

（a）G5；（b）Merrimack；（c）Allagash；（d）Kennebec

表 3-4　Giner 电解槽主要参数

电解槽 型号	有效面积 /cm²	产氢量/(kg/d)	额定输入功率 /MW	产氢压力 /bar
Kennebec	3 000	2 350	5	15.5
Allagash	1 250	900	2	0～40
Merrimack	300	66	—	40
G5	50	450～1 800/sccm	—	20

注：sccm 指每分钟以标准毫升产气量。

　　Harrison 最近报道了大功率电解槽性能衰减的情况[52]。在 Giner ELX 制造的、单片有效面积为 1 250 cm²、由 29 片电池组成的电解槽测试中，运行压力 40 bar，温度 70℃，额定电流密度 3 A/cm²（每个电池<2.0 V），8 500 h 后电解槽的电压衰减率小于每个电池每小时 1.5 μV；7 片电池组成的短电解槽在 10 000 h 后小于每个电池每小时 1.0 μV，检测水样中 F⁻ 含量小于 6 ppb①。

　　随着 PEMWE 产量的不断放大，规模化的电解槽产线建设开始提上日程。Mayyas 等分析了半自动电解槽装配线装配过程，如图 3-21 所示[53]。该生产线将带边框的 MEA 与双极板组合在一起，并组装成电解槽。在自动化的情况下，在自动送双极板之后，是丝网印刷或注射成型密封垫圈，并在紫外线下固化的步骤。然后，将双极板/MEA 堆叠，并轻轻压缩，添加压带或拉杆来固定电解槽部件，在继续下一步之前，完成电解槽其他部分。在最后一阶段中，电解槽将经历活化及测试。

①抓取双极板　③紫外线固化　⑤丝网印刷垫片　⑦人工装配+加压　⑨加五金件和外壳
②丝网印刷垫片　④抓取MEA　⑥紫外线固化　（压缩带、硬件和　　　⑧电堆加压　⑩活化和测试
　　　　　　　　　　　　　　　　　　软管、塑料壳）

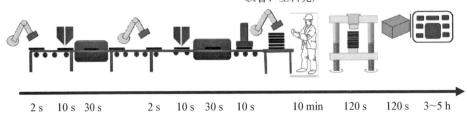

2 s　10 s　30 s　　2 s　10 s　30 s　10 s　　10 min　120 s　120 s　3～5 h

图 3-21　半自动电解槽装配线装配过程[53]

---

①　ppb 为浓度单位，表示十亿分之一。

PEM 电解槽各部件所占成本与电解槽功率大小有直接关系,如 200 kW PEM 电解槽的 CCM 膜电极制造成本占 26%～47%;而 1 MW 堆的 CCM 制造成本占 36%～47%,PTL 占堆成本的 17%～25%,双极板为 12%～21%,端板和组件为 3%～13%。在生产成本控制因素方面,制造工艺、产量、功率密度、PTL 和双极板上的金层厚度、铂负载和铂价格对总体成本的贡献最大。

3.9　质子交换膜水电解制氢系统

电解制氢系统,或者电解制氢工厂,包含两个核心要素:电解槽和辅助系统(BoP),后者帮助实现最好的电解槽性能,以期达到包括氢气产率、宽操作功率范围、缩短加压时间和高效率等技术指标。

3.9.1　系统组成

相对而言,PEMWE 系统比碱性系统简单得多。PEMWE 系统通常只需要在阳极(氧气)侧使用循环泵、热交换器、压力控制和监控;在阴极侧,需要一个气体分离器、一个去除残余氧气(通常压力下不需要)的除氧组件、气体干燥器和一个最终压缩机步骤。

基于安全要求,系统中还需要一个额外的催化反应器来重新转化氢,由于更高的压力,氢会渗透到阳极水中更多。

质子交换膜电解系统示意图如图 3-22 所示[54]。电解槽代表系统电化学反应发生的核心,电解水通过直流电流电化学转化为氢气和氧气,包括一个或多个以串联或并联方式连接的 PEMWE 电解槽。辅助系统由几个子系统组成,这些子系统在电解系统中提供辅助功能。BoP 的主要子系统及其关键部件包括电源子系统、供水和回收水处理子系统、冷却子系统、气体净化与压缩子系统。

1) 电源子系统

由电网连接和变压器组成的进线配电,用于根据运行要求调整运输或配电网络的电力及其用于电解槽运行的整流器。电解系统其他辅助部件的系统控制面板,包括规范操作的自动控制系统,仪器部件有安全传感器、过程参数测量装置、管道和阀门、PLC、数据 I/O、PC 等。

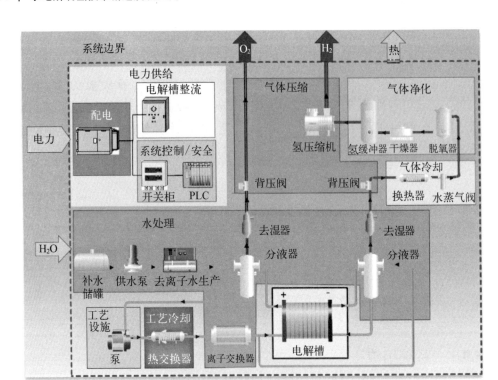

图 3-22 电解槽和辅助系统部件的 PEM 电解系统示意图[54]

2) 供水和回收水处理子系统

一般由反渗透生产装置产生的去离子水,并送入补给水箱。此外,循环水路中安装离子交换器,以保证水质合格(如要求电导率小于 0.5 μS/cm),这对于防止电解槽污染和电池过早失效非常重要。本系统包括两个循环回路:阳极循环回路与阴极循环回路。

阳极循环回路即水净化装置,主要是一个离子交换树脂床及循环泵、换热器、气/水分离器和除雾器等。离子交换树脂床用于将水质保持在所要求的合格水平,以将电解槽的化学污染风险降至最低;然后由一个循环泵连续向电解槽阳极供应一定温度的电解用水(由热交换器和电加热器调节);氧气/水分离器容器通过重力和停留时间分离出口气体中的残余液态水;除雾器用于进一步去除气体出口流中的小液滴。

阴极循环回路包括氢/水分离器容器和随后的除雾器;有时还有一个附加循环泵,用于阴极侧的热管理;然后气体进入净化和压缩子系统。

3) 冷却子系统

工艺冷却包括热交换器,用于泵送水的热管理,以排出循环回路中的热量,并将电解槽保持在适当的温度范围内。

气体冷却,包括热交换器,用于对电解过程中产生的气体进行热管理。

4) 气体净化与压缩子系统

气体净化,将氢气产品流净化至所需质量水平,包括如下系统:① 除氧反应器,用于重新催化复合由于透过效应而可能存在的残余微量氧;② 气体干燥器,将气体中残余水分去除至百万分之一水平;③ 用于补偿制氢量变化的缓冲罐。

气体压缩包括如下系统:① 氢气和氧气压力控制阀,用于在所需压力水平(压力平衡或一定允许压差)下运行电解系统;② 压缩机,使气体压力达到规定值;③ 高压储罐,用于最终储存电解槽产生的气体。

在氢气生产和闲置时间(运行、备用和关闭时间)期间,可能发生管道意外释放、泄漏和破裂事故,流程系统必须考虑包括气体排放在内的安全举措。止回阀直接设置在电解槽的下游,如果氢气反向流入阳极循环回路(如膜破裂),可以确保只是有限的体积氢气进入氧气子系统。如果压差传感器指示值超过设置值,电解槽出口关闭,止回阀前压力低于氢/水分离器压力,将触发紧急关闭(ESD)程序。打开氧气/水分离器安全阀,并在以下情况下向排气系统排放气体:① 压力积聚过高;② 如果氢气/氧气混合物燃烧,则会导致破裂油箱顶部的阀瓣脱落。

3.9.2 运行模式

PEM 电解系统可以在许多不同的模式下运行:① 平衡压力;② 压差;③ 阴极侧有无水循环。每种操作模式各有优缺点,尽管可以开发一个电解槽来应用所有模式,但考虑到电解槽的成本和性能,通常只针对一种操作模式专门设计电解槽。在平衡压力操作下,阳极和阴极设计为在相同的压力水平下运行。PEM 电解槽允许在加压(通常为 30～70 bar)下运行。然而,加压运行需要更厚的膜来提高机械稳定性并减少气体渗透,从而降低了电解槽和系统效率。

1) 平衡压力操作

PEM 电解槽的平衡压力运行模式意味着电解槽阳极室和阴极室内的压力相等,可以是在大气压力下,也可以是升高的压力。在低的平衡压力(如常压)运行模式下,PEM 电解槽具有最简单的设计,单个组件承受较低的机械应力,特别是膜承受很低的压力,减少可能的膜撕裂或穿孔的发生概率,这些可能导致灾难性事故,另外密封件耐受压力也仅需高于水循环压力。

在高的平衡压力操作下,由于阳极和阴极的压力相等,因此膜在两个方向上都不受压力,并且电池内的高压可以通过将电池放置在高压室中来平衡内外压力差,这避免了电解槽各个组件因承受高压所需要的增强。高的压力能减少阳极传质损失,因为高的压力会减少产品氧气的体积,从而减少了氧气干扰水向催化剂层的输送。然而,高平衡压力在安全方面有不利影响,因为高压氧与烧结钛粉和密封材料的接触可能发生危险,并导致电池以更高的速率降解。

2)差压操作

差压操作是指 PEM 电解槽的阴极室在高压下操作,而阳极室在大气压力或低于阴极的任何压力下工作。差压操作模式结合低压和高压两种平衡压力模式的优点。

与平衡压力模式一样,在较高的阴极压力下氢气中的水蒸气含量减少,可以减少气体干燥过程,降低氢气干燥组件的成本。有数据表明,通过电化学方式将产品氢压缩至 350 bar,与 13 bar 系统相比,电解槽性能仅降低 3.1%。然而,高压氢气会从阴极室渗透到阳极室,这种氢气透过不仅降低电解法拉第效率,而且影响系统的运行负荷范围。当氧气中氢的摩尔百分比达到 4.0% 的爆炸下限时,将会产生安全问题。由于在阴极室和阳极室的压差一定条件下,透过到阳极室的氢气速率保持相对恒定,那么在较低电流密度(低产氢气量)下,阳极室氧气中的氢含量将增加,可能接近爆炸极限。这就意味着阴极室与阳极室之间的压差越大,系统的低负荷工作范围越窄。

3)供水模式选择

通过电解槽控制水循环是另一个操作参数:电解槽只在阳极侧,或同时在阳极侧和阴极侧进行水循环。在大多数情况下,在阴极侧没有循环的情况下,阴极室仍充满液态水,这水来自阳极膜侧的水扩散。这种情况是可能的,因为只有阳极电化学反应需要消耗水。在较高电流密度下,为了确保足够的水到达催化剂并控制电池温度,典型系统的供水量约为制氢反应所需水量的 50～300 倍,此时可能需要同时在阴极室和阳极室进行水循环。

Zhuo 等曾专门对水电解过程中的供水问题进行了探索,包含从阴极、阳极和两极同时供水等三种供水模式[55]。从水电解的反应原理可知,水是在阳极反应消耗,并且水分解之后产生的质子,以水合质子形式通过质子交换膜传递到阴极一侧,这就要求阳极保证充足水供应。采用 PTFE 疏水处理后的碳纸作为阳极 PTL,当碳纸的疏水程度较低(PTFE 含量为 20.68%)时,供水模式的优劣顺序为"阳极供水≈双向供水>阴极供水";而碳纸的疏水程度较高(PTFE 含量为

29.97％）时,供水模式的优劣顺序变为"双向供水＞阳极供水＞阴极供水"。因此采用低疏水比例的碳纸,例如 PTFE 含量 20.68％和 26.95％的碳纸样品,从阳极供水和双向供水时性能均优于从阴极供水。相对于直接从阳极供水,在阴极供水模式中,水通过阴极的 PTL 和阴极催化层,再渗透过电解质膜才达到阳极催化层。在以上过程中,水的渗透方向是与质子传导的方向相反,因此在高电流密度情况下由于质子电曳力作用,阳极就可能出现供水不足的现象。例如 29.97％ PTFE 样品,在电压高于 1.75 V 的情况下,阴极供水模式下的性能明显不如从阳极供水或双向供水模式下的性能。因此,在系统设计时,需要综合考虑采用哪种供水模式更为合理。

3.9.3 主要商用质子交换膜电解槽系统

国际市场上的大型质子交换膜电解系统公司包括 ITM Power（英国）、Hydrogenics（加拿大）、Proton On-Site（美国）、ArévaH2Gen（法国）、Giner（美国）、H‐TEC SYSTEMS(德国)、Treadwell(美国)、Angstrom Advanced(美国)等。ITM Power 是全球公认的 PEM 电解制氢技术公司,产品从 600 kW 到 100 MW,应用于三大市场领域：机动性、电转 X（power-to-X, PTX）和工业界。Hydrogenics 于 1999 年进入 PEM 电解领域,2015 年开发出 1.5 MW 电解槽,2019 年被美国 Cummins 收购。Areva H2Gen 专注于 PEMWE 技术,生产绿色氢气电解槽和组装,是法国唯一一家生产电解槽的公司,2020 年 10 月被 GTT 公司收购。2020 年 Giner 被 Plug Power 收购。H‐TEC SYSTEMS（德国）成立于 1997 年,2019 年生产第一台 1 MW 电解槽系统,2021 年被德国发动机制造公司 MAN Energy 收购。50 多年来,Treadwell 一直为美国海军设计和制造电解制氧系统,新建电解槽产线产氢、氧最大压力 1 100 psi（7.58 MPa）,单套产氢量 20～170 SLPM。Angstrom Advanced 为学术和工业应用氢氮装置。表 3‐5 列出了国际上一些商用质子交换膜电解槽系统及其技术指标。

图 3‐23 给出了 ITM 的 700 kW（HGas1SP）、2 350 kW（HGas3SP）和 10 070 kW（HGasXSP）电解槽系统。如图 3‐24 所示,SILYZER 300 是西门子 PEM 电解产品组合中两位数兆瓦级（17.500 MW）中最新、最强大的产品。制氢量每小时 100～2 000 kg,系统效率 75％,启动时间小于 1 min,在 0～100％负荷范围内的动态特性 10％/s,最小负载不小于 5％,纯水用量（DI）10 升每千克氢,氢气质量达到超高纯度 99.999％。

表3-5 一些商用质子交换膜电解槽系统及其技术指标

厂家	Hydrogenics	Proton On-Site				Giner	Siemens	ITM Power	H-TEC SYSTEMS
型号	HyLYZER 300-30/1000-30/5000-30	Model-S10/20/40	Model-H2/4/6	Model-C10/20/30	Model-M250/500	GenFuel 1 MW/GenFuel 5 MW	Silyzer 300	HGas1SP/HGas2SP/HGas3SP/HGasXSP	ME100/350/ME450/1400
电解槽数量/个	1/2/10						24	1/2/3/15	
系统额定功率	1.5 MW/5 MW/25 MW				1.25 MW/2.5 MW	1 MW/5 MW	17 500(kW)/24模块	700/1 390/2 350/10 070 (kW)	225 kW/1 MW
启动时间					热机启动<15 s;停机启动<8 min	热机启动30 s;停机启动<5 min	<60		30 s（从最低负荷到额定负荷）
氢纯度/%	99.998	99.999 5	99.999 5	99.999 8	99.95~99.999 5	99.999	99.999	99.999	99.999
系统比能耗/kW·h·Nm³	系统≤51 kW·h/kg;电解槽DC 3.6~4.5,额定点4.3 kW·h/Nm³	6.1	7.3/7.0/6.8	6.2/6.0/5.8	4.5 kWh/Nm³;50.4 kWh/kg	电解槽49.9 kWh/kg H_2/系统5.2 kWh/Nm³;电解槽DC 49.9 kWh/kg	5.56		电解槽4.9/4.8 kWh/Nm³ H_2;系统效率74%

项目									
H_2产率/$Nm^3 \cdot h^{-1}$	300/1 000/5 000	0.27/0.53/1.05	2/4/6	10/20/30	246/492	200/1 000			42~210
H_2产率/(kg/d)		0.58/1.14/2.27	4.31/8.63/12.94	21.6/43.3/65	531/1 062	425 kg/d/90 kg/h	335 kg/h	264/528/864/4 050	100/450
调节比/%	5~125	0~100，自动	0~100，自动	0~100，自动	10~100	10~100	5~100		32~100/20~100
输出压力/bar	30	13.8	15 或 30	30	30	40	35		15~30
新鲜水量/(L/h)	~0.8 L/Nm^3 H_2，或 9 L/kg H_2	0.26/0.47/0.94	1.83/3.66/5.50	9/17.9/26.9	354/708	13 kg kg^{-1} H_2/9 kg kg^{-1} H_2	10 L kg^{-1} H_2		60/260 kg/h
供水压力/bar	0.7~6.9	1.5~4	1.5~4	1.0~4.1	3.8~4.8				
供电		205~240 VAC，单相，50 Hz 或 60 Hz	380~415 VAC，三相，50 Hz；或 480 VAC，3 相，60 Hz	380/400/415 VAC，三相，50 Hz，三相，或 480 VAC，3 相，60 Hz	6.6~35 kV，三相，50 Hz 或 60 Hz	480 VAC，60 Hz(USA)，400 VAC，50 Hz(EU)			400/11 kV AC，三相，50 Hz
冷却方式/kW	水冷	空冷 1.1/2.2/4.3	液冷 8.1/16.1/23.7	液冷 32/64/96					
环境温度/℃	5~40	5~40	5~50	5~40	-20~40	-20~40			-15~35

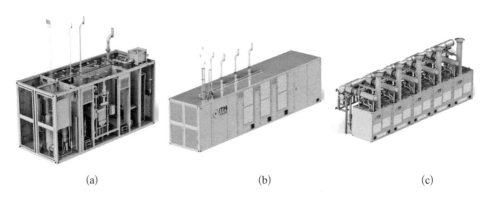

(a)　　　　　　　　　　(b)　　　　　　　　　　(c)

图 3‑23　ITM 电解槽系统(来自 ITM 公司网站)

(a) HGas1SP,700 kW;(b) HGas3SP,2 350 kW;(c) HGasXSP,10 070 kW

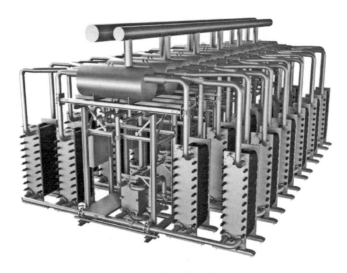

图 3‑24　西门子 Silyzer300 电解槽系统(来自西门子公司网站)

　　Proton On-Site 是最大的现场氢气发生器制造商,到 2017 年在全球 75 个国家安装了 2 600 多台装置,主要向各种市场提供先进的中小型质子交换膜(PEM)电解系统。在 2017 年并入 Proton On-Site 之后,Nel 成为世界上最大的制氢水电解槽制造商,提供各种尺寸和市场应用的碱性和 PEM 电解槽。Nel 现在生产 S(包括 S10、S20 和 S40,产氢量 0.27~1.05 Nm³/h)、H(包括 H2、H4 和 H6,产氢量 2~6 Nm³/h)、C(包括 C10、C20 和 C30,产氢量 10~30 Nm³/h)、M(产氢量 2 000~5 000 Nm³/h)等多个系列产品,其中 C、H 和 S 系列电解槽采用最先进的紧凑型质子交换膜技术,M 系列模块化撬装平台可为中大型制氢厂提供灵活的工厂配置和安装,MC 电解槽是集装箱形式的 M 系列平台,便于室外安装。

3.9.4　系统成本分解

如图 3－25 所示,IRENA(2020)报告将 PEM 电解制氢系统制造成本分成三个层级[56]:① 单电池单元;② 电解槽;③ 系统。电解槽仅占电解系统成本的一半,其余是辅机设备和外围设备(balance of plant,BoP)成本。对于 BoP 而言,电源是一个非常重要的成本组成部分。

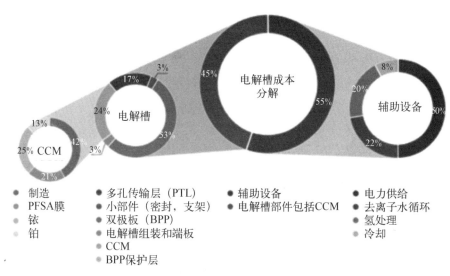

图 3－25　1 MW 质子交换膜电解槽从全系统到电解槽→膜电极成本分解[56]

(彩图见附录)

(1) 第一层级是单电池单元,即膜电极,这是电解槽的核心,主要电化学过程在这里进行。膜电极成本包括阳极催化剂、阴极催化剂和膜,外加上制造成本。考虑到贵金属的稀缺性,特别是铱,催化剂可能成为扩大 PEM 电解槽制造规模的供应瓶颈。膜电极的成本占电解槽的较大部分,但占不到整个 PEM 电解系统成本的 10%。

(2) 第二层级电解槽成本包括电池单元,再加 PTL、BPP、端板和其他部件,如垫片、密封件、框架、螺栓和其他。双极板是一个重要的成本组成部分,因为它们通常用于提供多种功能,并且需要金或铂涂层钛等先进材料。这是创新在提高性能和耐久性以及降低成本方面发挥重要作用的领域之一。目前正在研究用更便宜的材料取代钛,依靠涂层的功能特性不受影响,同时降低成本。电解槽通常占总系统成本的 40％～50％,其中多孔传输层和双极板占电解槽成本的 60％～70％。

（3）第三个层级是电解系统成本,包括运行 PEM 电解槽、所有辅机设备和外围设备,但不包括进一步气体压缩和储存的任何部件。辅机设备和外围设备通常包括整流器、水净化装置、氢气处理（水分离和干燥）和冷却组件,这些项目可占总成本的 50％～60％。

图 3－26 给出了 1 MW 系统成本随年产规模变化的情况[53]。可以看出 BoP 成本在各种年生产率下的 1 MW 系统总成本中占主导地位。由于一部分 BoP 部件是从部件供应商处外包的,可能规模化生产成本受这部分外购影响与内部制造 BoP 部件不同。电力电子设备,包括电源（AC/DC 整流器）、电流和电压传感器,在 BoP 成本中占主导地位。BoP 的第二个成本因素是去离子水循环装置,它包含一个较贵的水/氧分离罐,用于分离从电解槽中流出的氧气和水。

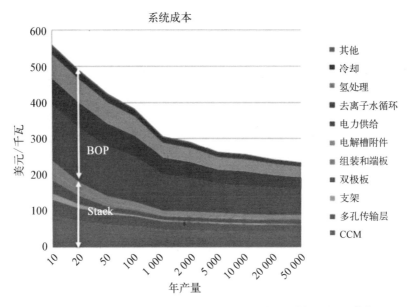

图 3－26   不同年产量下的 1 MW 质子交换膜电解槽系统成本[53]

（彩图见附录）

PEM 电解槽系统的发展趋势是随着时间以及系统规模不断增加的,系统效率逐步提高,产量扩大则会促使成本降低。ITM 公司评估认为[57],PEM 电解槽系统成本将从目前的低于 1 000 欧元/千瓦@MW 级和低于 800 欧元/千瓦@10 MW,在 21 世纪 20 年代中期降低到低于 500 欧元/千瓦。图 3－27 给出了 ITM 预期的 PEM 电解系统成本和规模情况。他们最新预测更为乐观,认为到2024 年 100 MW PEM 电解系统,便可以降到 400 英镑（552 美元）/千瓦。

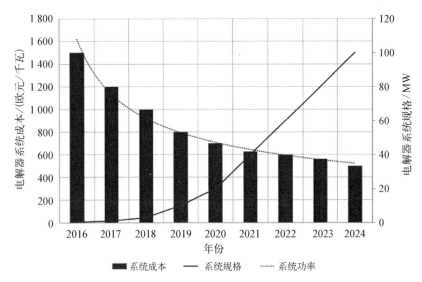

图 3‑27　ITM 预期的 PEM 电解槽系统成本和规模大小随年度变化的情况[57]

图 3‑28 给出了可能以降低电解槽系统成本的潜在方向，包括改变某些设计参数或 PEM 堆中使用的某些关键材料的成本降低，这里假设：功率密度提高（+20%）；铂用量从 11 g/m² 减少到 1 g/m²，膜成本（Nafion 117 与 Solvay E98‑09S）和电力电子的成本降低 20%；规模经济是指在 10 套/年、100 套/年和 1 000套/年情况下的制造成本[53]。可以发现，制造工程和规模经济在降低 PEM 系统

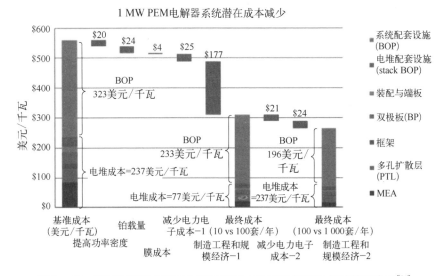

图 3‑28　研发在降低 1 MW 电解系统成本方面发挥作用领域的瀑布图[53]

（彩图见附录）

成本方面起着关键作用(见图 3 - 28)。MEA 电池的一些设计变化,如铂族金属负载量的减少和膜成本的任何可能的成本降低,也可以在降低电解系统成本方面发挥作用,功率密度提高 20%,使用更便宜的膜可以显著降低电解槽的成本。电力电子设备的成本仍然是 PEM 电解槽系统成本的最大部分。可以预计,电力电子设备成本降低将对 PEM 电解槽成本产生重大影响。

PEMWE 商业化的主要技术方面上的制约因素,包括耐久性、成本和可靠性。在实际中,往往需要在包括技术在内的各种因素之间形成一种协调与平衡。

(1)在运行条件方面,较高的温度、压力和电流密度会对寿命产生负面影响。现在通常采用比较温和的运行条件(如 $50\sim60℃$、10 bar 和 $2\ A/cm^2$),而下一代 PEMWE 将在更高性能、更苛刻的条件下运行(如 $80℃$、70 bar 和 $5\ A/cm^2$)。应对这些情况的解决方案是更多冗余设计电解槽,采用厚的膜、相对高的催化剂载量,以及 PTL 和双极板的保护涂层。

(2)在可变载荷方面,联轴器随着可再生电力的变化,将导致电解槽载荷变化,进而产生电压波动,由此可能引发电解槽组件的额外腐蚀,并降低耐久性。

(3)在气体渗透方面,受到大的压差影响,膜的机械稳定性产生负面影响,增加气体渗透,可能导致进一步的膜降解问题。解决这一问题的一个措施是使用额外的再复合催化剂,将渗透到氧侧的氢重新转化回水。

(4)在阳极溶解方面,阳极上的氧化铱溶解取决于温度、电压和电极结构。一种解决方案是使用更多的催化剂(如大于 $5\ mg/cm^2$,或 $2.5\ g/kW$),并在电解槽组件的保护涂层中使用更多的贵金属。阳极 PTL 使用厚度超过 1 mm 的多孔钛来支撑膜,该 PTL 通常涂有铂(大于 $1\ mg/cm^2$,或 $0.5\ g/kW$),以减少或保护钛的氧化。

(5)关于水杂质方面,水质差是导致 PEM 电解槽故障的主要原因之一。由于膜、催化剂层中的离聚物、催化剂和 PTL 等,很容易受到水中杂质影响,因此必须严格把控水质量。

3.10 应用领域、市场及展望

PEMWE 因其"卓越"的灵活性和动态响应特点,在当今竞争激烈的绿色氢气领域中日益突出。PEMWE 能够在不同的输入功率水平(从零到最大功率)下工作,响应功率限制范围宽,响应迅速,达到亚标称或超标称电流密度所需的时间非常短。因此,PEMWE 可以在不到 1 s 的时间内,实现功率的上升或下降,并且能够在比标称负载高得多的容量(160%)下短时间(通常为 10 min)运行。因此,PEMWE 能够提供电能频率储备,广泛适用于电网服务。

根据国际能源署(IEA)氢气项目数据,在 2020 年总共 173 MW 的低碳氢气装置中,全世界总共有 51 MW 的质子交换膜电解槽,约占 30%,碱性电解槽约占 65%。为了应对不断增长的需求,许多公司纷纷计划扩大产能,例如 ITM 公司 2021 年产能是 1 GW/年,计划到 2024 年底,将总产能扩产到 5 GW/年。

3.10.1　应用场景及实例

2020 年,英国的一项"千兆电解槽大量供应可再生氢"可行性研究报告表明,从 100 MW+规模的 PEMWE 装置能够获得可靠的、廉价可再生氢气批量供应。制氢成本的主要成本要素是电价、电网费用和其他(包括配电和输电)。为此,一方面需要从技术和基础设施方面着手,开发 100 MW 级以上电解槽,并降低电解系统成本;另一方面,考虑到电力成本仍然是氢气成本中最主要的组成部分,降低电力成本,并确保为一系列终端用户提供可靠的氢气供应,也是非常重要的。综合考虑各种因素,该报告提出了四种风电场 PEMWE 应用场景,如图 3-29 所示[58]。

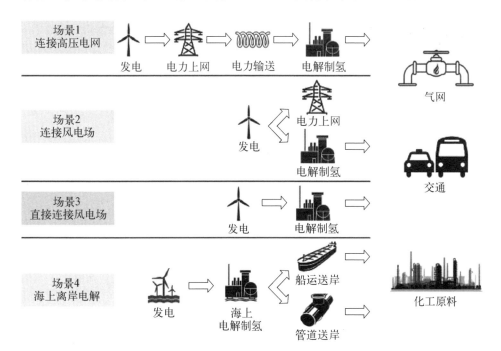

图 3-29　四种低成本、可靠的可再生氢供应场景[58]

（1）场景1：电解系统安装的地方，可以与英国电网的高压电网连接。为了确保氢气是可再生的，电解制氢方与可再生能源发电资产方达成商业安排，从而确保该资产产生的可再生电力源自风电场。

（2）场景2：电解系统位于可再生能源发电资产和电网之间的电网上游。通过这种方式，电解系统可以通过单独电表从风电场获得电力，也可以通过现有电表从电网获得电力。这种情况将对输电网的影响降至最低，还可降低电网费用和电价，包括输电和配电。

（3）场景3：电解系统与一个新的风电场一起建造并直接连接（即两个资产同时建造）。电解系统可以以风电场输出电力的平均成本，而非市场上的电力价格获得电力。

（4）场景4：电解系统建在海上，靠近海上风力涡轮机。通过这种方式，可以避免使用海上电缆输电，也可以使用更便宜的管道输送氢气。电解系统以相当于风力涡轮机平均化成本的价格获取能源。

这四个场景的不同之处在于是否并网。目前，类似场景1的配置比较普遍，虽然一些技术可以用来降低电力成本，但需要面对电网费用和税费产生的成本，从而导致了场景1在上述几种情况中生产成本最高，其主要优势是在四种场景中产氢过程最平稳。由于电力完全来自风电场，场景3的生产情况更加多变，其优势是可以确保100%的可再生氢。可以预期，随着风电场技术改进，在场景3下的氢成本有望大幅度下降。

风场电的变化最为剧烈，挑战性高。比较而言，对于其他电力来源场景，只需进行适当调整，完全能满足低成本PEMWE制氢需求。

世界主要PEM电解水制氢系统供应商，近年都有大的融资、并购和整合，扩大产能，单机和系统制氢量不断刷新纪录。

Hydrogenics公司2019年2月宣布，它已获得加拿大液化空气公司的一项订单，为位于加拿大魁北克省的制氢设施设计、建造和安装一个20 MW的电解系统。目前，该设施已于2020年投入商业运行，年氢气产量近3 000 t。这座20 MW的发电厂将采用Hydrogenics先进的大规模质子交换膜电解技术，提供业内最小的占地面积和最高的功率密度。凭借一流的效率和成本效益，Hydrogenics已成为面向全球客户的兆瓦级PEM电解槽的市场领导者。

ITM林德电解有限公司是ITM Power和林德的合资公司，专注于提供10 MW及以上工业规模的全球绿色气体解决方案。该合资公司利用ITM Power的模块化PEM电解技术和林德的世界级工程总承包专业知识，为客户提供EPC解决方案。ITM林德电解有限公司于2021年1月13日宣布，将向林德集团出售一台 24 MW 电解槽——世界上最大的 PEM(质子交换膜)电解槽设施,该电解槽将安装在德国 Leuna 化工总厂。这个新的 24 MW 的电解槽将生产绿色氢,通过现有的管道网络供应林德的工业客户,以及向该地区的加氢站和其他工业客户分销液化绿色氢。生产的全部绿色氢可以为大约 600 辆燃料电池巴士提供燃料,每年能够支持它们行驶 $4×10^7$ km,同时可以减少多达 4 万吨的二氧化碳排放。

3.10.2　应用领域

PEMWE 的应用领域十分广泛,可归结成三个方面:① 作为可再生能源的储能手段,以氢气(分子氢)的形式储存能量;② 作为燃料,用于燃料电池电动汽车(FCEV)的运行;③ 作为工业原料,应用于多个工业领域(合成气生产、化学品/燃料合成、金属冶炼等)。

1) 作为储能技术手段

PEMWE 是储存大规模可再生能源能量的重要技术手段。为了摆脱对化石燃料的依赖,越来越多的可再生能源被加入电网中。然而,一些可再生能源,如风力涡轮机产生的电能,其生平经常是不可预测的、间歇性的。在多数情况下,这种能源供应与能源需求不相匹配,风力涡轮机经常被关闭(称为风限电力)。此外,在电力需求的高峰时段,电网运营商为了确保电力供应,通常要求增加化石燃料发电厂的发电量。为捕获多余的前述可再生能源,并在可再生能源短缺时产生峰值功率,可以采用电解槽消纳电网无法利用的可再生电,将产生的大量氢气储存起来,而且电解槽的储存容量远远超过了传统方法(如抽水蓄能和电池)的储能容量,能够快速应对电力需求的峰谷波动。因此,PEMWE 技术是平缓未来能源系统的关键选择。

PEMWE 能够平衡电网,提高电网安全性。快速响应质子交换膜电解槽能够吸收电网中多余的可再生能源,并提供电网上升/下降响应变化,帮助稳定电力和电压变化。电解槽产生的氢气可以储存在地下洞穴中或者容器中,然后在无风或无阳光的时候(通过燃料电池或氢燃气轮机)用来产生可再生能源。

PEMWE 能够帮助实现自给自足的"氢能岛"。岛屿或偏远地方往往拥有丰富的可再生资源,但它们严重依赖从外部进口化石燃料,这样往往会导致用电成本相对较高。将可再生能源整合到岛屿等偏远地方的局域电网,通过部署可控的快速反应电解槽,为交通、热力和电力部门生产绿色氢气,来解决能够对外部能源依赖问题,做到真正意义上的自我能源平衡和削减碳排放,实现"氢能岛"或

"氢能村"。

通过电转气(power to gas,PTG),将电解产生的氢气作为能源储存。天然气管网有能力大规模储存能源,而天然气发电有可能在数小时到数月的时间内储存兆瓦到吉瓦量级的能量。ITM Power 建设了英国首个 PTG 工厂,获得许可向当地天然气电网注入高达 20% 的氢气。

将 PEMWE 产生的氢气储存起来,在急需时转成电能,作为应急电力。氢气为离网电力供应提供了一个可靠的即时解决方案。今天,我们严重依赖电力供应为许多应用,包括为非常重要的运输和应急系统提供电力。传统备用电源解决方案会造成大量的大气排放(如柴油发电机)。氢可以与燃料电池一起使用,提供零排放的电源,燃料电池电源可以在几秒钟内启动,并且具有安静发电的优点。

2)作为氢燃料应用

氢是二次能源载体,其作为燃料应用市场巨大。

PEMWE 架起了间歇性可再生电力与交通应用之间的桥梁,氢作为燃料既可以用于氢发动机(热化学),还可以用于燃料电池发动机(电化学)。车用 PEM 燃料电池发动机具有严格的氢燃料要求,并且依靠高纯度氢气实现持久高效的运行。加氢站氢燃料可以通过外部运输进来,也可以采用 PEMWE 站内现场制氢。与站外制氢相比,站内现场制氢加氢站虽然增加了制氢设施方面的支出,但省去了氢气运输的费用。欧盟资助项目"Don Quichote"(https://www.don-quichote.eu/)位于布鲁塞尔的一个大型物流中心,2012—2018 年该项目示范了 PEMWE 与已有加氢站结合,利用从可再生能源(风能和太阳能)中获得能源,现场制取搬运车辆所需的氢气。通过开发、测试、演示和验证风力涡轮机(1.5 MW)和太阳能电池板(800 kW)以及电解槽技术之间的耦合,证实了其在技术和经济上的可行性。燃料电池汽车市场已经开始起飞,由此带来大量的加氢站基础设施需求。

为家庭和企业供热和制冷产生的温室气体占英国温室气体排放量的 1/4。英国政府表示,在"氢能村"试验之后,将于 2026 年就氢在家庭供暖中的应用做出决定。

3)提供工业原料应用

水电解制氢最早的工业应用是为合成氨提供氢气。近几年随着可再生能源利用和碳减排发展,电解氢在工业上应用越来越多,这不仅能够同时满足能耗和碳排放的需求,甚至还能提供额外的经济效益,为企业提供新业务增长空间。

石油精炼是传统的用氢大户。炼油厂在原油的脱硫过程中使用大量的氢

气来生产汽油、柴油和其他化学品。目前有两个项目在德国炼油厂中使用
PEMWE 电解氢：一个 5 MW（约 700 t 产能）（自 2018 年起）汉堡项目和一个
10 MW（约 1 500 t 产能）（2021 年 7 月投入使用）炼油厂项目。

炼钢行业存在大量碳排放，其脱碳战略的重点是更多使用绿氢。传统钢厂
是依赖化石燃料的能源密集型企业，这使得它们成为工业二氧化碳排放量的最
大贡献者之一，约占全球排放量的 7%～9%。传统技术是使用从天然气中提取
的焦炭或氢气，在熔炉中将铁矿石还原成铁。用大型电解槽生产的绿色氢气作
为还原剂，可以减少钢铁生产的二氧化碳排放。此外，电解槽产生的氧气副产品
可用于提高炉子效率，进一步减少二氧化碳排放。蒂森克虏伯公司在一座高炉
的一个风口中成功地试验了用氢气替代煤炭的方法，目前正在测试更高的混合
率。除了在直接还原铁和高炉中混合氢气外，高混合比例（高达 100%）氢气直
接还原铁为仅用少量化石燃料生产钢铁，提供了更大商业机会。

在浮法玻璃中，氢气被用来在浮法玻璃生产中创造一个无氧的环境。使用
可再生能源而不是化石燃料制氢，可减少浮法玻璃温室气体排放。

采用电解绿氢制氨，重新开始受到重视。目前，全球天然气消费量的 5% 用
于制造氨气（占世界能源的 2%），导致氨气对温室气体排放的贡献很大。尿素
是一种富含氮的肥料，由氨和二氧化碳制成。现在，全球 50% 的粮食生产依靠
使用氨基肥料来提高作物产量。通过使用可再生电源和质子交换膜电解槽电解
水得到的氢，可持续生产氨和尿素肥料。这使得氨的生产不再依赖化石燃料，而
尿素的生产则是脱碳的过程，因为它提供了一种利用二氧化碳的手段。因此，电
解绿氢生产氨基肥料的意义更加值得重视。

绿氢在合成天然气、合成甲醇等应用潜力开始凸显。通过绿氢与二氧化碳
的甲烷化反应产生合成气，二氧化碳来源于生物质的厌氧消化或直接空气捕捉。
合成天然气进入天然气管网，与工业和家庭中使用的所有现有天然气燃烧装置
兼容。与氨类似，甲醇生产需要大量的氢气，氢气在从天然气中提取出来的过程
中产生大量的二氧化碳副产品。从化石燃料过渡到使用可再生电力的大型电解
槽所产生的氢气，可以使甲醇生产过程减少碳排放。

3.10.3　质子交换膜水电解技术发展重点、挑战及应对

近些年来，欧盟是世界上发展氢能行动最积极、举措最完整的共同体，于
2008 年 5 月成立燃料电池与氢能联合体（FCH JU）。FCH JU 是由欧盟委员
会、欧洲工业和研究组织共同成立的公私合营组织，用于支持欧洲氢能与燃料电

池的研发、示范与推广应用。燃料电池与氢能联合体组织了两个阶段的研发示范行动,第一阶段(2008—2013 年)用于氢能和燃料电池的研究和发展,第二阶段(2014—2020 年)则致力于构建更加强大且可靠的欧洲燃料电池和氢能平台应对重大的社会经济问题和环境带来的挑战。表 3-6 总结罗列了 FCH JU 最近几年对 PEMWE 开发、示范项目资助情况,由此可以窥见欧洲在 PEMWE 上的关注重点和发展方向。

表 3-6　FCH JU 近年资助的 PEMWE 相关项目

序号	项 目 名 称	起止年份	项 目 概 述	欧盟资助费用(M€,10^6 欧元)及链接网址
1	High Performance PEM Electrolyzer for Cost-effective Grid Balancing Applications	2016 — 2019	开发低成本 PEM 电解槽和辅助系统,进行电网管理优化,完成 6 个月现场测试。辅助系统包括功率跟踪电子设备、AC/DC 转换器、安全集成系统、控制逻辑等、改进电解槽设计和组件、无流场双极板、核壳催化剂等	2.5,https://cordis.europa.eu/project/id/700008
2	Standardized Qualifying Tests of Electrolysers for Grid Services	2017 — 2019	旨在为电网服务用的电解槽建立标准化测试。所开发的测试协议将分别应用于碱性和 PEM 电解槽系统,电解槽容量从 50 kW 到 300 kW	2,http://cordis.europa.eu/project/rcn/207239_en.html
3	Next Generation PEM Electrolyser under New Extremes	2018 — 2021	在材料、堆和系统层面上开发一套突破性解决方案,以将氢压力增加到 100 bar,电流密度增加到 4 A/cm² ,同时保持额定能耗	1.9,https://cordis.europa.eu/project/rcn/213540/factsheet/en
4	Novel Modular Stack Design for High Pressure PEM Water Electrolyzer Technology with Wide Operation Range and Reduced Cost	2018 — 2021	开发创新电池概念的 25 kW PEM 电解系统,该系统可能达到 100 bar。电解槽将在 4~6 A/cm² 和 90℃ 条件下动态运行,实现效率 70%。此外,通过使用非贵金属涂层和先进的陶瓷气凝胶催化剂载体,电解槽组件的成本将大大降低	2,https://cordis.europa.eu/project/id/779478
5	Hydrogen-aeolic Energy with Optimised Electrolysers Upstream of Substation	2018 — 2021	开发由碱性电解槽和 PEM 电解槽组成的 2 MW 电解系统,展示这两种技术及其协同作用。与风电场、储氢和小型燃料电池集成,用于氢气发电。模拟不同运行模式和电网服务	5,https://cordis.europa.eu/project/rcn/213052/factsheet/en

序号	项 目 名 称	起止年份	项 目 概 述	欧盟资助费用(M€,10^6欧元)及链接网址
6	Clean Refinery Hydrogen for Europe	2018—2022	10M PEM 电解槽向炼油厂的氢气管道系统提供氢气。电解槽以高效响应模式运行,平衡炼油厂内部电网。开创了一个向炼油厂出售氢气和平衡电网组合商业应用案例	10,https://cordis.europa.eu/project/rcn/213072/factsheet/en
7	An innovative Approach for Renewable Energy Storage by a Combination of Hydrogen Carriers and Heat Storage	2019—2022	旨在大规模开发使用固态氢载体的原型储氢罐。该储罐基于创新概念,将氢和热储存结合起来,以提高整个系统的能源效率。开发的储罐将与 PEM 电解槽和氢气用户的 PEM 燃料电池连接	2,https://cordis.europa.eu/project/id/826352
8	Delfzijl Joint Development of green Water Electrolysis at Large Scale	2020—2025	示范 20 MW 电解槽在实际工业和商业条件下生产绿色燃料(甲醇)运行,开发和应用更具成本效益和性能、高电流密度的电极,研制下一代加压碱性电解槽	11,https://cordis.europa.eu/project/id/826089
9	Hydrogen In Gas GridS: a Systematic Validation Approach at Various Admixture Levels Into High-pressure Grids	2020—2022	填补高含量氢气可能对天然气基础设施、其组件及其管理影响的知识空白,开辟在高压天然气管网中注入氢气的途径,开展法律和监管障碍和促成因素图,测试和验证系统和创新,技术经济建模等工作	2.1,https://cordis.europa.eu/project/id/875091
10	Offshore Hydrogen from Shoreside Wind Turbine Integrated Electrolyser	2021—2024	开发和演示与海上风力涡轮机集成的 MW 规模海水化 PEM 电解槽。为了实现海上制氢,开发一种紧凑、能承受恶劣海上环境,具有低维护要求的电解槽,同时满足成本和性能目标	5,https://cordis.europa.eu/project/id/101007168
11	Megawatt Scale Co-electrolysis as syngas generation for e-fuels synthesis	2021—2025	世界上第一台用于工业生产合成气的兆瓦级共电解槽。利用可再生能源电力,电解池将水分解为氢和氧,二氧化碳转化为一氧化碳,产生合成气(氢气和一氧化碳混合物)。进一步加工、生产各种绿色燃料,整个过程是电力被转化为燃料或化学品	5,https://graz.pure.elsevier.com/en/projects/eu-megasyn-megawatt-scale-co-electrolysis-as-syngas-generation-fo

序号	项目名称	起止年份	项　目　概　述	欧盟资助费用(M€, 10^6欧元)及链接网址
12	GREEN HYSLAND-Deployment of a H$_2$ Ecosystem on the Island of Mallorca	2021—2025	7.5 MW 电解槽连接到当地光伏电站和 6 个 FCH 终端用户应用(公共汽车和汽车加氢站)、商业建筑的 2 个热电联产应用、港口供电和向当地天然气电网注入氢气	10, https://cordis.europa.eu/project/id/101007201

综合来看,PEMWE 面临大幅度降低成本和进一步提高寿命的要求,这就需要从科学、材料和技术三个方面加以解决。

从科学角度来看,关于酸性 OER 的一些挑战仍然存在[59]:① 对 OER 的反应机理和催化活性位点缺乏明确和统一的理解,使得催化剂的合理设计受到严重限制;② 过度依赖贵金属铱/钌;③ 催化剂的催化稳定性仍不令人满意。

从材料角度来看,高昂的材料成本是制约 PEMWE 应用的一个重要因素,存在很大的改善空间[21]:① 减少铱的使用或采用铱替代品,在稳定的载体材料上更好地分散铱催化剂(如过渡金属的碳化物或氮化物),可以提高催化剂的利用率;② 薄的、非氟替代材料膜,质子膜占 PEMWE 电解槽的成本很小(约5%),但对极化损耗有很大贡献,因此对 PEMWE 的整体性能有显著影响;③ PTL 和 BPP 可由不锈钢材料制成,不使用稀有和昂贵的金属涂层(如铱和金),而使用经济高效的钛/铌。

由于铱是目前唯一可行的 OER 催化剂,需要将铱负载量从目前的约 2 mg/cm² 降低到约 0.05 mg/cm²,即降低至目前的 $\frac{1}{40}$,以实现 PEMWE 的大规模应用。为了将氧阳极上的铱含量降低到与大规模 PEMWE 应用相当的铱水平,需要一种高结构、低堆积密度的催化剂。在最先进的 PEMWE 中,无载体铱或 IrO$_2$ 基催化剂用于阳极上的 OER。有不同的方法可以创建一个高度结构化的催化剂,能够制造具有超低铱负载和足够厚度(4~8 μm)的电极。一种策略是通过在高比表面积的载体材料上支撑铱或 IrO$_2$ 的薄膜或纳米粒子来最大限度地分散贵金属。在缺乏合适的载体材料的情况下,替代催化剂结构,如基于铱的纳米线、纳米结构薄膜(NSTFs)或核壳结构,以及改进的催化剂层制造技术,如反应喷雾沉积,提供了另一种实现较低铱负载的途径。

膜是长期性能最弱的组件,优于其低机械强度、高渗透性和高性能衰减。若能减少膜的厚度,同时保持低气体渗透性和高机械阻力,将允许更低的工作电池电压,成为 PEMWE 的重大突破,如采用静电纺丝制备聚合物纤维的网格来提高膜的性能。

为了实现 2030 年制氢成本低于 2 英镑/千克的目标,从技术角度来看,必须在以下几个方向加快发展:① 新一代 PEM 水电解系统必须实现更好的动态性能(快速启动、快速响应、更宽的负载和温度范围),以提供更好的电网平衡服务,从而解决与电网相连时的间歇性可再生能源急剧增加的问题;② 能够开发几十兆瓦级产氢能力的大规模工业应用;③ 通过模块化设计和灵活放大,可以最大限度地降低了大规模工业生产的投资成本;④ 借助于设备效率和可用性高的优化设计,降低制氢成本;⑤ 更高电解压力,如大于 100 bar,降低压缩机成本,提高系统效率;⑥ 动态工作范围为 4~6 A/cm²,过载能力为 1.5 倍。

参考文献

[1] Babic U, Suermann M, Büchi F N, et al. Review-identifying critical gaps for polymer electrolyte water electrolysis development[J]. Journal of the Electrochemical Society, 2017, 164(4): F387 - F399.

[2] Gu X K, Camayang J C A, Samira S, et al. Oxygen evolution electrocatalysis using mixed metal oxides under acidic conditions: challenges and opportunities[J]. Journal of Catalysis, 2020, 388: 130 - 140.

[3] Yu H, Danilovic N, Wang Y, et al. Nano-size IrO_x catalyst of high activity and stability in PEM water electrolyzer with ultra-low iridium loading[J]. Applied Catalysis B: Environmental, 2018, 239: 133 - 146.

[4] Reier T, Nong H N, Teschner D, et al. Electrocatalytic oxygen evolution reaction in acidic environments-reaction mechanisms and catalysts[J]. Advanced Energy Materials, 2017, 7(1): 1601275.

[5] Morales-Guio C G, Stern L A, Hu X. Nanostructured hydrotreating catalysts for electrochemical hydrogen evolution[J]. Chemical Society Reviews, 2014, 43: 6555 - 6569.

[6] Rho K H, Na Y, Ha T, et al. Performance analysis of polymer electrolyte membrane water electrolyzer using OpenFOAM®: two-phase flow regime electrochemical model[J]. Membranes, 2020, 10(12): 441.

[7] Hartig-Weiss A, Miller M, Beyer H, et al. Iridium oxide catalyst supported on antimony-doped tin oxide for high oxygen evolution reaction activity in acidic media[J]. ACS Applied Nano Materials, 2020, 3: 2185 - 2196.

[8] Pu Z, Liu T, Zhang G, et al. Electrocatalytic oxygen evolution reaction in acidic conditions: recent progress and perspectives[J]. ChemSusChem, 2021, 14: 1 - 23.

[9] Kumar S S, Himabindu V. Hydrogen production by PEM water electrolysis: a review

[J]. Materials Science for Energy Technologies, 2019, 2(3): 442-454.

[10] Rakousky C, Shviro M, Carmo M. Iridium nanoparticles for the oxygen evolution reaction: correlation of structure and activity of benchmark catalyst systems [J]. Electrochimica Acta, 2019, 302: 472-477.

[11] Dhawan H, Secanell M, Semagina N. State-of-the-art iridium-based catalysts for acidic water electrolysis: a minireview of wet-chemistry synthesis methods: preparation routes for active and durable iridium catalysts[J]. Johnson Matthey Technology Review, 2021, 65(2): 247-262.

[12] Lu Z X, Shi Y, Gupta P, et al. Electrochemical fabrication of IrO_x nanoarrays with tunable length and morphology for solid polymer electrolyte water electrolysis [J]. Electrochimica Acta, 2020, 348: 136302.

[13] Siracusano S, Van Dijk N, Payne-Johnson E, et al, Nanosized IrO_x and IrRuO_x electrocatalysts for the O_2 evolution reaction in PEM water electrolysers[J]. Applied Catalysis B: Environmental, 2015, 164: 488-495.

[14] Aizaz Ud Din M, Irfan S, Dar S U, et al. Synthesis of 3D IrRuMn sphere as a superior oxygen evolution electrocatalyst in acidic environment [J]. Chemistry-A European Journal, 2020, 26(25): 5662-5666.

[15] Pham C V, Bühler M, Knöppel J, et al. IrO_2 coated TiO_2 core-shell microparticles advance performance of low loading proton exchange membrane water electrolyzers[J]. Applied Catalysis B: Environmental, 2020, 269: 118762.

[16] Ma L R, Sui S, Zhai Y C. Investigations on high performance proton exchange membrane water electrolyzer[J]. International Journal of Hydrogen Energy, 2009, 34 (2): 678-684.

[17] Bernt M, Siebel A, Gasteiger H A. Analysis of voltage losses in PEM water electrolyzers with low platinum group metal loadings[J]. Journal of the Electrochemical Society, 2018, 165(5): F305-F314.

[18] Benck J D, Hellstern T R, Kibsgaard J, et al. Catalyzing the hydrogen evolution reaction (HER) with molybdenum sulfide nanomaterials[J]. ACS Catalysis, 2014, 4 (11): 3957-3971.

[19] Tymoczko J, Calle-Vallejo F, Schuhmann W, et al. Making the hydrogen evolution reaction in polymer electrolyte membrane electrolyzers even faster [J]. Nature Communications, 2016, 7: 10990.

[20] Sapountzi F M, Orlova E D, Sousa J P, et al. FeP nanocatalyst with preferential[010] orientation boosts the hydrogen evolution reaction in polymer-electrolyte membrane electrolyzer[J]. Energy Fuels, 2020, 34(5): 6423-6429.

[21] Shirvanian P, Van Berkel F. Novel components in proton exchange membrane (pem) water electrolyzers (pemwe): status, challenges and future needs-a mini review[J]. Electrochemistry Communications, 2020,114: 106704.

[22] Kusoglu A, Weber A Z. New insights into perfluorinated sulfonic-acid ionomers[J]. Chemical Reviews, 2017, 117(3): 987-1104.

[23] Möckl M, Bernt M, Schröter J, et al. Proton exchange membrane water electrolysis at

high current densities: investigation of thermal limitations[J]. International Journal of Hydrogen Energy, 2020, 45(3): 1417 - 1428.

[24] Shin S H, Nur P J, Kodir A, et al. Improving the mechanical durability of short-side-chain perfluorinated polymer electrolyte membranes by annealing and physical reinforcement[J]. ACS Omega, 2019, 4(21): 19153 - 19163.

[25] Bernt M, Schroeter J, Moeckl M, et al. Analysis of gas permeation phenomena in a pem water electrolyzer operated at high pressure and high current density[J]. Journal of the Electrochemical Society, 2020,167(12): 124502.

[26] Takenaka H, Kawami Y, Uehara I, et al. Studies on solid polymer electrolysis IV, current efficiency and gas purity[J]. Electrochemistry (Denki Kagaku), 1989, 57: 229 - 236.

[27] Pantò F, Siracusano S, Briguglio N, et al. Durability of a recombination catalyst-based membrane-electrode assembly for electrolysis operation at high current density[J]. Applied Energy, 2020, 279: 115809.

[28] Park A. Performance and durability investigation of thin, low crossover proton exchange membranes for water electrolyzers[R]. Annual Merit Review: Progress Updates, 2020.

[29] Bender J, Mayerhöfer B, Trinke P, et al. H$^+$-conducting aromatic multiblock copolymer and blend membranes and their application in pem electrolysis[J]. Polymers, 2021,13: 3467.

[30] Klose C, Saatkamp T, Münchinger A, et al. All-hydrocarbon mea for pem water electrolysis combining low hydrogen crossover and high efficiency[J]. Advanced Energy Materials, 2020, 10(14): 1903995.

[31] Majasan J O, Iacoviello F, Shearing P R, et al. Effect of microstructure of porous transport layer on performance in polymer electrolyte membrane water electrolyser[J]. Energy Procedia, 2018, 151: 111 - 119.

[32] Lee J K, Lee C, Fahy K F, et al. Spatially graded porous transport layers for gas evolving electrochemical energy conversion: high performance polymer electrolyte membrane electrolyzers[J]. Energy Conversion and Management, 2020, 226: 113545.

[33] Balzer H, Wierhake A, Wirkert F J, et al. Porous transport layers for proton exchange membrane electrolysis under extreme conditions of current density, temperature, and pressure[J]. Advanced Energy Materials, 2021, 11: 2100630.

[34] Liu C, Wippermann K, Rasinski M, et al. Constructing a multifunctional interface between membrane and porous transport layer for water electrolyzers[J]. ACS Applied Materials & Interfaces, 2021, 13 - 14: 16182 - 16196.

[35] Liu C, Carmo M, Bender G, et al. Performance enhancement of PEM electrolyzers through iridium-coated titanium porous transport layers [J]. Electrochemistry Communications, 2018, 97: 96 - 99.

[36] Daudt N F, Schneider A D, Arnemann E R, et al. Fabrication of nbn-coated porous titanium sheets for pem electrolyzers [J]. Journal of Materials Engineering and Performance,2020, 29(8): 5174 - 5183.

[37] Polonský J，Kodým R，Vágner P，et al. Anodic microporous layer for polymer electrolyte membrane water electrolysers [J]. Journal of Applied Electrochemistry, 2017，47：1137 - 1146.

[38] Wakayama H，Yamazaki K. Low-cost bipolar plates of Ti_4O_7-coated Ti for water electrolysis with polymer electrolyte membranes[J]. ACS Omega，2021，6(6)：4161 - 4166.

[39] Lettenmeier P，Wang R，Abouatallah R，et al. Low-cost and durable bipolar plates for proton exchange membrane electrolyzers[J]. Scientific Reports，2017，7：44035.

[40] Rojas N，Sánchez-Molina M，Sevilla G，et al. Coated stainless steels evaluation for bipolar plates in PEM water electrolysis conditions [J]. International Journal of Hydrogen Energy，2021，46(51)：25929 - 25943.

[41] Toghyani S，Afshari E，Baniasadi E，et al. Thermal and electrochemical analysis of different flow field patterns in a PEM electrolyzer[J]. Electrochimica Acta，2018，267：234 - 245.

[42] Li H，Nakajima H，Inada A，et al. Effect of flow-field pattern and flow configuration on the performance of a polymer-electrolyte-membrane water electrolyzer at high temperature[J]. International Journal of Hydrogen Energy，2018，43(18)：8600 - 8610.

[43] Lafmejani S S，Müller M，Olesen A C，et al. Experimental and numerical study of flow in expanded metal plate for water electrolysis applications[J]. Journal of Power Sources，2018，397：334 - 342.

[44] Kaya M，Demir N，Rees N，et al. Improving PEM water electrolyser's performance by magnetic field application[J]. Applied Energy，2020，264：114721.

[45] Park J. Roll-to-roll direct coating of catalyst inks on membrane films：progress and challenges[C]. ISCST. 20th International Coating Science and Technology Symposium，September 20 - 23，2020，Minneapolis，MN.：OSTI，2020：2 - 12.

[46] Bühler M，Hegge F，Holzapfel P，et al. Optimization of anodic porous transport electrodes for proton exchange membrane water electrolyzers[J]. Journal of Materials Chemistry A，2019，7：26984 - 26995.

[47] Lagarteira T，Han F，Morawietz T，et al. Highly active screen-printed Ir-Ti_4O_7 anodes for proton exchange membrane electrolyzers [J]. International Journal of Hydrogen Energy，2018，43(35)：16824 - 16833.

[48] Siracusano S，Van Dijk N，Backhouse R，et al. Degradation issues of PEM electrolysis MEAs[J]. Renewable Energy，2018，123：52 - 57.

[49] Holzapfel P，Buehler M，Van Pham C，et al. Directly coated membrane electrode assemblies for proton exchange membrane water electrolysis [J]. Electrochemistry Communications，2020，110：106640.

[50] Hegge F，Lombeck F，Cruz Ortiz E，et al. Efficient and stable low iridium loaded anodes for pem water electrolysis made possible by nanofiber interlayers [J]. ACS Applied Energy Materials，2020,3(9)：8276 - 8284.

[51] Siracusano S，Baglio V，Grigoriev S A，et al. The influence of iridium chemical oxidation state on the performance and durability of oxygen evolution catalysts in PEM

electrolysis[J]. Journal of Power Sources, 2017, 366: 105 - 114.

[52] Harrison K. MW-scale PEM-based electrolyzers for RES applications: cooperative research and development final report[R]. Golden, CO: National Renewable Energy Laboratory, 2021.

[53] Mayyas A, Mark R, Bryan P, et al. Manufacturing cost analysis for proton exchange membrane water electrolyzers [R]. Golden, CO: National Renewable Energy Laboratory, 2018.

[54] Tsotridis G, Pilenga A. EU harmonised terminology for low temperature water electrolysis for energy storage applications[R]. Luxembourg: Joint Research Centre (JRC), 2018.

[55] Zhuo X, Sui S, Zhang J. Electrode structure optimization combined with water feeding modes for bi-functional unitized regenerative fuel cells[J]. International Journal of Hydrogen Energy, 2013,38(11): 4792 - 4797.

[56] International Renewable Energy Agency (IRENA). Green hydrogen cost reduction: scaling up electrolysers to meet the 1.5℃ climate goal[R]. Abu Dhabi: IRENA, 2020.

[57] Cooley G, Allen A. Interim results presentation-reporting to the executive team of ITM Power[R]. London: ITM Power, 2019.

[58] Element Energy Limited. Gigastack bulk supply of renewable hydrogen[R]. Cambridge: Element Energy Limited, 2020.

[59] Shi Z, Wang X, Ge J, et al. Fundamental understanding of the acidic oxygen evolution reaction: mechanism study and state-of-the-art catalysts[J]. Nanoscale, 2020, 12: 13249 - 13275.

第**4**章

固体氧化物电解水制氢

　　电解电池的电解水产氢和氧过程既可在低温下采用液态水进行,也可在高温下采用水蒸气进行。基于固体氧化物电池(solid oxide cell, SOC)的高温电解电池可用于电解水产氢或二氧化碳还原产一氧化碳,同时也可以水和二氧化碳共电解产合成气(氢气+一氧化碳),提供了大规模基于可再生能源绿色制氢和二氧化碳资源化利用的途径[1-4]。相比于低温电解电池(碱性和质子交换膜电解电池)而言,固体氧化物电解电池(solid oxide electrolysis cell, SOEC)在700~900℃的高温下制氢,无论从反应动力学还是从反应热力学的角度看都是有利的。这项技术的主要优点是水蒸气的分解比液态水需要更少的能量,当温度升高时,分解水分子所需的一部分电能可以被热能所代替,所需的热能可由外部热源供给,如工业废热或先进核能提供的热,这部分热源与电力相比呈现较低的价格,同时也可与下游化学反应器进行热集成,例如甲醇、二甲醚、合成燃料或氨的生产。因此,用热能替代电力需求可提高效率并有助于提高能源利用率和降低制氢成本。另外,基于固体氧化物电池的高温电解过程具有低的过电位损失,反应物更容易活化,使用廉价的过渡金属催化剂作为电极材料,使得系统成本较低。目前,考虑到系统程度的损耗,固体氧化物电解电池的效率可达76%~81%,而碱性和质子交换膜电解电池的效率分别为51%~60%和40%~60%[5]。

　　固体氧化物电解电池工作在高的电流密度下,可产生大量的高纯氢。固体氧化物电解电池还具有水和二氧化碳共电解产合成气的突出优点,合成气在化工方面的应用已经相当成熟,最常见的是直接用来合成甲烷、甲醇和二甲醚,还可以通过费托合成过程生产油品和化学品,所生产的燃料可以直接用作产品或燃料燃烧,以及用于燃料电池发电。

　　固体氧化物电池可以可逆地实现电解电池和燃料电池功能,固体氧化物电解电池将电能直接转变成化学能,而固体氧化物燃料电池(solid oxide fuel cell, SOFC)则将燃料中的化学能直接转变成电能和热能(见图4-1)。鉴于氢气或化学品燃料可以作为有效储存能量的载体,固体氧化物电池可以作为储能器件。

当基于可再生能源的电能多余时,电池可以 SOEC 工作模式将多余的电能高效地转化为气体或液体燃料,而当有电能需求时,则电池在 SOFC 工作模式下可将氢气或碳氢燃料高效地转化为电能,气体或液体燃料的大规模储存明显比电容易,因此 SOC 与可再生能源相结合提供了一种高效的储能途径,可以解决可再生能源的大规模和长期性储存问题。因此,这类技术在未来能源战略中具有巨大的潜力。

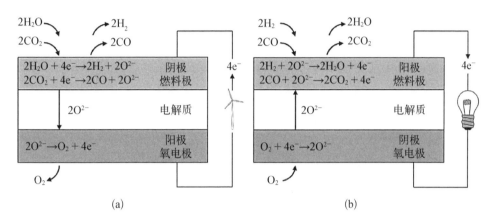

图 4 - 1　固体氧化物电池运行模式

（a）固体氧化物电解电池（solid oxide electrolysis cell,SOEC）；（b）固体氧化物燃料电池（solid oxide fuel cell，SOFC）

　　近 10 年来国际上许多国家投入大量的资金和人力进行 SOEC 技术开发,在性能优化和稳定性提高方面取得了较大的进展,一些 SOEC 系统得到了展示,SOEC 的产业化规模正在快速扩大[1]。然而,为了确保这项技术商业化应用的成功,仍有一些挑战需要克服。

4.1　基本原理

　　SOEC 电池中特定电催化剂在直流电流的作用下,水分子（H_2O）的电解反应如式（4 - 1）所示,分解成氢气（H_2）和氧气（O_2）。

$$H_2O \longrightarrow H_2 + 1/2O_2 \qquad (4-1)$$

　　相对应的两个半反应为

$$H_2O + 2e^- \longrightarrow H_2 + O^{2-}（燃料极） \qquad (4-2)$$

$$O^{2-} \longrightarrow 1/2O_2 + 2e^- \text{（氧电极）} \tag{4-3}$$

在 SOEC 电池中二氧化碳也能发生电解反应,生成一氧化碳和氧气。

$$CO_2 \longrightarrow CO + 1/2O_2 \tag{4-4}$$

相对应的两个半反应为

$$CO_2 + 2e^- \longrightarrow CO + O^{2-} \text{（燃料极）} \tag{4-5}$$

$$O^{2-} \longrightarrow 1/2O_2 + 2e^- \text{（氧电极）} \tag{4-6}$$

在德国"HOT ELLY"项目资助下,Donitz 等于 1975 年首次进行了 SOEC 高温电解 H_2O 的研究[6],他们开发了在 1.07 V 电解电压下具有 100% 法拉第效率和 0.3 A/cm² 电流密度的电池单元。SOEC 的工作原理如图 4-1 所示,其单电池由电解质、燃料极和氧电极组成。在进行电解时,水在燃料极发生还原反应,从外电路得到电子,被分解成为氢气和氧离子(O^{2-})。O^{2-} 则通过电解质传递到氧电极,在氧电极失去电子,发生氧化反应而重新结合成氧气,电子通过外电路的直流电源从氧电极流向燃料极。

人们可以通过研究热力学来确定一个过程在一定条件下是否自发发生,并预测维持该过程所需的最小能量。在高温下 SOECs 中发生电解反应需施加电压/电流,这意味着电解反应需要热能和电能。对此,在 SOEC 电池中的能量转化可基于热力学原理进行描述:

$$\Delta H = \Delta G + T\Delta S \tag{4-7}$$

式中,ΔH 为水或二氧化碳电解反应的摩尔焓变,其值表示每一摩尔该反应发生所需要吸收的能量,电解反应的最大功率值等于吉布斯自由能变 ΔG,这部分必须以电能形式提供,另一部分 $T\Delta S$ 以热量的形式吸收,可以来自外部热源,也可以来自电池产生的焦耳热。电解水或电解二氧化碳反应所需总能量 ΔH、电能 ΔG、热能 $T\Delta S$ 与温度的关系如图 4-2 所示[3],曲线根据查表所得的水、氢气、氧气热力学属性计算得到。如图所示,随着温度的升高,反应所需的理论最低电能 ΔG 降低,以热能形式吸收的能量 $T\Delta S$ 就增多,其本质原因在于电解反应是吸热反应,因而在热力学层面高温条件有利于该反应的正向进行。热能相对于电能是低品位能源,而电解水的大部分成本来自用电,因此在高温下工作的 SOEC 电解水可以提高工艺经济性。另外,从反应动力学角度而言,高温降低了电池的内阻并使电极反应活性得到提高。

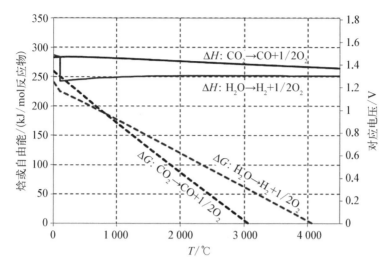

图 4-2　电解水或电解二氧化碳反应所需总能量 ΔH、
电能 ΔG、热能 $T\Delta S$ 与温度 T 的关系

在水和二氧化碳共电解过程中还会发生可逆水煤气变换反应:

$$H_2O + CO \Longrightarrow H_2 + CO_2 \qquad (4-8)$$

正反应产生氢气,而逆反应则还原二氧化碳产生一氧化碳,自由能 ΔG 在 816℃ 为零,因此反应在低温下有利于正向进行,反之在高温下有利于逆向进行,高温下由逆水煤气变换反应转化更多的二氧化碳受限于 SOEC 材料的稳定范围。水和二氧化碳共电解过程涉及碳氧化物,因此存在着电极上碳沉积的问题,即伴随着发生 Boudouard 反应(碳素溶解损失反应):

$$2CO \Longrightarrow C + CO_2 \qquad (4-9)$$

产生的积碳会覆盖电极表面,影响电极的催化活性,使电解效率降低和电池性能衰减。

电解水反应所需的电能是能斯特电位的函数,可表示为

$$\Delta G = nFE \qquad (4-10)$$

式中,n 为反应转移的电子数,F 为法拉第常数,E 为能斯特电位。

当电池产生的焦耳热平衡反应所需的热能时,电池的电压被定义为热中性电压 V_{thn}:

$$V_{thn} = \Delta H / nF \qquad (4-11)$$

电解水反应在 800℃ 时的热中性电压为 1.286 V。当电池工作条件使电压低于这一数值时,电解反应是吸热的,电解电池需从外部获得热量。

在电池开路的无电流条件下,燃料极和氧电极之间的电压由能斯特方程确定[7]:

$$E = RT \ln(P_2/P_1)/2F \tag{4-12}$$

式中,E 为在标准条件下的可逆电压,R 为理想气体常数,T 为温度,F 为法拉第常数,P_1 和 P_2 分别为燃料极侧和氧电极侧的氧分压。在理想条件下,即无气体或电子泄漏,以及电池温度恒定时,能斯特电压和开路电压(OCV)是相同的。实际情况下所测得的开路电压值与由能斯特方程计算得到的数值会有偏差,OCV 通常低于能斯特电压。

在电池电路连接的有电流条件下,电池产生欧姆极化、活化极化和浓差极化,电池极化表示电压损失,与通过电池的电流成正比,并与电池工作温度相关。每种极化具有对应的电阻,这些电阻的总和得到电池的面电阻(ASR):

$$\mathrm{ASR} = (E - V_{\mathrm{op}})/i = R_s + R_p \tag{4-13}$$

ASR 不一定是常数,在表达时需标明温度、转化率和电流密度。R_s 表示欧姆电阻,R_p 表示极化电阻,其包含了活化极化和浓差极化。

欧姆极化损耗由电荷运动的电阻产生,包括离子通过电解质传导、电子通过电极传导,以及电池部件之间的接触电阻(主要来自电极和连接体间的接触电阻),这些电阻可由欧姆定律表示且具有加和性,由下式表示:

$$\eta_{\mathrm{ohm}} = (\rho_e l_e + \rho_a l_a + \rho_c l_c + R_{\mathrm{contact}})i \tag{4-14}$$

式中 ρ 为电阻率,l 为厚度,R_{contact} 为接触电阻,下标 e、a 和 c 分别表示电解质、氧电极和燃料极,i 则为电流密度。η_{ohm} 是欧姆极化过电位,电池的欧姆极化损耗主要来自电解质的离子传导电阻,其值远远高于电极材料的电子传导电阻。

活化极化是由克服电化学反应速度控制步骤能垒引起的过电位,氧电极和燃料极的电化学反应由若干步骤组成,包括吸附、表面扩散、解离、电荷转移(主要是离子转移)、复合和脱附。许多这些步骤都是受热活化的,因此活化极化取决于许多因素,包括材料性能、显微结构、温度和气氛等。

浓差极化由扩散极化和转化极化组成,燃料极在电解工作模式下的扩散极化和转化极化高于在燃料电池工作模式下的值,在 SOEC 中转化极化构成了浓差极化的主要部分[8]。转化极化是指在活性电极的气体成分变化,在电解模式下主要发生在燃料极,在三相界面的气体成分与体相中的成分存在很大差别。理论分析表明,当反应物与产物的摩尔比为 1 时转化极化最低,而比值无论朝哪个方向偏离 1 都会引起转化极化变大。扩散极化由气体在电极的空隙中所受到的阻力所产生,这在两个电极都会发生,但在电解模式下主要发生在燃料极。在燃料极,水或/和二氧化碳通过电极的空隙扩散至三相界面,产生的氢气或/和一氧化碳则从三相界面向外扩散。在氧电极,氧离子在三相界面复合形成氧,这些氧气通过电极的空隙向外扩散。气体在电极空隙中的扩散取决于多组分气体的扩散系数和电极的显微结构。如果孔径非常小,则克努森(Knudsen)扩散、表面扩散、吸附/脱附效应也会引起浓差极化。

由于 SOEC 在水和二氧化碳共电解过程中发生的可逆水煤气变换反应(4-8),因此其反应过程相对于水蒸气的电解反应或二氧化碳的电解反应显得更加复杂。鉴于反应机理取决于许多因素如温度、压力、气体组成和流速、材料及其形貌、实验设备和条件等,因此在具体分析实验结果时应该考虑所采用的实验条件。有关研究结果表明,在 Ni/YSZ 燃料极上的水蒸气电解反应与水和二氧化碳共电解反应的性能相近[9],二氧化碳在共电解过程中的还原被认为是主要通过逆水煤气变换反应实现,而不是通过二氧化碳直接电解进行。

4.2　固体氧化物电解电池关键材料

在过去的 20 年里,国际上大量的研究集中在理解和优化 SOFC 材料方面,鉴于 SOC 可实现可逆运行,因此 SOFC 相关的材料可直接应用于 SOEC,但对于 SOEC 而言,电池最佳的材料和显微结构与 SOFC 不一定相同。SOEC 单电池一般也是由三个部件构成(见图 4-3):① 致密的离子导体电解质;② 多孔的燃料极;③ 多孔的氧电极。

图 4-3　SOEC 单电池的结构

4.2.1　电解质材料

在 SOEC 电池部件中,电解质的主要作用是传导离子和隔离气体。电解质材料按照导电离子的不同可以分为氧离子导电电解质和质子导电电解质,它将离子从一个电极尽可能高效率地传输到另一个电极,同时阻碍电子的传输,因为电子的传导会产生两极短路,降低电池效率。电解质两侧分别与燃料极和氧电极接触,它阻止还原气体和氧化气体相互渗透。因此,电解质材料在其制备和实际工作条件下必须满足宽广的性能要求。电解质材料在氧化和还原环境中以及在工作温度范围内必须具有足够高的离子电导率,而电子电导率要低得可以忽略,从而实现高效的离子传输。在各种不同的电池结构中,电解质必须是致密的隔离层,以阻止还原气体和氧化气体的相互渗透,发生直接燃烧反应。电解质在高温制备和运行环境中必须具有高的化学稳定性,避免材料的分解。电解质必须在高温制备和运行环境中与燃料极、氧电极能有良好的化学相容性和热膨胀匹配性,避免电解质-电极界面反应物的产生,以及电解质和电极相分离。电解质必须在高温制备和运行环境中(包括冷热循环和氧化还原循环)具有较高的机械强度和抗热震性能,以保持结构及尺寸形状稳定性。另外,电解质材料必须具有较低的价格,以降低整个电池系统的成本。目前,在 SOEC 研究领域常用的电解质材料以萤石结构型材料和钙钛矿结构型材料为主(见图 4 - 4),若干其他结构型的电解质材料也逐渐得到重视。固体电解质是 SOEC 电池的核心部件,它决定着电池的整体性能,电解质材料的研制是 SOEC 研究开发的关键,在 SOEC 研究领域得到了广泛的关注。

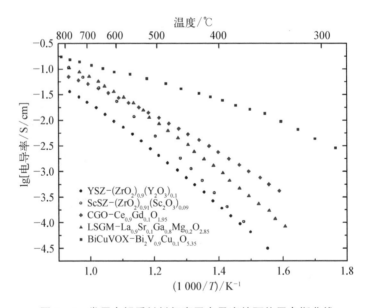

图 4 - 4　常用电解质材料氧离子电导率的阿伦尼乌斯曲线

萤石结构型电解质材料

　　萤石结构属于面心立方晶格,在此晶体结构中,阳离子构成立方最紧密堆积,氧离子位于阳离子最紧密堆积的四面体空隙中,而所有八面体空隙都没有被填充,因此结构比较开放,有利于形成氧离子填隙,也为氧离子扩散提供了通道,萤石型结构中离子导电机制主要是氧离子扩散机制,SOEC 中普遍采用的萤石结构型电解质包括氧化锆基和氧化铈基。

ZrO_2 有 3 种晶型,属于多晶相转化物,稳定的低温相为单斜相;高于 1 170℃ 时,逐渐形成四方相;高于 2 370℃ 时,转变为立方晶相,直至熔点 2 680℃[10]。ZrO_2 晶型转变为可逆转变,冷却过程中晶型转化时伴有 7% 的体积膨胀,可导致制品开裂。掺杂二价或三价阳离子与 ZrO_2 生成固溶体,可消除由上述晶型转化带来的体积膨胀,并使立方晶相和四方晶相稳定至室温。采用的掺杂材料包括 Y_2O_3、Yb_2O_3、Sc_2O_3、Gd_2O_3、Dy_2O_3、Nd_2O_3、Sm_2O_3、CaO 和 MgO 等,所形成相应晶相的稳定范围取决于掺杂材料的类型和数量,二价或三价低价离子取代晶体结构中的 Zr^{4+} 位置在氧亚晶格中产生空位,而氧离子通过这些空位进行传导。例如 Y_2O_3 掺杂 ZrO_2 产生高浓度的氧空位,这一过程可用 Kröger-Vink 符号来描述:

$$Y_2O_3(ZrO_2) \longrightarrow 2Y'_{Zr} + 3O^x_o + V^{··}_o \qquad (4-15)$$

因此掺入一个 Y_2O_3 产生一个氧空位。对于某种掺杂氧化物而言,掺杂达到某一数值时,离子电导率出现极大值,若掺杂量高于这一值时,其离子电导率反而下降,电导活化能增加,其原因在于高浓度掺杂引起了缺陷有序化、空位聚集和静电作用。对于除 Sc_2O_3 外的其他组分,其最高电导率出现在 8%(摩尔分数) M_2O_3 掺杂量附近。由于 Sc^{3+} 的离子半径与 Zr^{4+} 的半径很接近,离子相溶性好,并且掺杂对 ZrO_2 晶格的影响小,因此导致氧空位的结合能小、氧离子传导容易和电导率提高。表 4-1 是 SOEC 中所应用的 Y_2O_3 和 Sc_2O_3 稳定 ZrO_2 电解质若干重要性能的比较,其中 8%(摩尔分数) Y_2O_3 稳定的 ZrO_2(8YSZ)是目前 SOEC 中普遍采用的电解质材料,其突出的优点是在很宽的氧分压范围内相当稳定,8YSZ 具有良好的相容性和力学强度,价格低廉且其电子电导几乎可以忽略,但 YSZ 的缺点是电导率在中低温范围内较低。

表 4-1　Y_2O_3 和 Sc_2O_3 稳定的 ZrO_2 电解质若干重要性能的比较

掺杂物（M_2O_3）	M_2O_3摩尔分数/%	离子半径/nm		1 000℃下的电导率/(S/cm)	弯曲强度/MPa	TEC（$\times 10^{-6}$/K）
		Zr^{4+}	M^{3+}			
Y_2O_3	3	0.079	0.092	0.05	1 200	10.8
Y_2O_3	8	0.079	0.092	0.13	230	10.5
Sc_2O_3	11	0.079	0.081	0.30	255	10.0

  Sc_2O_3 稳定的 ZrO_2 材料的电导率高于 YSZ 材料，11%（摩尔分数）Sc_2O_3 稳定的 ZrO_2 在 1 000℃ 时经过 6 000 h 退火后未显现老化现象，但在 600℃ 时发生从菱面体相（低温相）到立方相（高温相）的转变，并伴随有小的体积变化，添加少量的 CeO_2 可稳定这一材料的高温相至室温[11]，10% Sc_2O_3-1% CeO_2-89%（摩尔分数）ZrO_2（10Sc1CeSZ）已在 SOEC 中得到部分应用[12]，但 Sc_2O_3 稳定的 ZrO_2 电解质的缺点是钪基原料价格偏高，制约了其在 SOEC 中的广泛应用。

  针对 YSZ 在中温范围内电导率较低的缺点，人们不断寻找替代材料，相关研究发现掺杂 CeO_2 基固体氧化物在中温范围内具有高的氧离子电导率。纯 CeO_2 从室温至熔点具有与 YSZ 相同的立方萤石型结构，不需要进行稳定化，当对 CeO_2 掺杂少量低价碱土或稀土金属氧化物（MO 或 Re_2O_3）后，能够生成具有一定浓度氧空位的萤石型固溶体，在高温下表现出较高的氧离子电导率和较低的电导活化能，即形成氧离子导体。在较低的掺杂浓度下，Re_2O_3 进入萤石型 CeO_2 晶格中形成固溶体，其电导率取决于掺杂阳离子的离子半径。由于 Sm^{3+} 和 Gd^{3+} 的离子半径与 Ce^{4+} 的非常接近，故 Sm^{3+} 和 Gd^{3+} 掺杂的 CeO_2 材料表现出最高的氧离子电导率。这是由于掺杂阳离子半径与晶格主体阳离子半径越接近，在它替代晶格主体阳离子时，引起晶格点阵的变化越小，掺杂离子与氧空位之间的结合焓越低，对提高离子迁移率越有利，从而呈现较高的电导率。表 4 - 2 是目前 SOEC 中普遍采用的掺杂 CeO_2 体系 CeO_2-Ln_2O_3（Ln 为镧系元素）在 500℃ 和 700℃ 时的电导率值，其中 10%（摩尔分数）Sm_2O_3 掺杂 CeO_2 的电导率为最高。

表 4 - 2　掺杂 CeO_2 体系 CeO_2-Ln_2O_3 的电导率

Ln_2O_3	摩尔分数/%	电导率/(S/cm)		活化能（kJ/mol）
		700℃	500℃	
Sm_2O_3	10	4.0×10^{-2}	5.0×10^{-3}	75
Gd_2O_3	10	3.6×10^{-2}	3.8×10^{-3}	70
Y_2O_3	10	1.0×10^{-2}	0.21×10^{-3}	95
CaO	5	2.0×10^{-2}	1.5×10^{-3}	80

  CeO_2 基电解质的主要缺点是在低的氧分压下具有明显的电子导电倾向，即

当温度升高,氧分压降低时,离子迁移数随之降低[13]。这是由于 Ce^{4+} 容易还原为 Ce^{3+},从而导致电子电导对总电导的贡献增大:

$$O^x_o \longrightarrow V^{\cdot\cdot}_o + 1/2O_2(g) + 2e' \qquad (4-16)$$

在 SOEC 的工作条件下,燃料极侧非常低的氧分压和高的电池电压进一步加剧了 Ce^{4+} 的还原。CeO_2 基电解质的电子导电在其内部产生电子短路,电子不是通过外电路传导,从而降低了电池的性能和效率,因此这使 CeO_2 基电解质在 SOEC 中的应用受到了一定的限制。CeO_2 基电解质相对于 ZrO_2 基电解质的优点是与高性能氧电极的化学相容性好,这些电极在烧结条件下与 CeO_2 基电解质不发生反应,因此 CeO_2 基电解质常用于 ZrO_2 基电解质与高性能氧电极间的阻挡层材料。

钙钛矿结构型电解质材料

钙钛矿结构型氧化物(ABO_3)属立方晶型,A 位一般是稀土或碱土金属元素离子,B 位为过渡金属元素离子,A 位和 B 位皆可被半径相近的其他金属离子部分取代而保持其晶体结构基本不变,晶体结构中 A 位阳离子居于八面体中央,周围有 6 个氧离子,B 位阳离子周围有 12 个氧离子。如果其中 1 个阳离子被较低价的阳离子代替,则为维持电中性,必须产生氧离子空位,同时结构中产生较大的空隙,从而具有氧离子导电性能。$LaGaO_3$ 基氧化物是在 SOEC 领域中非常有应用前景的钙钛矿结构型电解质,二价离子取代晶体结构中的 La^{3+} 位置在氧亚晶格中产生空位以满足电中性要求,氧离子电导率随结构中氧空位的增加而提高,因此将碱土金属元素取代镧可提高材料的电导率。图 4-5 所示为取代镧的不同碱土金属元素对材料电导率的影响[14],从图中可了解到掺杂 $LaGaO_3$ 电导率的提高顺序为锶>钡>钙。由于锶的离子半径与 $LaGaO_3$ 中的镧

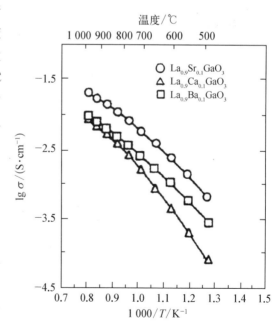

图 4-5   碱土金属掺杂 $LaGaO_3$ 基氧化物的电导率($P_{O_2} = 1 \times 10^{-5}$ atm)

几乎相同,因此是最合适的掺杂元素。从理论上而言,随着锶含量的增加,材料中的氧空位即氧离子电导率也得到增加,但是锶在 $LaGaO_3$ 中镧位的固溶量是非常有限的,当锶含量大于 10%(摩尔分数)时将产生 $SrGaO_3$ 或 La_4SrO_7 第二相,因此镧位的进一步取代对氧空位浓度的增加效果不是很明显。

氧空位同样可通过二价离子取代晶体结构中的 Ga^{3+} 位置来产生,镁取代镓可明显提高 $LaGaO_3$ 的电导率,氧离子电导率在镁的取代量为 20%(摩尔分数)时达到最高值,镁的离子半径大于镓的离子半径,晶格参数随着镁的掺杂量增加而变大,锶在 $LaGaO_3$ 中镧位的固溶量为 10%(摩尔分数),而在镁取代镓的条件下可增加至 20%(摩尔分数)。研究表明,最高电导率 $LaGaO_3$ 基电解质的组分为 $La_{0.8}Sr_{0.2}Ga_{0.8}Mg_{0.2}O_3$ (LSGM),其氧分压在 $1 \times 10^{-20} \sim 1$ atm 范围内呈现出完全的离子导电性。LSGM 应用于 SOEC 的主要问题是镓的蒸发,掺杂种类、氧分压和温度对镓蒸发具有重要影响[15]。锶的掺杂显著促进了镓的蒸发,镁的掺杂不会减少镓的蒸发,但可以缓冲锶掺杂造成的不良影响。镓的蒸发与氧分压有关,随着氧分压减小,镓的蒸发速度加快,蒸发量与 $P_{O_2}^{-1/4}$ 成正比。工作温度对镓的蒸发也有影响,从 800℃提高到 950℃时,镓的扩散系数 D 提高 10 倍。从 800℃升高到 900℃,蒸发常数 α 扩大 10 倍。因此,通过掺杂较多量镁和少量锶,以及在 700℃以下工作,镓的蒸发可基本上不发生。研究发现[15],在 $700 \sim 900$℃温度范围内的 H_2/H_2O 气氛下,GaOH(g) 是主要的蒸发成分,由此导致表面镓含量呈梯度减少。另外,由于 $LaNiO_3$ 是典型的钙钛矿结构型氧化物,SOEC 燃料极材料中的镍很容易取代 $LaGaO_3$ 基电解质中的镓,因此在电池制备过程中,$LaGaO_3$ 基电解质将与常规的镍基燃料极材料反应,在电解质和燃料极界面形成高电阻相,从而造成电池性能下降。

4.2.2 电极材料

SOEC 电极包括燃料极和氧电极,燃料极的主要功能在于提供水和二氧化碳电解反应的场所,氧电极上则发生析氧反应。由于 SOEC 部件全为固相,反应物和产物均为气相,因此电极结构需要优化以满足一系列的要求。电极需具有足够孔隙率的大催化活性表面积,以改善气体传输并降低扩散阻力,实现气体的有效传输,从而使得反应物能够快速地传输至反应位置并参与反应,同时反应产物能及时从电池中传输出来。电极反应属于电化学反应,这些反应包括一系列的体和表面过程,其中的一个或数个过程是决定反应速度的控制步骤,电极的离子导电相、电子导电相及气相的相互作用决定了其性能。对此,电极必须具有高离子导电性、高电子导电性,从而产生低的电阻。电极反应发生在这三相共存界面,这一界面称为三相界面(见图4-6)。而对于具有混合离子-电子导电性的电极材料而言,电极反应则发生在固体-气相的两相界面。电极中三相界面越长其性能越高,因此三相界面的优化是设计高性能和可靠电极的关键。电极与电解质和连接体必须具有良好的化学相容性,以避免在电极制备和工作中相互间的反应发生而形成高电阻的反应产物。电极对反应物中的杂质需具有高的容忍性,避免杂质中毒使电池性能退化。电极在高温下相应的气氛中需具有高的物理化学稳定性,不发生分相和相变,以及外形尺寸的稳定性。电极同时与其他电池部件的热膨胀系数相匹配,以免出现开裂、变形和脱落现象。

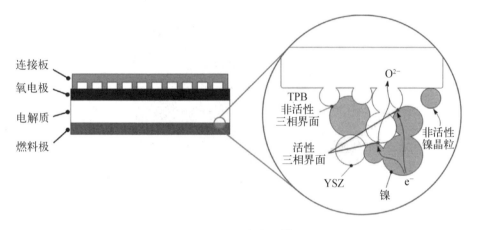

图 4-6　三相界面[3]

4.2.2.1　燃料极材料

固体氧化物电池具有可逆工作特性,常规的 SOEC 燃料极材料与 SOFC 一样采用镍基金属陶瓷,即镍分别和电解质材料如 YSZ、SSZ、CGO 和 CSO 等形成复合材料。由于镍具有良好的化学稳定性、很高的电子电导率、极好的电催化活性和与电池其他部件很好的相容性,同时价格也相对较低,因此镍在多孔 Ni/YSZ 金属陶瓷燃料极中起着电子导电和有效催化作用。而金属陶瓷中的离子导电电解质材料 YSZ 提供了从电极进入电解质的氧离子通道,从而有效地扩展了三相界面,YSZ 陶瓷起着降低燃料极热膨胀系数和避免镍颗粒长大的作用,同时镍/YSZ 金属陶瓷燃料极也改善了与电解质的接合,图 4-7 显示了典型多孔镍/YSZ 金属陶瓷燃料极的显微结构和元素分布[16]。

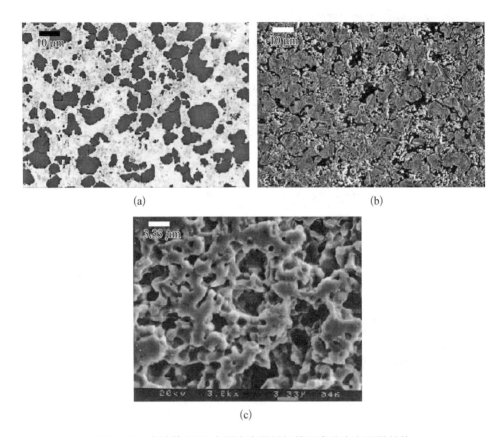

(a)

(b)

(c)

图 4 - 7 多孔镍/YSZ 金属陶瓷燃料极的元素分布和显微结构

(a) 镍分布(暗色)的光学显微镜图像；(b) 金属陶瓷的扫描电镜图像；(c) 侵蚀后 YSZ 结构框架的扫描电镜图像

镍/YSZ 燃料极支撑的 SOEC 单电池广泛地应用于 H_2O 电解和 H_2O/CO_2 共电解，其镍/YSZ 燃料极由两层组成：① 支撑体层由粗颗粒的镍/YSZ 所构成；② 与 YSZ 电解质薄膜形成界面的功能层由细颗粒的镍/YSZ 所构成。镍/YSZ 燃料极中具有催化活性和电子导电的镍及离子导电的 YSZ 提高了电极反应动力学，而其孔结构(约为 30%)确保了气体的快速扩散。图 4 - 8 比较了高低性能电池的电解水制氢和燃料电池发电性能[17]，这些电池中镍/YSZ 燃料极支撑层和功能层的厚度分别为 300 μm 和 10～15 μm，YSZ 电解质和 LSM[$(La_{0.75}Sr_{0.25})_{0.95}MnO_3$]/YSZ 复合氧电极的厚度分别为 10～15 μm 和 15～20 μm。从图中可见，虽然这两种工作模式电池的性能存在差异，但这些电池从燃料电池工作模式转变至电解电池工作模式都呈连续性，表明电池可在燃料电池-电解电池工作模式之间可逆运行，并且电解电池工作模式的面电阻

（ASR）都高于燃料电池工作模式的面电阻。

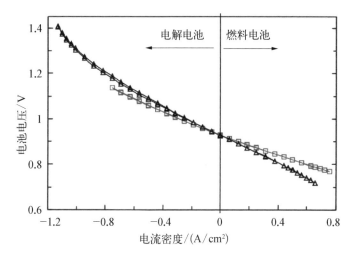

图 4-8　高(□)和低(△)性能电池的初始电解水制氢和燃料电
池发电性能[850℃，燃料极侧为 $p(H_2O)=p(H_2)=$
0.5 atm，氧电极侧为空气]

　　钆或钐掺杂氧化铈(CGO 或 SDC)具有电子-离子混合导电性而扩展了电化学反应场所[18]，因此这些氧化物也被视为重要的燃料极材料。在 SOEC 实际应用中，电解质支撑的电池显现出较高的长期运行、氧化还原循环和冷热循环稳定性，Ni/CGO 主要应用于此类结构型电池的燃料极。图 4-9 显示了包含先进电解质支撑单电池的电池堆重复单元性能以及与单电池性能的比较[19]，这些电池的电解质支撑体为 90 μm 厚的 3YSZ，燃料极 Ni/CGO 和氧电极 YDC/LSCF 的厚度分别约为 55 μm 和 70 μm。在 800℃温度和 1.3 V 电解电压下，可获得 -0.6 A/cm² 的电流密度，这对于电解质支撑单电池而言是非常好的性能。采用优化燃料极是电解质支撑 SOEC 单电池性能提高的重要途径，Ni/CGO 取代传统的 Ni/YSZ 较大地提高了电解质支撑 SOEC 单电池性能和稳定性，因此 Ni/CGO 广泛地应用于电解质支撑的 SOEC 电池[20-21]。

　　镍基金属陶瓷燃料极在实际应用中还存在着诸多问题，其中包括碳沉积、硫中毒、低氧化-还原循环稳定性和颗粒长大等。另外，在 SOEC 工作条件下，燃料极材料处于较宽的氧分压范围气氛中，其中镍会快速发生氧化而形成 NiO，从而失去电催化功能，对此在系统中需循环作为安全气体的还原气体氢气/一氧化碳，然而采用安全气体增加了 SOEC 电池堆的复杂性，在实际应用中是既不经济也不实用。

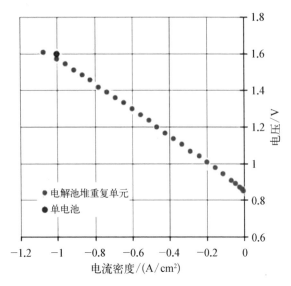

图4-9 包含先进电解质支撑单电池的电解池堆重复单
元性能以及与单电池性能的比较(800℃,燃料
极侧为90%H₂O/10%H₂,氧电极侧为空气)

(彩图见附录)

为了克服镍基金属陶瓷燃料极的使用问题,人们广泛研究了钙钛矿型氧化物在燃料极中的应用。钙钛矿型氧化物的 A 位和 B 位离子可以由相近半径的离子进行不等价取代,实现电子和离子导电性的调控,同时这些氧化物与常规的SOEC 部件具有良好的热相容性和化学相容性,对各种杂质具有较高的容忍性,并且具有适当的尺寸和结构稳定性,因此被认为是一种很有前途的燃料极材料。在 A 位或 B 位掺杂的 $SrTiO_3$ 材料在高温(如 1 400℃)下还原后表现出高导电性,同时具有氧化还原稳定性、抗碳沉积和对硫的容忍性,但这种材料的应用限制在于缺乏电催化活性,这就需要在这些材料中加入额外的电催化剂,实现其实际的应用。对此,在氧化物电极材料表面沉积纳米金属颗粒呈现出提高水电解活性的有效性,这可以通过纳米金属颗粒原位脱溶法来实现[22]。对此,在高温空气中合成条件下采用铁或镍对 A 位缺陷的 $La_{0.4}Sr_{0.4}TiO_3$ 进行 B 位掺杂分别得到固溶体 $La_{0.4}Sr_{0.4}Ti_{0.94}Fe_{0.06}O_{2.97}$ 和 $La_{0.4}Sr_{0.4}Ti_{0.94}Ni_{0.06}O_{2.94}$,这些氧化物在高温还原气氛下失去稳定性,从而引起铁或镍从材料结构中析出,在稳定的钙钛矿氧化物表面沉积为纳米级颗粒,这些纳米级铁或镍颗粒具有高的电催化活性,同时颗粒在氧化物表面分布均匀,从而避免了在长期电池工作条件下颗粒的团聚产生,确保了电池性能的稳定性。图 4-10 显示了 $La_{0.4}Sr_{0.4}TiO_3$ 和 $La_{0.4}Sr_{0.4}Ti_{0.94}Ni_{0.06}O_3$ 为燃料极的高温水蒸气电解电池性能比较[22-23],与母体材料相比,在图中观察到

的 B 位掺杂成分的水蒸气电解活化势垒降低,可归因于电催化活性金属纳米颗粒镍的脱溶和更高的氧空位浓度。同时,显微结构表明脱溶出的金属纳米颗粒镍与基体结合紧密,分散均匀以避免颗粒团聚。因此,采用在工作条件下能脱溶掺杂金属的钙钛矿型氧化物设计是提高 SOEC 燃料极性能的有效方法。

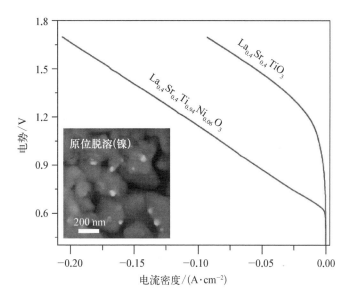

图 4 - 10　高温水蒸气电解性能比较:$La_{0.4}Sr_{0.4}TiO_3$ 母体和能原位脱溶镍的 $La_{0.4}Sr_{0.4}Ti_{0.94}Ni_{0.06}O_3$(900℃,燃料极侧为 $47\%H_2O/53\%N_2$,氧电极侧为空气)

4.2.2.2　氧电极材料

固体氧化物电池具有可逆工作特性,常规的 SOEC 氧电极材料也与 SOFC一样基于钙钛矿型等氧化物,由电子导体、电子/离子导体或混合离子-电子导体(MIEC)所组成。对于电子导体或电子/离子导体复合材料构成的氧电极,析氧反应限制在气相-氧电极-电解质三相界面;对于混合离子—电子导体材料构成的氧电极,析氧反应扩展至电化学活性区域中整个混合导体材料的气相—氧电极两相界面,基于混合导体材料的氧电极也呈现高的反应动力学。在 SOEC 工作模式下对于这些氧化物材料具有特殊的要求,一方面这些材料必须在高氧分压下稳定,另一方面对于通过电解质传导的氧离子具有析氧的高催化活性。大多数氧电极是基于 ABO_3 钙钛矿结构的混合导电氧化物,其中 A 位为稀土元素和部分取代的碱土金属元素,B 位为铁、钴、镍、锰、铬和铜等过渡金属元素。钙钛矿结构具有良好的稳定性,通过在 A 位、B 位掺杂不变价的低价阳离子,晶体中产生大量的氧空位,形成氧离子传递路径,显著促进了材料体内氧离子传导。

LaMnO$_3$是本征 p 型导体,电子电导率通过由锶或钙离子取代镧离子得到提高,其中锶离子取代所形成的钙钛矿结构氧化物在 SOEC 氧电极的氧化气氛中具有高的电子电导率和稳定性。La$_{1-x}$Sr$_x$MnO$_{3-\delta}$(LSM)和固体电解质材料(通常为 YSZ)的复合材料是一种研究最多的氧电极,LSM 是一种电子导体,氧离子氧化成氧分子的电化学反应仅在氧电极-电解质-氧气的三相界面进行,而添加 YSZ 等的离子相形成复合材料可以扩展电极反应的界面。混合离子-电子导体材料如 La$_{1-x}$Sr$_x$Co$_{1-y}$Fe$_y$O$_{3-\delta}$(LSCF)和 La$_{1-x}$Sr$_x$CoO$_{3-\delta}$(LSC)也应用于 SOEC 氧电极,在 750℃以上工作时这些氧电极和电解质会发生反应而形成高阻抗的 SrZrO$_3$,对此在两者之间需要加入反应阻挡层以避免反应,阻挡层材料一般采用 Sm^{3+} 和 Gd^{3+} 掺杂的 CeO$_2$ 电解质。

图 4 - 11 显示了三种氧电极材料的极化性能[24],LSM - YSZ 复合材料显现较低的性能,混合导电氧化物 LSCF/CGO 和 LSC/CGO 在两种运行模式下的性能均优于 LSM - YSZ 复合材料,虽然在 SOFC 工作模式下 LSC - CGO 氧电极的性能高于 LSCF - CGO,但这两种混合导电氧化物电极在 SOEC 工作模式下的性能类似。对此,这两种混合导电氧化物电极广泛地应用于 SOEC[21,25]。

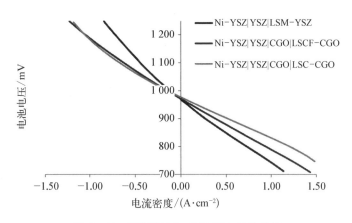

图 4 - 11 平板型 Ni - YSZ 基电池的性能

(800℃,燃料极侧为 50%H$_2$O/50%H$_2$,氧电极侧为氧气)

Ruddlesden-Popper 型类钙钛矿结构氧化物(R - P)是另一类 SOEC 氧电极材料,其通式为 A$_2$BO$_{4+\delta}$,其中 A 为稀土或碱土金属元素,B 为过渡金属元素,其结构可以看作是 ABO$_3$ 型钙钛矿结构和 AO 型岩盐结构在 c 轴方向上交替叠加构成的,其特征在于氧处于结构中的间隙位置,这种间隙氧带有负电荷,能够通过 B 位过渡金属离子的价态变化达到平衡,使整个材料显现电中性。由于高的间隙氧浓度,因此该类材料具有较高的氧扩散系数和表面交换系数,这种特性有助于提高氧电极析氧的催化活性,使得氧离子从界面上快速传导出去,从而降低界面的氧分压并消除分层。$Ln_2NiO_{4+\delta}$(Ln=镧、钕或镨)属此结构类型,具有高的电子和氧离子导电性,以及高的氧表面交换系数。另外,在较宽的氧分压范围内这一系列氧化物结构中氧含量易变化,即在极化条件下氧原子可以很容易地进入晶格或释放。$La_2NiO_{4+\delta}$ 的热膨胀系数为 $13.0×10^{-6}$ K^{-1},与常用电解质材料 YSZ 和 CGO 的热膨胀系数非常接近,确保了与电解质的热膨胀匹配性。$Ln_2NiO_{4+\delta}$ 材料显现出与常用电解质不同的化学相容性[26,27],$La_2NiO_{4+\delta}$ 和 $Pr_2NiO_{4+\delta}$ 在高温下易与 YSZ 电解质发生反应,而 $Nd_2NiO_{4+\delta}$ 在高温下与 YSZ 电解质具有高的化学稳定性。因此,为了提高电池的电化学性能,在氧电极和 YSZ 电解质之间插入反应阻挡层,以限制 $Ln_2NiO_{4+\delta}$ 与 YSZ 电解质间的化学反应。图 4-12 显示了 $Ln_2NiO_{4+\delta}$ 氧电极材料的极化性能并与 $La_{0.6}Sr_{0.4}Fe_{0.8}Co_{0.2}O_{3-\delta}$(LSFC)进行比较[28],这些氧电极与YSZ 电解质间的阻挡层采用 CGO 或 YDC,$La_2NiO_{4+\delta}$ 和 $Nd_2NiO_{4+\delta}$ 的极化电阻呈相同数量级,在 800℃ 时约为 0.1 $\Omega\cdot cm^2$。相比而言,LSFC 和 $Pr_2NiO_{4+\delta}$ 呈现低的极化电阻,在以 CGO 为阻挡层时,$Pr_2NiO_{4+\delta}$ 的极化电阻低于 LSFC 的值。这一性能提高归因于 $Ln_2NiO_{4+\delta}$(Ln=镧、钕或镨)氧化物良好的混合导电特性,这些氧电极的电化学性能可以通过优化微观结构和电极/电解质界面得到进一步提高。

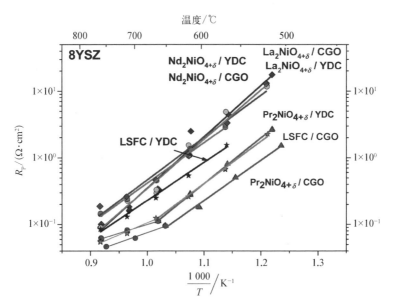

图 4-12　基于 CGO 或 YDC 阻挡层的 $Ln_2NiO_{4+\delta}$ 和 LSFC 氧电极极化电阻与温度的关系(电解质为 8YSZ,在空气中测量)

(彩图见附录)

　　双钙钛矿结构氧化物的通式为 $AA'B_2O_{5+\delta}$，其中 A 为稀土金属元素，A' 为钡或锶，B 为过渡金属元素。顾名思义，其最小结构单元为普通钙钛矿最小结构单元 2 倍的一类 A 位元素有序化的材料，其中稀土离子和钡或锶离子以有序化的形式占据着 A 位的晶格位置，这种特殊的离子排列方式降低了氧结合强度，提供有序的离子扩散通道，从而有效地提高了氧的体相扩散能力。在测试的各种材料中，双钙钛矿 $PrBa_{0.5}Sr_{0.5}Co_{1.5}Fe_{0.5}O_{5+\delta}$（PBSCF50）是研发迄今最具活性的 SOEC 氧电极材料[29]。基于 LSGM 电解质、$PrBaMn_2O_{5+\delta}$ 燃料极和 PBSCF50 氧电极的 SOEC 单电池，其在 1.3 V 和 800℃的工作条件下电解电流密度达 1.31 A/cm^2，该电池在 0.25 A/cm^2 和 700℃时稳定运行超过 600 h，显现出高的产氢稳定性。这一结果表明，双钙钛矿氧化物具有较高的氧表面交换系数和体扩散系数，其作为 SOEC 氧电极具有很大的潜力。

4.3　固体氧化物电解电池部件的性能衰减

　　固体氧化物电解电池（SOEC）技术的商业突破不仅需要高的初始性能，而且需要在大范围的操作条件（温度、气体成分、电流密度等）下具有长期稳定性。根据经济分析，在最高可能的电流密度（燃料产率）下，在热中性电位附近至少需要 5 年的运行寿命[30]。一系列研究表明，基于 SOEC 的高温电解水制氢技术在实际应用方面面临着若干技术挑战。与 SOFC 相比，SOEC 电池堆在运行条件下显现出明显的性能衰减，衰减相关问题是限制 SOEC 达到长期运行经济可行性目标的主要因素之一，这也是电解水制氢所得氢气价格高的主要原因之一[31]。在过去 30 年中，SOFC 材料和制造工艺取得了重大的技术进步，SOFC 电池堆的衰减率已降至 0.5%/1 000 h[32-34]。然而，在实际工作条件下测试的 SOEC 电池堆的衰减率仍然过高，为 2%/1 000 h～5%/1 000 h[35,36]。虽然 SOEC 是 SOFC 的逆反应，但其反应动力学，特别是性能衰减机理有着很大的不同，因此电解模式下 SOC 系统显示出与在燃料电池模式下部分不同的性能衰减现象。这些随时间变化的不同衰减类型取决于所使用的材料、它们的微观结构、材料组合、成分和工作条件。原则上，性能衰减的原因可分为内部原因和外部原因。内因既与材料本身有关，又取决于材料间的组合和微观结构；外因通常与应用的温度、时间、外加电流、所用气体、水/二氧化碳转化率和气体污染物等有关。由于电池性能衰减的发生有着不同的原因，因此将性能衰减分为三种主要类型：化学/电化学衰减、热应力引起的结构退化和机械故障[37]。对此，国内外对 SOEC 电池部件的性能衰减进行了广泛而深入的研究,下面介绍一些有关衰减现象和机理等的研究结果。

4.3.1　电解质的衰减

应用于 SOFC 的电解质在 SOEC 模式下的运行条件显著不同,由于电解水产生的大量氧和氢,导致氧电极侧处于很高的氧分压和氧化学势,而燃料极侧处于强还原气氛下,因此电解质处于很大的氧分压梯度状态下,会在 SOEC 模式下显现出特有的衰减现象。

阳极支撑 SOFC 单电池以 SOEC 模式在电流密度为 1 A/cm² 条件下运行了 9 000 h,运行后电池的电压增加约为 40 mV/kh,即电压衰减率为 3.8% kh^{-1}[38]。与初始的电池显微结构相比,最明显的变化出现在电解质层(见图 4 - 13),不同

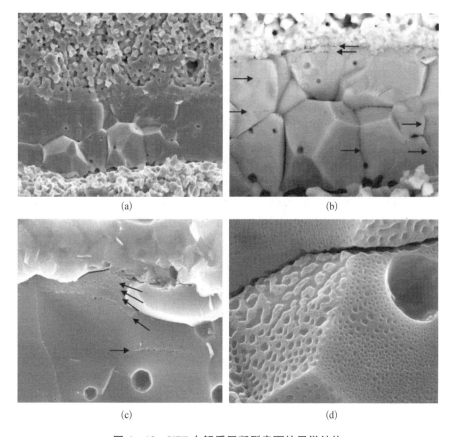

(a)　　　　　　　　　　　　　　　(b)

(c)　　　　　　　　　　　　　　　(d)

图 4 - 13　YSZ 电解质层断裂表面的显微结构

(a) 颗粒间和颗粒内断裂区域;(b) 背散射模式下的同一区域(箭头代表这些孔在水平方向上排布);(c) CGO/YSZ 的界面;(d) 呈现断裂晶界的 8YSZ 晶粒表面

晶体取向的 YSZ 电解质颗粒表面呈现不同的结构,其中有尺寸为 5~50 nm 的矩形、六角形和五边形孔洞,当这些孔洞变大并相互结合则形成不规则结构[见图 4-13(c)]。YSZ 电解质表面结构的变化一方面降低了颗粒间的接触面积而引起欧姆电阻的增大,另一方面则失去机械稳定性而导致断裂强度的降低。电解质在以 SOEC 模式运行过程中的这一显微结构变化不仅引起了电池电化学性能的衰减,而且显著地降低了电池的机械强度,这对电池的寿命将产生负面影响,特别是在热循环和工作条件突然变化的情况下。

如前所述,10%Sc_2O_3-1%CeO_2-89%ZrO_2(10Sc1CeSZ)(摩尔分数)逐渐在中温 SOEC 中得到应用,但由于电解质在燃料极侧处于强还原气氛下,因此 10Sc1CeSZ 中的 Ce^{4+} 会发生还原而导致电解质电导率的降低。以 10Sc1CeSZ 电解质为支撑体的单电池分别在电解电压低于 1.8 V 和高于 2 V 下运行时,研究发现前者无性能衰减发生,而后者的性能则随着时间不断地衰减[39]。晶体结构和显微结构分析表明 10Sc1CeSZ 电解质在较高的电解电压下发生结构变化,导致立方和 β-菱形两相混合物的形成。其成因在于 Ce^{4+} 的还原,显微拉曼光谱分析证实了 Ce^{3+} 离子的存在,电解质的还原首先出现在靠近 Ni/YSZ 燃料极的区域,然后逐渐沿着电解质的厚度方向进行,但在靠近 $La_{0.8}Sr_{0.2}MnO_{3-\delta}$/YSZ 氧电极的 20 μm 区域内未发生相变。

4.3.2 燃料极的衰减

在 SOEC 工作模式下燃料极处于高浓度的水蒸气气氛中,对于常规的镍基金属陶瓷电极如 Ni/YSZ 和 Ni/GDC 而言,高的水蒸气浓度对其结构稳定性会产生严重的影响。Ni/YSZ 金属陶瓷的显微结构变化被认为在 SOEC 整体性能衰减方面起着重要的作用,金属陶瓷显微结构的形态变化与在高温工作条件下时产生的镍颗粒粗化有关,镍颗粒长大导致了 Ni/YSZ 金属陶瓷中三相边界长度密度的降低,即燃料极性能的衰减。对此,燃料极功能层结构的三维重构技术被用于考察微观结构演化过程[40],对 Ni/YSZ 金属陶瓷功能层的同步辐射 X 射线纳米全息层析进行三维重构,在此基础上计算得微观结构参数。图 4-14 显示了三个电池中 Ni/YSZ 金属陶瓷功能层显微结构的三维重构,以其中一个未长期运行的电池作为参考,另外两个电池分别在不同的电流密度下运行 1 000 h。从此三维重构的显微结构来看,YSZ 相的体积分数和比表面积在电池的长期运行前后都未发生变化,这表明 YSZ 骨架的结构形貌不受电池运行的影响,因为事实上在 800℃ 温度下 YSZ 陶瓷的烧结是不可能发生的。相比 YSZ 骨架的结构形貌,镍和孔的比表面积在电池长期运行后显著下降,其下降幅度与电流密度成正比,这一结果表明镍颗粒粗化导致了其比表面积的下降。研究发现,在 800℃ 温度下电流密度分别为 0.5 A/cm² 和 0.8 A/cm² 条件下运行 1 000 h 后,镍的平均粒径从参比电池的 1.562 μm 分别增加到 2.688 μm 和 3.266 μm,这对应于三相界面(TPB)长度密度从参比电池的 10.49 μm⁻² 分别减小至 7.14 μm⁻² 和 6.18 μm⁻²,因此 Ni/YSZ 燃料极的显微结构变化导致 SOEC 电池电压以 3%/1 000 h 衰减率的增加。镍颗粒团聚是常见的镍基 SOEC 电池燃料极衰减原因,这些显微结构的变化降低了燃料极电化学性能以及催化表面活性,抑制进一步的电化学反应,因此导致不可逆的电池性能衰减。

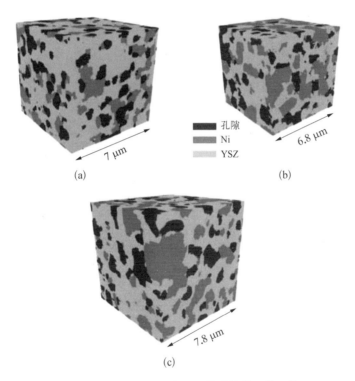

图 4 - 14　Ni/YSZ 燃料极显微结构的三维重构

(a) 参比电池;(b) 0.5 A/cm² 电流密度下运行的电池;(c) 0.8 A/cm² 电流密度下运行的电池(橙色:镍;蓝色:孔隙;灰色:YSZ)(彩图见附录)

固体氧化物电池系统在电解电池工作模式下还呈现与燃料电池工作模式不同的衰减现象,其中之一即为燃料极 Ni/YSZ 中镍的迁移,这在燃料电池工作模式下从未出现过。镍在 SOEC 工作温度下具有高的迁移率,研究发现电池在低于 900℃ 的温度下长期运行过程中镍不断地从功能层向支撑层迁移[41],图 4 - 15

显示了电流密度对与 YSZ 电解质形成界面的 Ni/YSZ 功能层显微结构的影响。电池在 OCV 条件下运行后的 Ni/YSZ 功能层显微结构与参考电池相似,但随着电流密度的提高,靠近电解质的功能层区域内镍含量逐渐降低。在电流密度为 $0.5\ A/cm^2$ 时,镍缺乏现象仅在某些区域明显,然而电流密度为 $1.0\ A/cm^2$ 和 $1.5\ A/cm^2$ 时,镍缺乏现象在离整个电解质/燃料极界面的 $1\sim2\ \mu m$ 的长度范围内发生。SOEC 中的镍迁移导致渗滤镍的损失和燃料极功能层活性区孔隙率的增加,这导致燃料极功能层三相界面密度的显著降低,从而影响电池的电化学性能。从研究结果来看,Ni/YSZ 燃料极功能层中镍背离 YSZ 电解质的迁移被视为 SOEC 性能退化的主要来源,进而成为 SOEC 系统商业化的一个重要障碍。

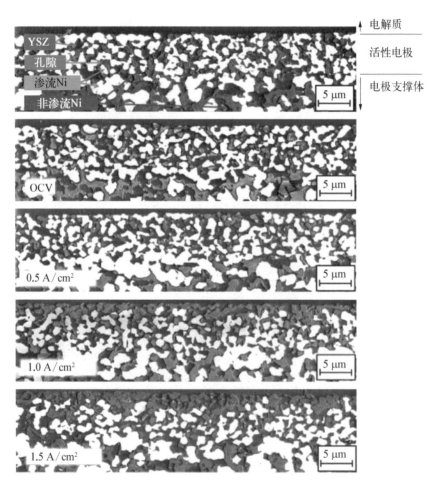

图 4-15　电流密度对与 YSZ 电解质形成界面的 Ni/
YSZ 功能层显微结构的影响(800℃)

4.3.3　氧电极的衰减

在 SOEC 工作模式下氧电极产生纯氧,在氧电极/电解质界面存在高的氧分压,这对于氧电极的稳定性产生重要影响。LSM/YSZ 复合材料是常规的 SOEC 氧电极材料,对于其在 SOEC 工作模式下的稳定性已开展了大量的研究。基于钪稳定氧化锆电解质支撑 SOEC 单电池组装的电解池堆在初始温度为 800～825℃下运行 2 000 h 多,此电解池堆最初产生 1 250 NL/h 的氢气(NL 为 0℃下 1 个标准大气压下的气体体积),但运行期间的总体性能衰减率约为 46%,研究发现高电流密度区域的部分 LSM/YSZ 氧电极脱落是重要的原因之一[42]。图 4 - 16 显示了电池氧电极脱落区域的显微结构,EDS 分析结果表明中间深色区域 1 为电解质,而区域 2 包括了电解质和氧电极,其中薄的一层氧电极还存在,说明脱落发生在电解质/氧电极界面附近的氧电极内部。由于 LSM/YSZ 氧电极中的 LSM 是一种电子导体,SOEC 运行时产生的高氧通量导致 YSZ 和 LSM 之间的氧离子传导不匹配,不能及时地将氧离子传导出氧电极,因此 YSZ/LSM 界面处不断地有氧气产生,持续集聚的氧气导致压力增大而引起界面裂缝形成。LSM/YSZ 氧电极的脱落对 SOEC 电解池堆的稳定运行造成了很大的破坏,从而引起 SOEC 电解池堆性能的快速衰减。

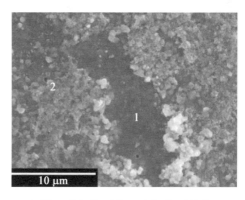

区域 1：电解质；区域 2：电解质＋氧电极。

图 4 - 16　2 000 h 运行后电池氧电极脱落区域的显微结构图

LSCF 也是 SOEC 常用的氧电极材料,因其具有混合离子-电子传导(MIEC)性能,与 LSM/YSZ 复合材料相比具有较好的性能和稳定性。基于 LSCF 氧电极的 SOEC 电池在 780℃和 1 A/cm² 电流密度下运行了 9 000 h,电池电压在整个运行期间的衰减率为 3.8%(40 mV)/1 000 h[43]。电池运行后的 LSCF 显微结构分析发现[38],LSCF 结构呈现不均匀性,如图 4 - 17(a)所示,在亚微米范围内出现组分化学计量涨落,X 射线衍射分析揭示了 Co_3O_4 相和各种钙钛矿组分相的存在。除了 LSCF 组分的变化外,在整个氧电极中其颗粒形貌也发生了变化,在靠近集电极的外表面 LSCF 具有纳米级圆形颗粒表面结构,而位于中心及靠近电解质区域 LSFC 颗粒呈现更多的锐边和结晶面。为了避免 YSZ 电解质和 LSCF 氧电极之间的反应,在两者之间通过丝网印刷技术沉积 CGO 扩散阻挡层,但所沉积的 CGO 层不完全致密,在 LSCF 氧电极的制备条件下难以避免 $SrZrO_3$ 的形成,在 SOEC 电池运行 9 000 h 过程中,挥发性的锶不断地迁移通过 CGO 孔隙,与从 YSZ 扩散过来的锆反应生成 $SrZrO_3$(如图 4 – 17(b)所示[44]),从而引起电池性能的不断衰减。

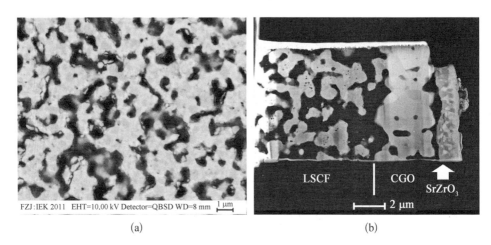

(a)   (b)

图 4 – 17　LSCF 氧电极表面结构变化和界面反应相形成
(a) LSCF 氧电极的表面显微结构;(b) CGO 空隙中 $SrZrO_3$ 的形成

4.4　固体氧化物电解池堆和制氢系统发展

为了提高固体氧化物电解水制氢系统的产氢量,单电池的活性面积必须放大。目前实现工业化应用的单电池尺寸通常为 22～128 cm²,虽然单电池尺寸可以进一步放大,但因大部分单电池为陶瓷基的,单电池尺寸过大将导致温度梯度和机械损坏风险的增加。对此,多个单电池一般通过串联而构成电解池堆。针对不同的应用环境,基于可再生能源的固体氧化物电解水制氢系统需由电解池堆和辅助系统进行构建,以有效地实现电池的功能和按需的氢气产生,如有以水蒸气形式的热源提供则系统的电效率可以得到很大的提升。相对于碱性电解水制氢和质子交换膜电解水制氢系统,固体氧化物电解水制氢系统目前处于较低的技术成熟度。

4.4.1 固体氧化物电解池堆

电解池堆的核心部件为单电池,电池堆的其他部件包括连接体、电接触材料、密封材料和压缩系统。单电池结构主要分为管状和平板型两种构型,基于电池制备方面的优势,目前大部分电解池堆采用平板型单电池,而平板型单电池按电池机械支撑体材料可分为电解质支撑和电极支撑两种构型。电解质支撑单电池采用较厚的电解质膜为机械支撑体,这一单电池构型具有力学稳定性方面的优势,如阻止燃料极中镍因氧化还原而引起体积变化造成对电池的破坏,较高的电解质膜厚度产生较高的欧姆电阻,因此电解质支撑单电池需在较高的工作温度下运行。对于电极支撑单电池而言,由于厚的氧电极产生高的极化损耗,因此主要以燃料极为电池的支撑体,这样电解质膜的厚度得到大幅度的降低,这一构型可以实现电池效率的提高和工作温度的降低,但此电池构型对镍的氧化还原呈现较低的容忍性。连接体在电解池堆中起着单电池间的电连接和燃料/氧化气体分隔的双重作用,连接体的流场设计是电解池堆设计过程中的一个重要方面,所设计的流场结构需确保燃料气和氧化气在单电池和电解池堆中均匀分布,以实现较高的电解池堆性能。燃料气和氧化气在电解池堆中的流动方向具有多样性,可分为顺流、逆流和交叉流,不同的电解池堆制造机构采用不同的流场以优化制造过程,当然在此方面还需考虑运行环境,即根据电化学反应是放热还是吸热来确定氧化气流的方向,以实现单电池和电解池堆内部温度的均匀分布。包含上述各部件的单元称为电解池堆的重复单元,这些单元的连接就构成了一个电解池堆。

德国 Sunfire 公司开发的电解池堆采用平板型电解质支撑单电池(ESS)[45],单电池结构为 NiO - GDC/GDC/3YSZ/GDC/LSCF,其中包括 27 μm 厚的燃料极（NiO/Gd$_{0.1}$Ce$_{0.9}$O$_2$，NiO/GDC）、GDC 黏附层、90 μm 厚的电解质层[(ZrO$_2$)$_{0.97}$(Y$_2$O$_3$)$_{0.03}$,3YSZ]、10 μm 厚的扩散阻挡层(GDC)和 50 μm 厚的氧电极(La$_{0.58}$Sr$_{0.4}$Co$_{0.2}$Fe$_{0.8}$O$_3$,LSCF)。单电池尺寸为 10 cm×15 cm,电极面积达 127.9 cm^2。连接板采用 Crofer 22 APU 合金材料,电解池堆的燃料极侧应用微晶玻璃实现封接,氧电极侧为开放结构,进入电解池堆的空气用于排空所产生的氧气并控制电解池堆的温度。

法国原子能和替代能源委员会(CEA)开发的电解池堆采用平板型燃料极支撑单电池(CSS)[46],单电池结构为 NiO - 8YSZ/8YSZ/GDC/LSCo,其中包括 500 μm 厚的燃料极[NiO/(ZrO$_2$)$_{0.92}$(Y$_2$O$_3$)$_{0.08}$,8YSZ,NiO/8YSZ]、5 μm 厚的

电解质层（8YSZ）和 $20~\mu m$ 厚的氧电极（$La_{0.6}Sr_{0.4}CoO_3$，LSCo），在 8YSZ 电解质和 LSCo 氧电极之间采用扩散阻挡层（CGO）。单电池尺寸为 $12~cm \times 12~cm$，电极面积为 $10~cm \times 10~cm$。电解池堆的连接板采用 AISI441 铁基不锈钢薄片，电解池堆密封通过商用的微晶玻璃来实现，燃料气和氧化气在电解池堆中的流动为交叉流方式。

上述两种电解池堆技术采用的单电池主要几何差异在于电解质的厚度，从而导致不同的工作温度，图 4 - 18 显示了两种电解池堆在测试环境下的外形结构[47]，其中所测试的两个基于电解质支撑单电池的电解池堆由 Sunfire 公司开发，每个电解池堆由 30 片单电池所组成，CEA 开发的基于燃料极支撑单电池电解池堆包括 25 片单电池。基于电解质支撑单电池的电解池堆工作温度为 800～850℃，而基于燃料极支撑单电池的电解池堆工作温度则为 700～750℃，尽管这两种电解池堆技术存在一些差异，但采用标准的测试方法可以进行电解池堆的性能和衰减率的比较，图 4 - 19 显示了两种电解池堆测试初始和结束的性能。在电解池堆的初始性能方面，与基于电解质支撑单电池的电解池堆相比，基于燃料极支撑单电池的电解池堆在较低的工作温度下可达到更高的电流密度，如 ESS 在 840℃下的电流密度为 $-0.59~A/cm^2$，而 CSS 在低于 670℃就可达到相应的电流密度，两者相差近 200℃。另外，ESS 不能在 $-0.65~A/cm^2$ 电流密度下长期运行，主要由于这样将导致温度上升至接近可容忍的上限，而在 763℃温度下 CSS 的热中性电流密度可达 $-1.55~A/cm^2$。ESS 运行 8 200 h 后，其在 840℃下的衰减率为 3.0%/kh，而 CSS 运行 6 800 h 后，在 765℃下的衰减率达 8.5%/kh，因此在性能测试结束时两种电解池堆呈现类似性能的温度差缩小至

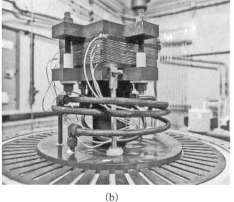

(a)　　　　　　　　　　　　　(b)

图 4 - 18　电解池堆外形结构

(a) Sunfire 公司开发的电解池堆；(b) CEA 开发的电解池堆

100℃。在整个运行期间,ESS 呈现高的氧化还原容忍性,在系统层面这对于应对突发情况非常重要。两种电解池堆的性能测试结果表明,Sunfire 公司的 ESS 设计非常适用于工业化应用,因为其可实现 4～6 个单元的堆叠,与此相反,CEA 目前的 CSS 设计需进一步的研发来实现规模增大。

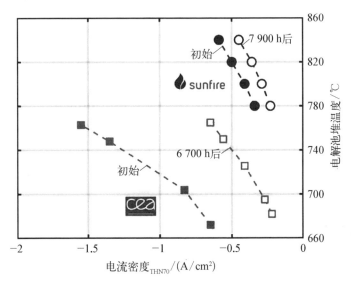

图 4-19　两种电解池堆测试初始和结束的性能比较

(THN70 表示运行在热中性电压和 70% 水蒸气转换率条件下)

4.4.2　固体氧化物电解水制氢系统

固体氧化物电解水制氢系统由电解池堆和辅助系统(balance of plant, BoP)所组成,随着时间的推移电解池堆有望实现重大的技术改进,特别是在寿命延长和性能衰减降低方面,而辅助系统组件属于更成熟的技术,为提高 SOEC 系统效率和确保其长期稳定运行,不仅需降低电解池堆的电能输入,而且还需降低辅助系统组件的能耗,因此需根据不同应用场合的要求选择相应的辅助系统组件。以下介绍若干辅助系统组件。

水处理系统:为了避免电解池堆和管道的中毒和堵塞,水必须达到足够的纯度。此系统包括反渗透过滤器、脱盐过滤器、活性炭过滤器、沉淀物过滤器和树脂过滤器等,如海水电解制氢还需脱盐过滤器。

空气过滤器:二氧化硫是大气主要污染物之一,城市中二氧化硫的浓度为 10～20 ppd,其对电池具有毒化作用,此外,空气中的水分也需去除。

风机：提供足够流量的空气给电解池堆，以用于吹扫产生的氧气和调节堆的温度。

电加热器：在无足够热源的情况下用于系统的热启动，在电解池堆达到工作温度并产生足够热量时可停止工作。

燃烧器：部分产生的燃料气有时在其中燃烧，以提供系统运行所需要的热能。

热交换器：可以对燃烧器和电解池堆尾气等的热量进行传递，以用于水的蒸发和空气加热等，一般而言系统需要多个不同的热交换器。

气体再循环管路：将产氢后剩余的水再循环进入电解池堆，部分产生的氢气再循环进入电解池堆用于保护燃料极中的镍，以避免其氧化。

压缩机：一般两种压缩机进行串联来提升氢气压力，即将产生的氢气从常压压缩至 30 bar，然后再压缩至 200 bar 或更高。

储氢罐：用于储存一定压力和容积的氢气。

安全装置：排气装置应用在燃料泄漏的情况下以避免气体累积引起的爆炸，装置中采用的特殊传感器可用于检测可燃气体的浓度。

电力电子子系统：主要包括 AC/DC 逆变器，将交流电转换为电解池堆所需的直流电。

热电偶：一般采用 K 型热电偶检测不同 BoP 组件的温度。

电气测量仪表：用于电流和电压测量。

质量流量控制器：实现对气体流量的调节。

压力传感器：用于测量系统不同部位的压力。

可编程逻辑控制器：实现对所有实验数据的获取和处理，也可用于控制整个系统。

在固体氧化物电解水制氢系统方面，目前国外已推出了不同功率的制氢装置，并进行应用示范。SOLIDpower 公司设计并制造了大型电解池堆模块（LSM）原型样机（见图 4-20）[48]，该 LSM 包括四个电解池堆，采用平板型燃料极支撑单电池技术，专门用于工业应用，可实现燃料电池和电解模式的可逆运行，该模块适合多种燃料，如重整气、合成气或氢气。这一 LSM 原型样机在法国 CEA Liten 的测试平台（见图 4-20）上成功地进行了试验，模块中的每个电解池堆呈现均匀的功率密度，在 710~745℃ 范围内的氢气产率为每天 20~45 kg，在功率峰值为 74 kW_{DC} 时可每天产生 50 kg 的氢气，产氢所消耗的直流电能为 35.5 kW·h_{DC}/kgH$_2$。测试结果表明 LSM 模块化设计很好地适用于系统扩展，特别是在连接到集中式燃料和空气供应网的易用性方面。

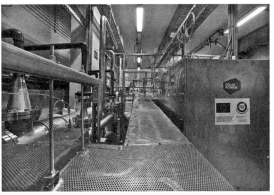

图 4‑20　LSM 原型样机系统(左)和多电解池堆测试平台

在欧盟项目 GrInHy(Green Industrial Hydrogen) via Reversible High‑Temperature Electrolysis 的资助下[49],德国的 Sunfire 公司推出了包括固体氧化物电解水制氢装置的可逆固体氧化物电池系统(RSOC),与氢气处理系统结合构成了 GrInHy 原型样机系统,图 4‑20 显示了位于德国萨尔茨吉特钢铁厂的原型样机系统。这个地点代表了一个典型的完全适合集成 RSOC 系统的工业环境,钢铁厂提供所有必要的气体和水蒸气,并有一条已安装的氢气管道,以提供各种下游工艺。RSOC 单元包括 48 个电解池堆(每个堆含 30 个单电池),构成 6 个可互换模块(每个模块含 8 个堆),每个模块与一个独立的双向 DC/AC 电力电子装置相连接。在电解水制氢模式下,系统运行约 1 400 h,生产超过 45 000 Nm^3 氢气,在 80~180 kW_{AC} 的功率范围内,该装置氢气产率为 20~45 Nm^3/h。在氢气产率为 40 Nm^3/h 的条件下,系统 AC 效率可达 78%$_{LHV}$,LHV 指燃料的低位热值。GrInHy 原型样机系统证明了在工业环境中集成 RSOC 系统的技术可行性(见图 4‑21),同时也表明固体氧化物电解水制氢系统达到了实现规模化放大的技术成熟度,以满足多种的实际应用需求。

高温固体氧化物电解电池(SOEC)制氢与可再生能源结合是未来能源可持续发展的一条有希望的途径。得益于高温条件对电解反应的热力学与动力学提升,SOEC 在转化效率、可逆工作、碳耐受等方面显著优于低温电解电池。SOEC 也可与燃料合成反应过程进行热集成,进一步提高了能源利用率。另外,SOEC 无须贵金属作为部件材料,成本降低具有很大的空间。虽然 SOEC 系统已达到实现规模化放大的技术成熟度,并在工业环境中显现技术可行性,但是 SOEC 仍然面临着导致其整体寿命和运行效率降低的性能衰减挑战。性能衰减可能发生在不同的系统组件中,也取决于所使用的材料、燃料纯度、工作温度和许多其他参数。一个组件的性能衰减也会导致其他 SOEC 组件的性能衰减,甚至会对整个系统的性能产生不利影响。今后的研究必须专注于充分理解电池内发生的电化学反应机理,并在电极、电解质和密封材料方面开展深入研究,以提高电池性能、避免电池性能退化、降低材料和制造成本。由于可再生能源发电的波动性,基于可再生能源的电网面临着风险,因此其消纳问题日益凸显。对此,固体氧化物电池技术提供了可再生能源规模化消纳的解决方案。固体氧化物电池能够以可逆模式运行,在电力高需求和供给不足时 SOFC 产生的电力可以被送入电网,而基于可再生能源产生的多余电力可以在 SOEC 模式下生产燃料,从而可在以可再生能源为主的清洁、低碳、安全、高效能源体系中发挥重要作用。

图 4-21　GrInHy 原型样机系统

参考文献

[1] Hauch A, Küngas R, Blennow P, et al. Recent advances in solid oxide cell technology for electrolysis[J]. Science, 2020, 370(6513): eaba6118.

[2] Basile A, Napporn T W. Current trends and future developments on (bio-) membranes. Membrane systems for hydrogen production[M]. Amsterdam: Elsevier Inc., 2020: 203 - 227.

[3] Styring P, Quadrelli E A, Armstrong K. Carbon dioxide utilisation closing the carbon cycle[M]. Amsterdam: Elsevier B.V., 2015: 183 - 209.

[4] Godula-Jopek A. Hydrogen production: by electrolysis[M]. Berlin: Wiley-VCH Verlag

GmbH & Co. KGaA, 2015: 191 - 272.

[5] Iulianelli A, Basile A. Current trends and future developments on (bio-) membranes. New perspectives on hydrogen production, separation, and utilization[M]. Amsterdam: Elsevier Inc., 2020: 91 - 117.

[6] Donitz W, Erdle E. High-temperature electrolysis of water vapor-status of development and perspectives for application[J]. International Journal of Hydrogen Energy, 1985, 10 (5): 291 - 295.

[7] Kendall K, Kendall M. High-temperature solid oxide fuel cells for the 21st century: fundamentals, design and applications[M]. London: Elsevier, 2016.

[8] Chen M, Høgh J V T, Nielsen J U, et al. High temperature co-electrolysis of steam and CO_2 in an SOC stack: performance and durability[J]. Fuel Cells, 2013, 13 (4): 638 - 645.

[9] Stoots C, O'Brien J, Hartvigsen J. Results of recent high temperature coelectrolysis studies at the Idaho National Laboratory[J]. International Journal of Hydrogen Energy, 2009, 34: 4208 - 4215.

[10] Guillon O. Advanced ceramics for energy conversion and storage[M]. Amsterdam: Elsevier Ltd., 2020: 387 - 547.

[11] Arachi Y, Asai T, Yamamoto O, et al. Electrical conductivity of ZrO_2-Sc_2O_3 doped with HfO_2, CeO_2, and Ga_2O_3[J]. Journal of the Electrochemical Society, 2001, 148 (5): A520 - A523.

[12] Laguna-Bercero M A, Skinner S J, Kilner J A. Performance of solid oxide electrolysis cells based on scandia stabilised zirconia[J]. Journal of Power Sources, 2009, 192: 126 - 131.

[13] Blumenthal R N, Panlener R J. Electron mobility in nonstoichiometric cerium dioxide at high temperatures[J]. Journal of Physics and Chemistry of Solids, 1970, 31 (5): 1190 - 1192.

[14] Ishihara T. Perovskite oxide for solid oxide fuel cells[M]. New York: Springer Verlag, 2009: 65 - 93.

[15] Stanislowski M, Seeling U, Peck D H, et al. Vaporization study of doped lanthanum gallates and Ga_2O_3(s) in H_2/H_2O atmospheres by the transpiration method [J]. Solid State Ionics, 2005, 176(35 - 36): 2523 - 2533.

[16] Lee J H, Moon H, Lee H W, et al. Quantitative analysis of microstructure and its related electrical property of SOFC anode, Ni-YSZ cermet[J]. Solid State Ionics, 2002, 148: 15 - 26.

[17] Hauch A, Jensen S H, Ramousse S, et al. Performance and durability of solid oxide electrolysis cells [J]. Journal of The Electrochemical Society, 2006, 153 (9): A1741-A1747.

[18] Eguchi K, Setoguchi T, Inoue T, et al. Electrical properties of ceria-based oxides and their application to solid oxide fuel cells[J]. Solid State Ionics, 1992, 52 (1 - 3): 165 - 172.

[19] Mougin J, Chatroux A, Couturier K, et al. High temperature steam electrolysis

stack with enhanced performance and durability[J]. Energy Procedia, 2012, 29: 445 - 454.

[20] Schefold J, Brisse A, Poepke H. 23,000 h steam electrolysis with an electrolyte supported solid oxide cell[J]. International Journal of Hydrogen Energy, 2017, 42: 13415 - 13426.

[21] Posdziech O, Schwarze K, Brabandt J. Efficient hydrogen production for industry and electricity storage via high-temperature electrolysis [J]. International Journal of Hydrogen Energy, 2019, 44: 19089 - 19101.

[22] Irvine J T S, Neagu D, Maarten C. et al. Evolution of the electrochemical interface in high-temperature fuel cells and electrolysers[J]. Nature Energy, 2016, 1: 15014.

[23] Tsekouras G, Neagu D, Irvine J T S. Step-change in high temperature steam electrolysis performance of perovskite oxide cathodes with exsolution of B-site dopants [J]. Energy & Environmental Science, 2013, 6: 256 - 266.

[24] Ebbesen S D, Søren Højgaard Jensen S H, Anne Hauch A, et al. High temperature electrolysis in alkaline cells, solid proton conducting cells, and solid oxide cells[J]. Chemical Reviews, 2014, 114: 10697 - 10734.

[25] Hauch A, Brodersen K, Chen M, et al. A decade of solid oxide electrolysis improvements at DTU energy[J]. ECS Transactions, 2017, 75(42): 3 - 14.

[26] Hernandez A M, Mogni L, Caneiro A. $La_2NiO_{4+\delta}$ as cathode for SOFC: reactivity study with YSZ and CGO electrolytes[J]. International Journal of Hydrogen Energy, 2010, 35(11): 6031 - 6036.

[27] Philippeau B, Mauvy F, Mazataud C, et al. Comparative study of electrochemical properties of mixed conducting $Ln_2NiO_{4+\delta}$ (Ln = La, Pr and Nd) and $La_{0.6}Sr_{0.4}Fe_{0.8}Co_{0.2}O_{3-\delta}$ as SOFC cathodes associated to $Ce_{0.9}Gd_{0.1}O_{2-\delta}$, $La_{0.8}Sr_{0.2}Ga_{0.8}Mg_{0.2}O_{3-\delta}$ and $La_9Sr_1Si_6O_{26.5}$ electrolytes[J]. Solid State Ionics, 2013, 249 - 250: 17 - 25.

[28] Ogier T, Mauvy F, Bassat J-M, et al. Overstoichiometric oxides $Ln_2NiO_{4+\delta}$ (Ln＝La, Pr or Nd) as oxygen anodic electrodes for solid oxide electrolysis application [J]. International Journal of Hydrogen Energy, 2015, 40: 15885 - 15892.

[29] Jun A, Kim J, Shin J, et al. Achieving high efficiency and eliminating degradation in solid oxide electrochemical cells using high oxygen-capacity perovskite[J]. Angewandte Chemie, 2016, 128(40): 12700 - 12703.

[30] Sun X, Chen M, Liu Y L, et al. Life time performance characterization of solid oxide electrolysis cells for hydrogen production [J]. ECS Transactions, 2015, 68 (1): 3359 - 3368.

[31] Turner J A. Sustainable hydrogen production[J]. Science, 2004, 305(5686): 972 - 974.

[32] Chen K, Jiang S P. Review-materials degradation of solid oxide electrolysis cells[J]. Journal of the Electrochemical Society, 2016, 163(11): F3070 - F3083.

[33] Menzler N H, Sebold D, Guillon O. Post-test characterization of a solid oxide fuel cell stack operated for more than 30,000 hours: the cell[J]. Journal of Power Sources, 2018, 374: 69 - 76.

[34] Blum L, de Haart L G J, Malzbender J, et al. Anode-supported solid oxide fuel cell

achieves 70,000 hours of continuous operation[J]. Energy Technology, 2016, 4(8): 939 - 942.

[35] Fang Q, Blum L, Menzler N H, et al. Solid oxide electrolyzer stack with 20,000 h of operation[J]. ECS Transactions, 2017, 78(1): 2885 - 2893.

[36] Frey C E, Fang Q, Sebold D, et al. A detailed post mortem analysis of solid oxide electrolyzer cells after long-term stack operation[J]. Journal of the Electrochemical Society, 2018, 165(5): F357 - F364.

[37] Mocoteguy P, Brisse A. A review and comprehensive analysis of degradation mechanisms of solid oxide electrolysis cells[J]. International Journal of Hydrogen Energy, 2013, 38: 15887 - 15902.

[38] Tietz F, Sebold D, Brisse A, et al. Degradation phenomena in a solid oxide electrolysis cell after 9,000 h of operation[J]. Journal of Power Sources, 2013, 223: 129 - 135.

[39] Laguna-Bercero M A, Orera V M. Micro-spectroscopic study of the degradation of scandia and ceria stabilized zirconia electrolytes in solid oxide electrolysis cells[J]. International Journal of Hydrogen Energy, 2011, 36: 13051 - 13058.

[40] Lay-Grindler E, Laurencin J, Villanova J, et al. Degradation study by 3D reconstruction of a nickel-yttria stabilized zirconia cathode after high temperature steam electrolysis operation[J]. Journal of Power Sources, 2014, 269: 927 - 936.

[41] Hoerlein M P, Riegraf M, Costa R, et al. A parameter study of solid oxide electrolysis cell degradation: microstructural changes of the fuel electrode[J]. Electrochimica Acta, 2018, 276: 162 - 175.

[42] Mawdsley J R, Carter J D, Kropf A J, et al. Post-test evaluation of oxygen electrodes from solid oxide electrolysis stacks[J]. International Journal of Hydrogen Energy, 2009, 34: 4198 - 4207.

[43] Schefold J, Brisse A, Tietz F. Nine thousand hours of operation of a solid oxide cell in steam electrolysis mode[J]. Journal of the Electrochemical Society, 2012, 159(2): A137-A144.

[44] The D, Grieshammer S, Schroeder M, et al. Microstructural comparison of solid oxide electrolyser cells operated for 6,100 h and 9,000 h[J]. Journal of Power Sources, 2015, 275: 901 - 911.

[45] Lang M, Raab S, Lemcke M S, et al. Long-term behavior of a solid oxide electrolyzer (SOEC) stack[J]. Fuel Cells, 2020, 20(6): 690 - 700.

[46] Cubizolles G, Mougin J, Di Iorio S, et al. Stack optimization and testing for its integration in a rSOC-based renewable energy storage system[J]. ECS Transactions, 2021, 103(1): 351 - 361.

[47] Aicart J, Surrey A, Champelovier L, et al. Benchmark study of performances and durability between different stack technologies for high temperature electrolysis[C]. EFCF 2022: 15th European SOFC & SOE Forum, 5 - 8 July 2022, Lucerne Switzerland, 2022: A0804.

[48] Aicart J, Wuillemin Z, Gervasoni B, et al. Performance evaluation of a 4-stack solid oxide module in electrolysis mode[J]. International Journal of Hydrogen Energy, 2022,

47：3568 - 357.

[49] Schwarzel K，Posdziech O，Mermelstein J，et al. Operational results of an 150/30 kW RSOC system in an industrial environment[J]. Fuel Cells，2019，19(4)：374 - 380.

第5章

氢气的新应用领域

近些年来氢气在一些新兴领域的应用引起了广泛重视,本章将对燃料电池、储能、氢农业、氢医疗等氢利用技术进行简要介绍。正由于氢应用领域的扩大,推动了水电解制氢技术不断发展和市场持续扩大。

5.1 概述

在过去的上百年间,氢气在传统工业领域中得到了广泛应用,使用最多的主要是石油冶炼、氨、甲醇和钢铁等材料的生产。事实上,所使用的这些氢大多是通过化石燃料转化获得的。因此,利用可再生能源制备清洁氢替代化石燃料氢,其碳减排潜力巨大。

此外,还有一些新的氢利用场景值得推广。例如,将氢混合到现有的天然气网络中,在家庭和商业建筑中应用潜力最大,特别是在人口稠密的城市,远期前景可能是在氢锅炉或燃料电池中直接使用氢。而在发电厂中,氢既是储存可再生能源的主要选择之一,又可用于燃气轮机,从而增加发电系统的灵活性。航运和航空业可供选择的低碳燃料有限,这为氢基燃料提供了机会。美国已有几家发电厂计划在燃气轮机中使用天然气-氢混合燃料如俄亥俄州 485 MW 的长岭(Long Ridge)能源发电项目设施,其燃气轮机将使用 95% 天然气和 5% 氢气混合的燃料,计划最终使用可再生资源生产的 100% 绿色氢。又如 Intermountain Power Agency 计划将犹他州现有的燃煤发电设施转换为联合循环燃气发电,该设施最初使用最高30% 的氢气,最终使用 100% 的绿色氢气。钢铁行业占欧洲所有二氧化碳排放量的 4%,占欧洲工业碳排放量的 22%。氢气用于钢铁生产有两种方法:① 用作高炉中的辅助还原剂;② 用作直接铁还原过程中的唯一还原剂。由于技术原因,我们常认为前者是向后者过渡,以便在短期内实现碳减排的一种途径。

氢气在一些新兴技术领域,正受到越来越多的青睐和重视:

（1）被称为第四种发电方式-燃料电池发电，这项技术涉及面和影响程度极大，正在进入大众视野；

（2）储能-从电到气转换（power-to-gas conversion，PTG），这是一种潜在的能源储存解决方案，正在进行深入研究并接近商业化应用；

（3）新型医学-氢分子医学，它是关于与人类健康相关的基础和临床科学研究，氢气在抗氧化、抗炎症方面的确定性作用已得到证实；

（4）农业领域的氢效应开始引起关注，它在提高农作物品质和产量，改善环境等方面具有良好应用前景。

接下来，将围绕燃料电池发电、借助于电转气或化合物储能、氢医疗和氢农业等四项技术进行简要介绍。

5.2 氢燃料电池

燃料电池（fuel cell，FC）是继水力发电、热能发电和核能发电之后的第四种发电技术，被称为人类的终极能源利用技术。燃料电池不是一项新技术，如图 5-1 所示，它至今经历了约 200 年漫长历史发展进程[1-2]，与其同时代发明的蒸汽机已经得到普遍应用。与蒸汽机从发明到应用仅经历了 84 年相比较，燃料电池发展道路曲折而漫长。

5.2.1 燃料电池发展

燃料电池技术发现时间晚于水电解技术，以氢气作为燃料的燃料电池发电过程，与利用电将水分解成氢和氧的水电解过程，两者方向恰好相反。如第 1 章所述，早在燃料电池出现的多年之前（1800 年），水电解过程就被英国科学家安东尼·卡莱尔（Anthony Carlisle）和威廉·尼克尔森（William Nicholson）发现。

但是，关于谁发现了燃料电池的原理，人们争论颇多。一种说法是德国化学家克里斯蒂安·弗里德里希·尚班（Christian Friedrich Schönbein），他在 1838 年对燃料电池现象进行了第一次科学研究，其工作发表在 1839 年 1 月刊的《哲学》杂志上。另一种观点是英国的威廉·罗伯特·格罗夫（William Robert Grove）提出了氢燃料电池的概念。格罗夫发现，将两个铂电极的一端浸入硫酸溶液中，另一端分别密封在装有氧和氢容器中，发现了电极之间流动着电流。进一步地,格罗夫将电极对串联起来,可以产生更高的电压,创造出他所谓的气体电池,即第一个燃料电池。

1893 年,弗里德里希·威廉·奥斯特瓦尔德(Friedrich Wilhelm Ostwald),化学物理学的创始人,通过实验确定了燃料电池中各种成分的相互联系:电极、电解质、氧化剂和还原剂、阴离子和阳离子,奠定了燃料电池的理论。

19 世纪末到 20 世纪初期间,燃料电池领域的重要贡献者是威廉·W. 雅克(William W. Jacques)和瑞士人埃米尔·鲍尔(Emil Baur)。1921 年,鲍尔建造了第一个熔融碳酸盐燃料电池(molten carbonate fuel cell, MCFC)。雅克是第一个建造大功率燃料电池系统的人,他建造了一个由 100 个管状单元组成的 1.5 kW 燃料电池,以及一个 30 kW 的燃料电池。

1932 年,英国工程师弗朗西斯·托马斯·培根(Francis Thomas Bacon)成功研制出 5 kW 碱性燃料电池(alkaline fuel cell,AFC)。碱性燃料电池也称为培根燃料电池(Bacon fuel cells)。

固体氧化物燃料电池(solid oxide fuel cell, SOFC)和熔融碳酸盐燃料电池起源于类似的研究领域。20 世纪 30 年代,瑞士人埃米尔·鲍尔(Emil Baur)和 H. 普瑞斯(H. Preis)实验了高温固体氧化物电解质。他们发现了电导率和电解质与各种气体(包括一氧化碳)之间化学反应的问题。20 世纪 50 年代后期,布勒斯(Broers)和凯特拉尔(Ketelaar)把注意力集中在熔融的碳酸盐电解质上。到 1960 年,他们报告用"浸渍在多孔的氧化镁烧结圆盘上的锂、钠和/或碳酸钾的混合物"作为电解质,制造了一个可以运行 6 个月的电池,这就是 MCFC。在 20 世纪 50 年代末,荷兰中央技术研究所和美国通用电气公司开始加速 SOFC 研究。

1961 年,G. V. 埃尔莫尔(G. V. Elmore)和 H. A. 塔纳(H. A. Tanner)在他们称为"中温度燃料电池"的研究中提出了磷酸燃料电池(phosphoric acid fuel cell,PAFC)。

在 20 世纪 60 年代早期,质子交换膜燃料电池(proton exchange membrane fuel cell, PEMFC)由托马斯·格拉布(Thomas Grubb)和伦纳德·尼德拉赫(Leonard Niedrach)在通用电气发明。1965 年,通用电气与美国国家航空航天局(NASA)和麦克唐纳飞行器公司在"双子座"计划(project Gemini)合作中实现燃料电池的第一次商业应用,用于美国太空计划的供电和饮用水。

20 世纪 80 年代,美国洛斯阿拉莫斯国家实验室(LANL)在 PEMFC 技术上取得重要的突破,把铂催化剂用量从几毫克/平方厘米降低到原来的1/10,从而大大降低了成本,提高了性能,带动燃料电池进入了一个快速发展阶段。

1990年美国出台《1990年氢研究、开发及示范法案》。随后，美国小布什政府大力推进"氢经济"，于2002年先后出台了《美国向氢经济过渡的2030年远景展望》和《国家氢能发展路线图》。这两个报告认为，氢能是未来美国能源的发展方向，美国应当走以氢能为能源基础的经济发展道路，逐步向"氢经济"时代过渡。1993年燃料电池公交车问世，掀起了一轮燃料电池发展热潮。在这一阶段，PAFC在大规模发电、医院或居民区分布式发电、汽车动力以及不间断电源等受到重视，特别是在同时提供电和热水的"热电联供"应用，被认为是一种最佳燃料电池应用方式。从20世纪90年代起，丰田、日产和本田等汽车制造商启动车用燃料电池开发应用，与此同时，三洋电机、松下电器和东芝公司开始了家庭燃料电池应用试验。以2002年第一艘燃料电池不依赖空气推进（air-independent propulsion，AIP）潜艇下水作为标志，燃料电池开始用于潜艇不依赖空气推进动力源。紧接着，2007年本田（Honda）宣布首次量产燃料电池车FCX。

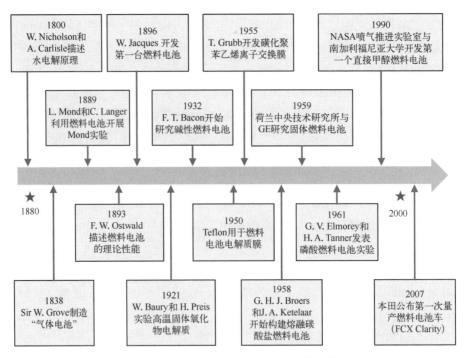

图5-1　燃料电池200年历史进程概览[2]

从2014年到现在，正在兴起新的一轮燃料电池车的发展浪潮，源于丰田发布Mirai（日文原意"未来"）。Mirai是丰田生产的中型氢燃料电池汽车，也是世界上首次批量生产和商业销售的 FCV 汽车之一,它在 2014 年 11 月的洛杉矶车展上完成第一次亮相。第二代 Mirai 已于 2019 年 10 月发布,并于 2020 年 12 月上市,其续航里程较第一代增加 30%。

从 2018 年起,我国燃料电池投资关注度不断升温,已从几年前的数家发展到 2021 年的近千家燃料电池公司。2018 年 5 月,李克强总理参观丰田汽车的氢燃料电池车,从而点燃氢能热。2019 年年初的人大会议和政协会议上,氢能相关内容第一次被纳入《政府工作报告》,全国 20 多个城市发布氢能产业建设规划,投资总规模达万亿元以上。预计 2025 年我国燃料电池汽车达到 5 万～10 万辆的规模,2030 年实现百万辆燃料电池汽车的商业化应用。

韩国于 2019 年 1 月发布《氢能经济发展路线图》,力求以氢燃料电池汽车和燃料电池为核心,打造成世界最高水平的氢能经济领先国家,预计 2040 年创造出 43 万亿韩元年附加值(约 2 500 亿元人民币)、42 万个就业岗位。日本也是最重视氢能利用的国家,要在全球率先实现"氢社会",计划到 2025 年全面普及氢能交通,并进一步扩大氢能在发电、工业和家庭应用。

2019 年 2 月,欧洲燃料电池和氢能联合组织发布《欧洲氢能路线图:欧洲能源转型的可持续发展路径》报告,指出大规模发展氢能将带来巨大的经济社会和环境效益,是欧盟实现脱碳目标的必由之路,明确了在氢燃料电池汽车、氢能发电、家庭和建筑物用氢、工业制氢方面的具体目标,预计 2030 年,氢能相关产值为 1 300 亿欧元,形成 100 万个高技能就业岗位。

美国能源部推行一系列政策支持燃料电池技术的发展,目的是使其具有成本竞争力。2020 年的两个主要目标如下:① 将汽车燃料电池系统的成本降低到每千瓦 40 美元,并最终降低到每千瓦 30 美元(这将与汽油动力轻型车竞争);② 使可再生氢燃料(从水或沼气中提取)的成本低于每加仑汽油 4 美元。联邦政府还通过各种税收抵免,鼓励购买燃料电池产品。目前,适用于燃料电池的两种税收抵免是投资于住宅的可再生能源和商业能源。早期还实施过燃料电池机动车和氢燃料基础设施的税收抵免。

世界主要发达国家从资源、环境保护等方面考虑,高度重视氢能的发展,现在氢能和燃料电池已在一部分细分领域实现了商业化。

5.2.2　燃料电池原理和种类

燃料电池原理是通过电化学反应,将氢和氧转换成水,并在这个过程中产

生电能,无须燃烧,换言之,它是一种能产生电能、水和热量的电化学能量转换
装置。燃料电池的工作方式与蓄电池很像,只是无须充电。蓄电池将所有的
活性化学物质都储存在其内部,并将活性化学物质转换成电能。一旦这些活
性化学物质用完,蓄电池便会失效。而燃料电池从外部源源不断地接收活性
化学物质,因此不会耗尽电能,只要有活性物质(燃料)连续供给,就能不断发
出电能。

如图 5-2 所示,按电解质种类,燃料电池一般划分成氢氧根(OH^-)、碳酸
根(CO_3^{2-})、氧离子(O^{2-})和氢离子(H^+)等四种类型,其基本结构主要是由四部
分组成,分别为阳极、阴极、电解质和外部电路。通常阳极为氢电极,阴极为氧电
极。阳极和阴极上都需要含有一定量的电催化剂,用来加速电极上发生的电化
学反应,两电极之间是电解质。按照图 5-2(d),以氢离子(质子)型电解质燃料
电池为例,所发生的电化学反应如下:

$$阳极 \quad H_2 - 2e^- \longrightarrow 2H^+$$

$$阴极 \quad 1/2O_2 + 2H^+ + 2e^- \longrightarrow H_2O$$

$$总反应 \quad H_2 + 1/2O_2 \longrightarrow H_2O$$

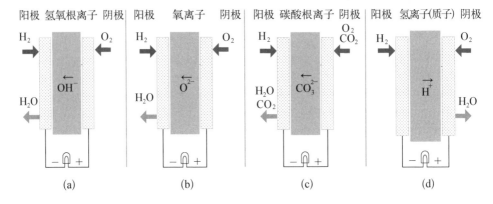

图 5-2 按电解质种类划分的燃料电池类型及其原理

(a) 氢氧根(OH^-);(b) 氧离子(O^{2-});(c) 碳酸根(CO_3^{2-});(d) 氢离子(H^+)

燃料电池概念看似简单,实际情况却相当复杂,它涉及复杂的多相电催化反
应过程机制和工程技术,人们正努力发展高效、耐用、经济的燃料电池。

目前市场上有多种类型的燃料电池,可以依据其使用电解质类型,工作温度
范围,燃料种类,或者氧化剂种类划分。表 5-1 给出了各种燃料电池比较。通
常按照电解质类型进行划分,下面介绍燃料电池种类。

表 5-1　各种燃料电池主要特征和指标对比

种类	AFC	PEMFC	DMFC	PAFC	MCFC	SOFC
工作温度/℃	<100	室温~80	室温~80	180~200	600~650	750~900
电解质	KOH	全氟磺酸聚合物	全氟磺酸聚合物	浸渍在 SiC 中的 H_3PO_4	浸渍在 γ-$LiAlO_2$ 中的 Li_2CO_3-K_2CO_3	YSZ
离子导体	OH^-	H^+	H^+	H^+	CO_3^{2-}	O^{2-}
阳极反应	$H_2 + 2OH^- \rightarrow 2H_2O + 2e^-$	$H_2 \rightarrow 2H^+ + 2e^-$	$CH_3OH + H_2O \rightarrow CO_2 + 6H^+ + 6e^-$	$H_2 \rightarrow 2H^+ + 2e^-$	$H_2 + CO_3^{2-} \rightarrow H_2O + CO_2 + 2e^-$	$H_2 + O^{2-} \rightarrow H_2O + 2e^-$
阴极反应	$1/2\ O_2 + H_2O + 2e^- \rightarrow 2OH^-$	$1/2\ O_2 + 2H^+ + 2e^- \rightarrow H_2O$	$3/2\ O_2 + 6H^+ + 6e^- \rightarrow 3H_2O$	$1/2\ O_2 + 2H^+ + 2e^- \rightarrow H_2O$	$1/2\ O_2 + CO_2 + 2e^- \rightarrow CO_3^{2-}$	$1/2\ O_2 + 2e^- \rightarrow O^{2-}$
催化剂:阳极/阴极	Ni/Ag	Pt/Pt	PtRu/Pt	Pt/Pt	Ni-5Cr/NiO(Li)	Ni-YSZ/LSM
功率范围	5~150 kW	5~250 kW	<5 kW	50 kW~11 MW	100 kW~2 MW	100~250 kW
寿命/h		>40 000	>1 000	>50 000	>40 000	>40 000
应用场景	航天	便携电源、交通、电站	便携电源	分布式电站(热电联供)	分布式电站(联合循环)	分布式电站(联合循环)

1) 质子交换膜燃料电池

PEMFC 是指以质子导电膜作为电解质,同时作为隔膜,将阳极和阴极分开的一种燃料电池,其质子导电膜与 3.4 节中介绍的为同一类材料。如图 5-2(d)所示,当发电时,氢气被送入阳极,而氧气或空气则被送入阴极。在阳极,氢被氧化,产生带正电的质子和带负电的电子。质子以水合质子形式通过隔膜到达阴极,而电子则沿着外部电路到达阴极。在阴极,质子和氧分子与电子作用,氧被电子还原,并与质子结合,产生水和热。

　　质子导电膜(PEM)在宏观上是单相的。然而在微观上,PEM 是靠化学键结合在一起的两相,每个相都含有亲水部分或疏水部分。当水合时,发生相分离,亲水部分形成连续互联的含水通道。质子导电膜的亲水部分是磺酸基,以促进质子从阳极传输到阴极。PEM 的其他功能是将阳极和阴极反应物分隔开,起到电子电流绝缘体的作用。

　　迄今为止,最好的 PEMFC 阳极和阴极催化剂仍然是铂基材料。为了使铂的利用率最大化和成本最小化,铂被精细地分散在导电的、相对化学惰性的载体上,例如炭黑。以这种方式,暴露在反应物中的、粒度为 3~5 nm 大小的活性铂能得到最大化利用,从而大大增加了 PEMFC 功率密度。为了制成电极,两种最常用的技术是在气体扩散层(GDL)上涂覆催化剂墨水,或者在膜上涂覆催化剂墨水以形成催化剂涂覆膜(CCM)。

　　图 5-3 显示了多个电池组合成的 PEMFC 电堆结构及其电堆外观。膜电极组件(membrane electrode assembly,MEA)是 PEMFC 的重要组成部分,具有三明治叠层结构。通常把掺有离聚物的铂催化剂层与 PEM 组合体称为 MEA,也有的称为 3 层 MEA,把包含多孔碳纸或布以及微孔层的称为 5 层 MEA,进一步包含密封垫片的称为 7 层 MEA。

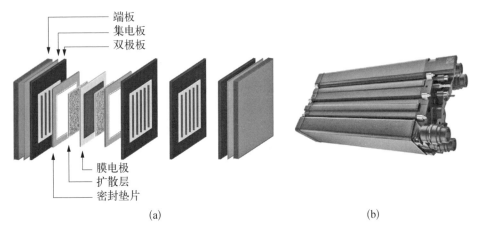

(a)　　　　　　　　　　　　　　　　(b)

图 5-3　多个电池组合成的 PEMFC 电堆结构

(a) 电堆示意图;(b) 德国 Elring Klinger 公司 135 kW 电堆

　　夹持在 MEA 的外面是双极板(BPP),也称为基于电堆整体设计的流场板,它们共同形成了一个电堆组件或单元。根据需要和功率大小,常需要几个到几百个电堆组件构成一个电堆。BPP 的主要作用是向气体扩散电极提供反应物。

　　PEMFC 工作温度相对较低(低于 100℃),而且可以很快地提供全功率负荷。PEMFC 可以提供较宽功率范围的电力,从几瓦到兆瓦级,是目前发展最好、应用最广泛的一类燃料电池。

2)直接甲醇燃料电池

直接甲醇燃料电池(direct methanol fuel cell,DMFC)可视为 PEMFC 的一种,它有一些非常吸引人的特点。它属于低温燃料电池,以甲醇作为燃料,甲醇作为液体可以很容易地储存携带。然而,使用 DMFC 时,电池的阳极侧也会产生少量一氧化碳。目前,通过大幅度增加昂贵的铂钌金属合金催化剂的载量,解决了甲醇相对缓慢的氧化反应以及由此产生的催化剂中毒问题。然而,DMFC 面临许多挑战,包括减少贵金属铂载量,减少甲醇透过以提高效率,简化辅助系统以增加能量和功率密度,提高可靠性,降低成本。

DMFC 领跑者是 2000 年成立于德国的 SFC Energy AG,产品包括便携式、移动式和固定式等离网电源,在全球销售超过 45 000 个燃料电池。2005 年成立于美国的 Oorja Fuel Cells,其产品应用于物流、汽车、分布式发电和电信行业。其他公司,如藤仓(Fujikura)、日立、东芝、索尼、MTI 微型燃料电池公司、NEC 公司、Neah Power Systems 等,都在行业内处于开发阶段,但还没有大规模生产。

3)碱性燃料电池

碱性燃料电池是最早开发的燃料电池技术之一,最初用于太空计划。这种燃料电池主要使用氢氧化钾电解质。工作温度一般为 65～90℃,若在高压和高浓度电解液条件下,可以达到 250℃。大多数 AFC 装置使用非贵金属(如镍)作为催化剂来加速反应。

AFC 有两种主要结构:静态电解质和流动电解质。"阿波罗"号和航天飞机上的静态或固定式电解质电池,通常使用饱和氢氧化钾的石棉分离器。水的生产是由阳极的蒸发控制的。流动电解液设计使用更开放的基质,允许电解液在电极之间流动(平行于电极)或横向通过电极。在平行流电解液设计中,产生的水保留在电解液中,稀释的电解液可以换成新鲜电解液。电解质横向流动时,电池具有结构成本低、电解质可更换等优点。

电极由双层结构组成:活性电催化剂层和疏水层。活性层由有机混合物组成,该有机混合物经研磨,然后在室温下轧制以形成交联自支撑板。疏水性结构防止电解液泄漏到反应气体流动通道中,并确保气体扩散到反应部位。然后将这两层压在导电金属网上,烧结完成。

AFC 的一个主要缺点是其液体碱性电解质,例如,氢氧化钾或者氢氧化钠,它们不抵抗二氧化碳,反应生成 K_2CO_3 或 Na_2CO_3。因此,AFC 应用仅限于使用不含二氧化碳的燃料和氧化剂,不能使用重整燃料或空气。

近 5 年来,阴离子交换膜燃料电池(anion exchange membranes fuel cell, AEMFC)在取代传统的 AFC 方面越来越受到重视。阴离子交换膜(AEM)由聚合物主链组成的固体聚合物膜,其上附着有功能性阳离子端基。与液体碱性系统相比,AEM 具有许多优点,如更好的耐二氧化碳性和减少气体窜流。此外,AEMFC 在很大程度上避免了液体电解质 AFC 的水淹没和流液问题。然而,AEMFC 还有许多挑战需要解决,包括性能、稳定性、耐久性、机械强度和低成本的生产方法。

4)磷酸燃料电池

PAFC 技术是最先进入商业开发和应用的燃料电池技术。它的电解液由液体磷酸制成,在碳化硅基体(SiC)中保持高浓度或纯液态磷酸(H_3PO_4),属于酸性电解质燃料电池,电极由碳纸制成,涂有高度分散的铂催化剂,工作温度为 $180 \sim 210\,^{\circ}\mathrm{C}$。比 PEMFC 和 AFC 更高的工作温度可降低 PAFC 发电厂的复杂性,废热更有价值,但同时也带来了材料方面的挑战。此外,氧在磷酸中的溶解度、阴极催化剂上存在阴离子吸附,降低了催化剂的活性,降低电极的活性。事实上,虽然 PAFC 发电率相对较低,但当热被利用时,如用于热电联产,总能量效率可以达到 80% 以上。与其他低温燃料电池技术不同,PAFC 对一氧化碳中毒具有很强的抵抗力,能够在氢气和氧气质量较低的情况下运行。

世界各地已经有大量以天然气为燃料的 PAFC 系统投入运行,主要用于输出功率在 $100 \sim 400\,\mathrm{kW}$ 范围内的固定式发电站,并在公共汽车等大型车辆中得到应用。但由于较低的功率密度和发电效率以及电解质腐蚀性等缺点,PAFC 已经逐步退出开发和应用。

5)熔融碳酸盐燃料电池

MCFC 是一种工作在 $600 \sim 650\,^{\circ}\mathrm{C}$ 的高温燃料电池,它使用的电解质由吸附在多孔、化学惰性的、锂化 $\beta\text{-}Al_2O_3$ 固体陶瓷($LiAlO_2$)支撑基体中的熔融碳酸盐混合物(62% Li_2CO_3 和 38% K_2CO_3)组成,非贵金属镍用作阳极和阴极的催化剂。

阳极镍基合金(镍与 2%~10% 铬或铝合金)可以提高材料的抗蠕变性,防止在燃料电池的高工作温度下阳极烧结。阴极材料由偏钛酸锂或多孔镍组成,多孔镍转化为锂化氧化镍(锂插在 NiO 晶体结构中),其主要问题是 NiO 的溶解(NiO 与二氧化碳发生反应),导致镍金属沉淀在电解液中,产生电池短路。在阴极端,多孔镍阴极催化二氧化碳、1/2 个氧气分子和两个电子结合在一起,形成碳酸根离子。CO_3^{2-} 通过电解液迁移到另一侧的镍阳极,与 1 个氢分子反应生成水、两个电子和二氧化碳。

　　MCFC 可用燃料有天然气、沼气(通过厌氧消化或生物质气化产生)和煤气,可应用于电力、工业和军事应用的发电厂。MCFC 通常用于为大型固定发电系统提供几十千瓦到数十兆瓦量级的电力。电效率为 37%～42%,热电总效率为 60%～80%。目前 MCFC 技术的主要缺点如下:① 电解质损失;② 惰性电解质支撑基体降解;③ 阴极溶解等导致的耐久性问题,电池高温运行和使用腐蚀性电解质加速了部件腐蚀,这些问题降低了电池寿命。

　　世界上有 6 家 MCFC 主要开发商:FuelCell Energy(FCE,美国)、CFC Solutions(德国)、Ansaldo Fuel Cells(AFCo,意大利)、Ishikawajima-Harima Heavy Industries(IHI,日本)、POSCO/KEPCO consortium-Doosan Heavy Industries(韩国)和 GenCell Corportation(美国)。FCE 主要生产三种规格的产品:DFC® 300 MA(300 kW)、DFC® 1 500(1.2 MW)和 DFC® 3 000(2.4 MW),FCE 和它的客户运营 50 个 MCFC 发电厂,提供现场发电和水蒸气或热水。这些设施大部分位于美国东北部和加利福尼亚州,还有一些位于韩国和欧盟。最近,FCE 公司提出了 MCFC 结合碳捕获的电-氢-二氧化碳"三联供"应用方案。如图 5-4 所示,该方案利用 MCFC 捕获发电厂烟气中的二氧化碳,同时利用天然气、煤或其他燃料发电,图 5-4 来自 FCE 公司网站。首先,它利用 MCFC 产生的水和废热在

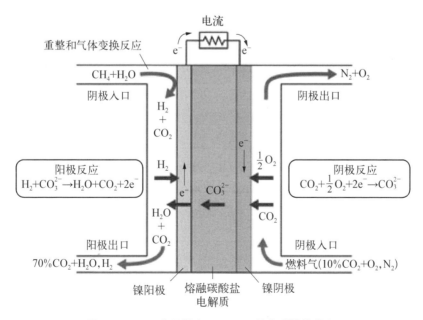

图 5-4　FCE 公司提出了 MCFC 结合碳捕获的电-
氢-二氧化碳"三联产"应用方案

电池内部将碳氢化合物转化为氢气,其镍电极可在 600℃ 的操作温度下催化重整和气体变换反应。因为氢不断被消耗,根据化学平衡原理促进催化重整和气体变换两个反应进行。其次,作为 MCFC 电化学循环的一部分,电池通过电解质泵送二氧化碳,将其从氮气稀释空气流(阴极气流)中输送到浓缩燃料流(阳极气流)。阳极出口气体含约为 70% 的二氧化碳,其余为氢气和水,这是一种比发电厂原始烟气(10% 的二氧化碳在氮气中稀释)更适合碳捕获、储存和利用的混合物。对于单独运行的 MCFC,必须将一部分阳极出气流中二氧化碳再循环回阴极进气口,以保持二氧化碳循环。如果连接在火力发电厂末端,MCFC 则可以从烟气中提取出约 90% 的二氧化碳。项目完成后,该工厂将提供淡水、2.3 MW 的电力和每天 1 200 kg 氢气,氢气将为丰田的燃料电池车提供燃料。这将是 FCE 第一个采用这种电-氢-二氧化碳"三联产"配置的商业规模工厂。

6) 固体氧化物燃料电池

SOFC 是比 MCFC 工作温度更高的一种高温燃料电池,在 750~900℃ 时,它是一种全固体陶瓷材料电池。SOFC 阴极催化氧分子(通常来自空气)转化为氧离子。电解质允许氧离子从阴极迁移到阳极,但阻止电子的通过。在阳极,氧离子与燃料发生电化学反应(通常是氢)在一个反应中释放电子到一个外部电路并产生电。

最常用的阳极材料是由镍与陶瓷材料混合而成的金属陶瓷,该陶瓷材料用于特定电池的电解质,通常是钇稳定氧化锆(YSZ)。YSZ 作为阳极材料有一些缺点,镍粗化、积碳、还原氧化不稳定性和硫中毒是限制 Ni - YSZ 长期稳定性的主要障碍。目前的研究主要集中在降低或替代阳极中的镍含量以提高长期性能。含有 CeO_2、Y_2O_3、La_2O_3、MgO、TiO_2、钌、钴等材料的改性 Ni - YSZ 被用于抗硫中毒,但由于初始降解速度快,其提高作用受到限制。

电解质是一层能传导氧离子的致密陶瓷,它的电子传导率必须保持尽可能低,以避免泄漏电流造成的损失。常用的电解质材料包括 YSZ、钪稳定氧化锆(ScSZ)和掺钆氧化铈(GDC)。

目前,镧锶锰氧化物(LSM)由于其与掺杂氧化锆电解质的相容性而成为商业用途的阴极材料。为了增加三相界面(triple phase boundary,TPB)反应区,良好的阴极材料必须能够传导电子和氧离子。用 LSM - YSZ 组成的复合阴极增加了三相界面。

SOFC 的工作温度非常高,高温改善了电极动力学反应,避免了使用贵金属催化剂。理想情况下,SOFC 产生的电能可以达到入口燃料能量的 70%(即发电效率);实际上,在终端用户系统,这个效率在 40%~60% 范围内,具体取决于发电厂的配置。而在基于燃烧技术的、非常大规模(几百或几千兆瓦)的电力系统中,只能达到 55% 的电效率。在实际应用中,SOFC 的效率与规模无关,它是独一无二的,已经证明,即使在 1 kW 时,发电净效率也达到 60%。

由于 SOFC 系统可以建造成几瓦到几百千瓦之间的任何规模,它们可以服务于各种各样的应用,保持其燃料灵活性和高电气性能效率。最有希望立即加以应用的领域[3]:

(1) 移动、军事和战略(小于 1 kW);

(2) 辅助动力装置(APU)和备用电源(1～250 kW);

(3) 固定式小型热电联产(m - CHP)(1～5 kW);

(4) 大、中型固定式发电(0.1～10 MW)。

SOFC 能够使用不同的碳氢化合物燃料,并且不需要外部转化炉。然而,若使用碳氢化合物燃料,固体燃料电池释放二氧化碳。SOFC 启动过程比低温燃料电池技术要长许多。在 SOFC 示范装置数量方面,布鲁姆能源(Bloom Energy,美国)、京瓷(Kyocera,日本)、SOLIDpower(意大利)和 FCE(美国)表现尤为突出。

5.2.3　燃料电池与水电解制氢的结合——再生燃料电池

水电解制氢与氢燃料电池发电是两个相反的过程,前者消纳电能产生氢气,后者消耗氢气发电,将具有水电解和燃料电池发电两种功能结合成一体的电化学装置称为可再生燃料电池(regenerative fuel cell, RFC)。显然,RFC 具备“充电”和“放电”功能,与普通充电电池极其相似。水电解和燃料电池发电两种功能可以分别在各自水电解槽和燃料电池电堆中进行,称为分离式再生燃料电池(discrete RFC, DRFC),也可在一个一体式再生燃料电池(unitized RFC, URFC)电堆中发生,后者也称为“可逆燃料电池”(reversible fuel cell)。URFC 相对于 DRFC 的优势是,由于将电池组件从两个电堆减至一个,装置重量和成本支出都能减少。

最早的 RFC 概念案例是通用电气于 1973 年提出的,他们采用质子交换膜作为电解质隔膜,测试了一个 RFC 单电池,结果表明在水电解制氢↔氢氧燃料电池发电之间的可逆操作是可行的,且电池隔膜和催化剂没有明显衰减。RFC 可以有高于 350 W·h/kg 的能量密度,远高于锂电池(低于 200 W·h/kg),也没有锂电池的自放电问题,它占用相对较小的空间,可以使航天器最小化,还可以提供氧供在太空船上消耗,并保持一个舒适的环境。美国国家航空航天局的 Glenn 研究中心,在 1998 年和 2006 年期间,开展了航空方面的氢/氧 RFC 开发项目,探讨提供动力的 RFC 储能潜力,如在夜间延长工作时间、多个昼/夜循环不落地情况下应用与无人驾驶电动飞机、高空气球和飞艇等场合。人们对高空无人飞机和飞艇的兴趣与日俱增,这些飞机和飞艇可用于各种应用,包括为服务不足的地区提供互联网和通信接入,以及监测天气系统。

在 RFC 电化学能量转换装置中,氢氧燃料电池所用的燃料氢气和氧化剂氧气通过水电解过程得以"再生",能够实现以氢为介质的蓄能作用。

原理上,任何化学反应都是可逆的。因此,每种燃料电池都可以实现再生燃料电池功能。目前研究最多的再生燃料电池是质子交换膜再生燃料电池(R-PEMFC),其次是固体氧化物再生燃料电池(R-SOFC),基于碱性交换膜的再生燃料电池(R-AEMFC)也开始受到关注[4]。表 5-2 给出了三种 URFC 的典型特征。

表 5-2 三种 URFC 的典型特征[4]

种　　类	电解质	循环效率/%	工作温度/℃	催化剂种类	
				氢电极	氧电极
UR-PEMFC	H^+ 导体聚合物膜	40~50	10~100	铂基材料	铂+铱/钌氧化物
UR-AFC	OH^- 导体隔膜/聚合物膜	30~40	20~120	铂基材料;镍;镍-银;Rh_2P;钴/镍	贵金属及其氧化物;金属氧化物/磷化物/氮化物
UR-SOFC	O^{2-} 导体陶瓷	60~80	600~1 000	铂;Ni-YSZ/Ga 掺杂氧化铈	镧锶锰矿/铁氧体

图 5-5 给出了 R-PEMFC 和 R-SOFC 的工作原理。更深入地说,URFC 有两种可能构型:传统恒气体(CG)结构和非常规恒电极(CE)。在 CG 配置中,URFC 由氧电极(ORR/OER)和氢电极(HOR/HER)组成,其优点是避免了模式转换时出现氢气和氧气的混合,并且可以在充放电之间快速切换;其缺点是,热力学、动力学和运输限制最严重的两个反应:放电时的氧还原反应和电解时的氧析出反应,在电池的同一电极上进行,导致电池效率低下。在 CE 配置中,URFC 由阳极(HOR/OER)和阴极(ORR/HER)组成,阳极和阴极上的气体在电解和燃料电池模式之间切换,这对改善氧气传输和 ORR 动力学方面具有明显的优势,同时利用阳极侧容易的 HOR,减少催化剂负载,改善 OER 动力学;

其缺点是,当在 FC 和 EL 模式之间转换时,每个电极经历更大范围的电势,这会导致更快的材料降解率,限制器件寿命,需要在充电和放电模式之间进行安全转换,以避免氧气和氢气的混合。

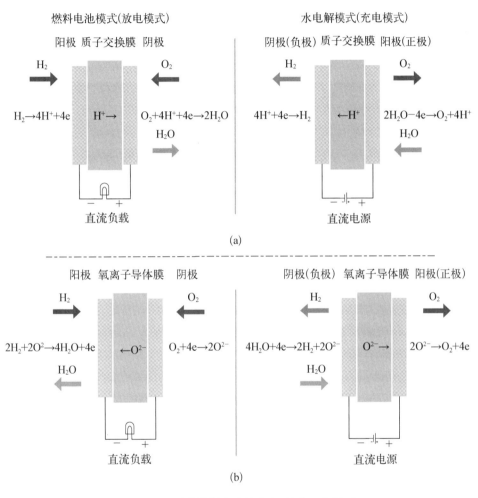

图 5-5　再生燃料电池的充电-放电工作原理

(a) PEM RFC；(b) SO RFC

最近的一项研究表明,采用能量储存的 URFC 可以达到 60% 循环效率和 10 000 次循环耐久性[5]。如图 5-6 所示一体式再生燃料电池的极化曲线,在 1 A/cm² 和 2 A/cm² 时的循环效率分别为 57% 和 30%。若在燃料电池模式时采用氧气作为氧化剂,同样在 1 A/cm² 和 2 A/cm² 电流密度下的循环效率则分别达到 60% 和 49%。

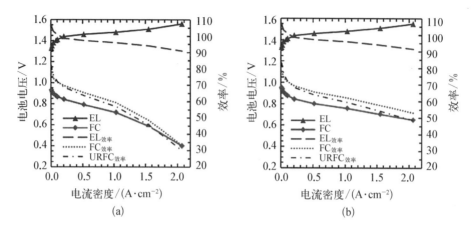

图 5-6　在阳极催化剂层中使用最佳催化剂配比(90%铱+
10%铂)的一体式再生燃料电池的极化曲线

(a) 空气作为反应物；(b) 氧气作为反应物[5]（彩图见附录）

5.2.4　燃料电池的优势和应用

燃料电池的优势主要体现在以下五大方面。

(1) 高效率。

燃料电池将燃料的化学能直接生成电能,该技术不受卡诺热循环限制影响,而卡诺热循环制约所有基于燃烧发电系统的效率。

(2) 低的化学排放、噪声和热发射。

由于更高的效率和较低的燃料氧化温度,燃料电池发电时释放的二氧化碳和氮氧化物较少,此外,由于没有运动部件(除了辅助泵、鼓风机和变压器外),噪声和振动可以忽略不计。

(3) 模块化和选址灵活性。

单节燃料电池产生的电势小于 1 V,为了产生更高的电压,多节串联堆叠在一起,电堆中燃料电池的节数取决于所需的输出功率和单个燃料电池性能,其功率可以从几瓦到几百千瓦(甚至是兆瓦)量级。

(4) 维修费用低。

由于高度模块化,对于同一类型的燃料电池来说,确定和替换电堆内的损坏或故障电池相对容易,明显降低了维护成本。

(5) 燃料灵活性。

氢是燃料电池使用最多的燃料,同时燃料的灵活性已经在许多使用天然气、丙烷、垃圾填埋气、厌氧消化气、军用燃料和煤气的燃料电池技术中得到了证明，然而这种灵活性在很大程度上取决于所使用的燃料电池的工作温度范围。

目前，燃料电池已经在某些特定的应用领域蓬勃发展，例如太空（卫星、空间站等）、物流仓库中的叉车、电信备用电源以及关键设施（包括信用卡处理和数据中心）的主电源和备用电源。如表 5-3 所示，由于其独特优势，燃料电池在固定式发电、运输动力和便携式电源三个方面获得高度重视，发展潜力巨大。

表 5-3　燃料电池主要应用领域

应用类型	固定式发电（建筑物/工业）	运输动力（公路/铁路/航空/海运）	便携式电源
典型功率范围	0.5 kW～2 MW	1～300 kW	1 W～20 kW
典型燃料电池种类	• PEMFC • SOFC • AFC • MCFC • PAFC	• PEMFC • DMFC	• PEMFC • DMFC • SOFC
应用场景举例	• 家用 CHP（微型 CHP） • 商用 CHP（微型/小型 CHP） • 工业和大型 CHP • 不间断电源（UPS） • 各种规模的专用发电 • 较大的"永久性"APU • 多联供	• 物料搬运车 • 燃料电池电动车（FC electric vehicle，FCEV） • 重载车（卡车、巴士） • FC 火车 • FC 船 • 自动驾驶车辆（陆地、水上、空中）	• 小型可移动 APU（照明、船只、露营车） • 军事设备（士兵携带的电力、撬装发电机等） • 便携式产品（笔记本电脑、手机、电池充电器等）

1）便携和移动——低功率、对重量敏感等应用场景

紧凑的便携式燃料电池系统可用于为电池充电或直接为消费类电子产品（如笔记本电脑和智能手机）供电。便携式燃料电池还可以作为离网备用电源（如在偏远地区）或移动电源应用。

信息化条件下的高技术战争，士兵除携带武器弹药外，还配备头盔显示器、激光测距仪、卫星定位终端以及高性能作战计算机等，这些设备每时每刻都需要充足的电量供应。美国陆军预测，未来单兵装备的平均耗电功率将达到 100 W，传统的干电池、蓄电池等早已"不堪重负"。

军事部门是便携式燃料电池应用的一个有吸引力的领域。传统上，通常用电池为士兵的装备供电，但是在长期任务中，单靠电池是不能满足全部需求的。

因此,士兵需要携带额外的电池,这会影响弹药和其他重要物资所需的空间。DMFC 是便携式应用中最常见的燃料电池类型,因为它提供了如下功能:① 更高的能量密度,其能量密度是先进电池的 5～10 倍;② 即时补充能量能力;③ 低的热、声学和 EMI 特征;④ 具有标准化和可扩展性的潜力;⑤ 长寿命的耐用性。德国 SFC Energy 开发的 Emily 系列 DMFC 发电机,是专门为满足国防应用的要求而开发的。当安装在军用车辆上时,它与车辆蓄电池相连,以最小的排放和噪声信号自动提供动力。这种燃料电池的质量只有 12 kg(27 lb),它还可以用来为移动指挥所提供电力,或者用作野战充电器。部署在车外独立使用时,它通过电源管理器能为几乎所有的电气设备供电(平均负载高达 100 W)。

美国 AMI 公司开发了以丙烷作为燃料的 300 W SOFC,耐冲击,防沙尘,可靠性好,适应各种恶劣气候,可在 $-20～50℃$ 的环境下正常工作。该电池在 2010 年被美军用于阿富汗战场,主要为通信设备和单兵装备供电。美国 NanoDynamics 公司开发了一种名为 Revolution50 的便携式 SOFC,同样以丙烷为燃料,每填充一次燃料,可连续 24 h 输出 50 W 的功率,在士兵装备的电力供给、充电电池的便携充电系统、电动工具等多领域均可应用。美国海军研究实验室研制的 XFC 无人机,采用 PEMFC 能够支持无人机及其机载光电/红外设备,进行超过 6h 的飞行,而普通电池只能支持飞行 1～2 h。

欧盟项目"应用于卡车的 SOFC 辅助电源装置"(SAFARI)旨在设计用于卡车的 SOFC,使用液态天然气(LNG)高效提供驾驶室电、热量和空调,其技术指标:电力输出 $>250W@24VDC$;燃料消耗指标(以 LNG 为燃料时)<100 g CH_4/h;电力转换效率$>25\%$,总效率(电＋热)$>80\%$。该辅助电源装置还可应用房车辅助电源。

2) 交通动力——宽功率范围、快速启动、动态响应迅速等应用场景

交通运输的未来是电力驱动,氢将是其中非常重要的一部分。燃料电池可以用来驱动叉车、公共汽车、火车、轮船、飞机和汽车。燃料电池驱动的叉车特别受欢迎,其用户包括宝马、可口可乐、联邦快递、沃尔玛和 Whole Foods。现代、丰田和本田的燃料电池汽车已经进入商用市场。

国际上,燃料电池叉车已经进入商业化阶段,并取得了良好经济效果。燃料电池叉车的领导公司 PLUG POWER 已经出货 2.5 万台燃料电池叉车,其中在沃尔玛的 22 个配送中心使用了超过 5 500 台。日本已经将燃料电池叉车应用于工厂、物流中心的物料搬运工作当中,分别用于短距离、多频次重物搬运,以及低温工作环境中。继在 2017 年推出商业化乘用车"Mirai"后,丰田公司最近又开始进军仓储物流领域的燃料电池叉车。长时间的运行测试表明,相较于传统

的汽油叉车,氢燃料电池叉车的总碳排放降低 94%,相比电动叉车也有着 86% 的消减。同时也能保持传统内燃叉车的工作性能。这种车辆只需要 1～3 min 就可以加氢,而电动竞争对手电池的更换时间为 10～20 min。

在美国,370 万辆重型卡车向消费者运送货物,在全国运输原材料,并为制造商运输部件,长期以来一直由柴油发动机提供动力,柴油发动机排放污染,并产生显著的道路噪声。2020 年北美货运效率委员会(NACFE)发布了指导报告"了解重型氢燃料车",强调了作为柴油的清洁能源替代品,使用燃料电池驱动的卡车与电池驱动的卡车所具有竞争力的挑战和好处。NACFE 认为燃料电池卡车是柴油卡车的可行替代品,并将在许多应用中作为电池电动卡车的补充。2021 年 5 月,现代汽车公司发布了其最新升级的 XCIENT 燃料电池重型氢动力卡车(见图 5-7),图片源自该公司网站,这是世界上第一款大规模生产的重型氢动力卡车。该型号配备一个 180 kW 的氢燃料电池系统,最大扭矩为 2 237 N·m,350 kW 电动马达进一步提高动态驱动性能,七个大型氢燃料箱,总储存容量约为 31 kg 燃料,而一套 72 kW·h 的三组电池组提供了额外动力来源,最大行驶里程约为 400 km。根据环境温度的不同,装满一个氢气燃料箱大约需要 8～20 min。2022 年 XCIENT 重卡进入德国市场,计划到 2025 年总数达到 1 600 辆。2021 年 4 月底,戴姆勒卡车制造商开始对其于 2020 年推出的梅赛德斯-奔驰 GenH2 卡车的首个新增强型原型进行严格测试。根据计划,该车也将在年底前在公共道路上进行测试。客户试验计划在 2023 年开始,第一个系列生产的 GenH2 卡车预计将在 2027 年开始移交给客户。

图 5-7　世界上第一辆大规模生产的重型
氢动力卡车 XCIENT 燃料电池车

公交客车是燃料电池技术的最佳早期交通应用之一。公共汽车行驶在拥挤的地区,污染已经成为一个问题。在未来 10~20 年内,燃料电池公交车将在交通运输中发挥重要作用。早期的市场部署主要是电池电动客车,因为电池电动客车在小批量部署时更简单、更具成本效益。在 20 世纪 80 年代末和 90 年代初,美国探索实施了第一批燃料电池巴士示范项目。这些早期的努力重点在于证明燃料电池公交客车动力概念。2012 年,DOE 和 DOT/FTA 为 FCB 设定了性能和成本目标[6]。同时设定了燃料电池巴士的中期目标(2016 年),以及能够与商用巴士竞争的最终目标。

目前已有三家公司推出量产燃料电池乘用车。2014 年,现代推出了其燃料电池 Tucson SUV,2016 年丰田推出了 Mirai 燃料电池轿车,2017 年本田将第二代 Clarity FCEV 推向市场。2020 年,现代将 Tucson FCEV 升级为 Nexo crossover,同时丰田推出了全新的第二代 Mirai。图 5-8 所示是三款已经商业化的燃料电池车(丰田/本田/现代)。本田 2021 年宣布其在 2022 年停产 Clarity FCEV,进行产品换代。

图 5-8 三款商业化燃料电池车(丰田/本田/现代)

燃料电池在军事装备动力方面有多种用途。燃料电池 AIP 系统已在潜艇上获得使用,约占国外潜艇 AIP 系统使用总量的 60%,是潜艇 AIP 的重要发展方向。燃料电池 AIP 潜艇可以在柴油动力下高速运转,也可以切换到 AIP 系统进行安静的慢速巡航,在几乎没有废气热量的情况下在水下长时间停。德国的 212 型/214 型潜艇、俄罗斯第五代常规艇(在建)、西班牙 S80 潜艇(在建)、法国"短鳍梭鱼"型潜艇(设计阶段)均已使用或确定使用燃料电池 AIP+柴油机动力型式。日本防卫省也在研发潜艇燃料电池动力系统,2021 年之后日本将会有一艘接替"苍龙"级 AIP 潜艇的技术验证实体舾装。水下无人潜航器(UUV)在现代战争中扮演着重要的角色,可以发挥水下侦查、探测及攻击等作用。UUV 对推进系统的要求是高比能量、安全可靠及噪声特征低,目前的锂离子电池系统仅仅能提供 24 h 左右的供电能力,与 UUV 需要持续工作数周的要求相差甚远。

美国海军研究署希望通过燃料电池技术,将 UUV 续航力提高至 70 天。通用公司研制了氢燃料电池驱动的 ZH2 型轻型作战卡车。这辆轻型多用途卡车由燃料电池和电池提供动力,配有一个 50 kW 电池,燃料电池承担充电任务,也可以拆卸下来为其他应用提供动力。该车型一大特点是挂载可输出电力装置,使其能够作为可移动式发电机。在停泊状态下,燃料电池产生 300 V 直流电源,可输出电源装置将其转换为 120 V 或 240 V 交流电源,功率可达 25 kW,足以为临时军营供能。

3）固定电源（电站）——稳定电力输出、高能量效率、高可靠电源等应用场景

固定式燃料电池是分布式发电的重要组成部分,通常用作大型能源基础设施的主要或备用电源,具体地有三种主要用途:热电联产(CHP)、不间断电源(UPS)和发电厂。

图 5-9 展示了 1.5 kW SOFC-CHP(BlueGEN)外观以及安装所在的建筑物——英国诺丁汉大学 David Wilson Eco House。燃料电池热电联供系统主要为家庭和建筑物的一次电源和热量,发电功率范围从 0.5 千瓦到几兆瓦,利用燃料电池产生的热量和电能最大限度地提高燃料效率(其他系统中的热量可以用于加热水和/或为建筑物提供空间加热)。燃料电池 CHP 系统运行效率为 80%～95%。日本家庭已安装了 30 多万台燃料电池 CHP 装置。在美国,CHP 燃料电池已安装在杂货店、医院、企业设施等场所,发电功率范围从 200 kW 到 1 MW 以上。

图 5-9　安装在英国诺丁汉大学 David Wilson Eco House
内的 1.5 kW SOFC-CHP(BlueGEN)

日本的 ENE‑FARM 计划始于 2009 年,主要针对家庭燃料电池 CHP。图 5‑10 给出了日本家庭燃料电池 CHP 安装台数和销售价格变化趋势,2018 年的价格降到了初期价格的 1/3,到 2018 年累计安装数量为 25 万台,其中 PEMFC 和 SOFC 分别是 20 万台和 5 万台[7]。到 2019 年,整个日本安装数量超过 31 万台,按照"日本氢和燃料电池战略路线图",预计到 2030 年全日本安装数量为 53 万台,占 10％户数。

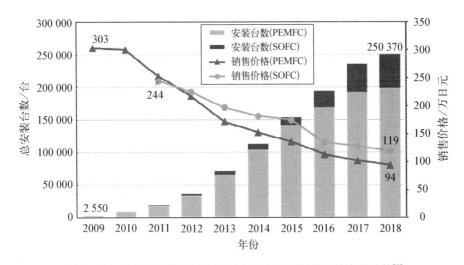

图 5‑10 日本家庭燃料电池 CHP 安装台数和销售价格变化趋势[7]

欧洲住宅 FC mCHP 的大范围试验项目(ene.field)是欧洲最大的基于 FC 的 mCHP 示范项目之一。该项目在 2012—2017 年演示了 1 046 个固定 FC (PEMFC 和 SOFC)住宅和商业用系统应用,其大小从 300 W 到 5 kW 不等。通过"通往具有竞争力的欧洲 FC 微型热电联产市场的途径"(PACE)项目 (2016—2021 年),全欧洲已有 2 500 多名住户受益于该家庭能源系统,推动制造商走向产品产业化和培育市场阶段。此外,燃料电池三联供技术通过热驱动冷却技术,利用回收的废热产生有用的冷却输出,使热电联产概念更进一步。

全球已经安装额定功率大于 200 kW 的大型固定式燃料电池系统,其容量超过 800 MW,用于分布式发电和热电联产应用,其中美国和韩国的安装量最大[8]。针对利用工业废氢发电,为期 4 年(2015—2019)的欧洲项目"演示热电联产 2 MW PEM 燃料电池发电机及其集成到现有的氯气生产装置" (DEMCOPEM‑2MW)[9]展示了 PEMFC 放大技术(世界上最大的 PEMFC 发电厂,额定功率为 2 MW 直流电),并将其集成到氯气生产装置。该项目的目标是提高热电联产系统的效率(超过 50% 的电气效率和 85% 的总效率)和长的燃料电池寿命。2016 年,该装置在辽宁营口三征精细化工有限公司新东华厂进行了安装示范。利用 PEMFC 发电技术,将氢气转化为电、热和水,用于氯碱生产过程,将生产电耗降低 20%。取得了如下结果:

(1) 热、电与现有氯气生产厂的整合;

(2) 在系统层面上 50% 净电能转换效率和 80% 热电联产效率;

(3) 超 2 年的发电和供热示范;

(4) 在超过 2 年的运营期内,在线可用性高达 95% 以上;

(5) 该发电厂的发电量超过 13 GW·h,并提供 7 GW·h 的 65℃ 热能;

(6) 已经回收了 850 多吨氢气,避免了 15 000 t 二氧化碳的排放。

当常规电力系统发生故障时,燃料电池既可用于关键照明、发电机或其他用途的应急电源,还可在医院和服务器场等关键设施中取代柴油驱动的备用发电机。燃料电池不间断电源能够提供即时断电保护。与电池相比,燃料电池优势突出:① 在恶劣的户外环境下具有更长的连续运行时间和更高的耐久性;② 由于运动部件少,它们需要的维护比发电机或电池少;③ 它们还可以远程监控,减少维护时间。与发电机相比,燃料电池更安静,没有排放。从生命周期考虑,当运行时间短到 72 h 以内时,燃料电池可以比发电机系统和纯电池系统提供显著的经济优势。由于储氢罐租赁的成本,更长运行时间的燃料电池系统成本可能高于现有技术。

燃料电池作为一项"古老"同时又"年轻"的新兴技术,仍然有许多工作要做,例如提升性能、延长寿命、增强可靠性以及降低成本等,此外还需加深公众认知、认可,得到社会普遍接受。

作为氢能最重要的应用技术,燃料电池应用前景值得期待,发展空间巨大。除了作为清洁发电技术,燃料电池还能与碳捕获、可再生能源储能等应用结合在一起,如前面提到 FCE 公司"三联供"应用方案,利用 MCFC 捕获发电厂烟气中的二氧化碳。

5.3　储能——借助于电转气或化合物

在人类开发利用能源的历史长河中,石油、天然气和煤炭等化石能源终将走向枯竭,而化石能源的大量开发和利用,是造成大气和其他类型环境污染与生态破坏的主要原因之一,同时也导致了全球气候变暖。很多国家、城市和国际大企业做出了碳中和承诺并展开行动,全球应对气候变化行动取得积极进展。随着国际社会对保障能源安全、保护生态环境、应对气候变化等可持续发展问题的日益重视,加快开发利用可再生能源已成为世界各国的普遍共识和一致行动,当今世界正处于从基于化石燃料的能源系统向基于可再生能源的可持续发展能源系统转变。许多国家开展了可再生能源开发利用实践,部分已经达到技术可行、经济指标逐渐趋于合理,能够对化石能源形成了替代。21世纪以来,世界可再生能源经历了持续的快速发展。根据英国石油公司 BP 发布的 2020 版《BP 世界能源统计年鉴》[10],2019 年可再生能源增长创下历史新高,占全球一次能源增长的 40% 以上,高于其他各类燃料。可再生能源在发电领域的占比达到 10.4%,首次超越核电。可再生能源的利用途径主要包括发电、供热和供冷、液体燃料制取等,其中发电是最主要、规模最大、最可能替代化石能源的途径。从发展规模来看,水电、太阳能光伏发电和风力发电占绝对领先地位。2019 年,全球水能、风能、太阳能、生物质能、地热装机容量占可再生能源总装机容量比重分别为 46.89%、24.55%、23.12%、4.88%、0.55%。其中,太阳能和风能装机增速最快,呈爆发式增长[11]。针对可再生能源市场的最新发展动向,国际能源署于 2020 年 11 月 10 日发布《可再生能源 2020》报告。报告显示,到 2025 年可再生能源将超过煤炭,成为全球最大的发电来源,预计将提供世界 1/3 的电力。

然而,太阳能和风能发电受自然条件限制,发电的时段和多少通常难以控制。对于太阳能光伏发电而言,其能源直接来源于太阳光的照射,光伏发电系统只能在白天发电,晚上不能发电,这与人们的用电需求不符。地球表面上的太阳照射受气候的影响很大,长期的雨雪天、阴天、雾天甚至云层的变化都会严重影响系统的发电状态。另外,地理位置不同,气候不同,使各地区日照资源相差很大,光伏发电系统只有应用在太阳能资源丰富的地区,其效果才会好。光伏发电、风电等可再生能源的波动性、间歇性和随机性等发电特点给电网的接纳带来了巨大挑战,风强日烈时产出的过量电能面临储存难题。另外,空间资源可用性(风和日照)和能源需求(消费者)不匹配带来了进一步的挑战。例如对于风力发电而言,由于风力大小随季度呈周期性变化,导致风力发电量也相应变化,不能有效匹配当地的用电量需求。风力的实时波动会影响风机的输出功率,风机并网时可能产生冲击电流,甚至引起电压闪变和频率越限,对电网的电能质量产生不良影响。因此,"弃风弃光"等现象极为严重,尤其在可再生能源渗透比例比较高的地区。为了提升电网接纳光伏、风电等可再生能源的能力,减少"弃光弃风"现象,国内外普遍认为研究和发展电力系统的储能(尤其是电化学储能)技术是可再生能源发展的最佳技术支撑和有效解决途径[12]。其中的电池储能系统在电力系统中应用可以提高系统的运行稳定性、提高供电的质量,甚至可以达到调峰的目的,但不适合大规模和长时间的储能应用。

对此,可将来自可再生能源的电能转换为化学能来实现大规模和长时间储能,目前常称之为电转 X(power to X),其中包括电转气、电转液体燃料及化工原料等,这些都是非常有效的长期储能技术。所有电转 X 的基础是在燃料和化工原料生产中采用的氢气、一氧化碳和二氧化碳,进而产生气体或液体的碳氢化合物如甲烷、甲醇、其他液体燃料等,或氨。所谓电转气技术即是可再生能源电力制氢或合成甲烷的技术[13],电转气首先利用"过剩"的太阳能电或风电将水电解为氢气和氧气,再用生成的氢气与二氧化碳反应产生甲烷,这个催化反应过程实际上就是利用"过剩"的电能人工合成天然气,从而这些天然气可以很方便地导入现有的天然气基础设施中得到综合利用。所谓电转液体燃料及化工原料技术即是基于可再生能源电力、水和二氧化碳的液体碳氢化合物合成技术[14]。同样,利用"过剩"的太阳能电或风电将水电解为氢气和氧气,还可将水和二氧化碳同时电解为氢气、一氧化碳和氧气。分别以氢气、一氧化碳和二氧化碳为原料,通过多种路径实现液体燃料及化工原料的合成,包括甲醇合成及转化、费托合成及产品升级和氨合成。因此,这一技术能够生产高能量密度的液体燃料,提供了长期储能的解决方案,有助于电网的稳定性。

电解技术是电转 X 过程中的关键环节,基于最终燃料的种类,所进行的电解过程包括电解水制氢、共电解水和二氧化碳制合成气。电解水制氢技术主要有碱性电解水制氢、固体聚合物电解水制氢、高温固体氧化物电解水制氢,而高温固体氧化物电解电池还可实现水和二氧化碳共电解制合成气。二氧化碳在电转 X 过程中可实现资源化利用,这不仅是一种非常理想的二氧化碳减排途径,以实现未来 10 年全球气温上升幅度控制在 1.5℃的减排目标,而且将二氧化碳这种自然界大量存在的廉价碳源化合物转化为具有较高工业附加值的产品,还能够带来可观的经济效益。

二氧化碳来源广泛,最大的工业排放源为水泥行业和钢铁行业,当然还包括其他方面化石能源的燃烧和汽车尾气等分布源。对此,烟气中的二氧化碳捕集技术可以分为燃烧前捕集、燃烧后捕集和富氧燃烧技术[15]。对于燃烧后捕集而言,通过添加化学试剂的方法从电厂排出烟气中分离出二氧化碳,分离通常使用的吸收液为单乙醇胺,通常将混合液加热数小时并维持在 150℃时二氧化碳才可被分离,二氧化碳被释放出来并形成高纯度的二氧化碳气流,而吸收液可重复使用。燃烧前碳捕集技术结合整体煤气化联合循环(IGCC)过程,高温高压下粉末状的化石固体燃料与水蒸气、氧气通过烧嘴被喷入气化炉中,分解生成氢气和一氧化碳混合气,再经冷却进入催化转化器中,催化重整生成以二氧化碳和氢气为主的水煤气(其中二氧化碳摩尔分数为 15%～60%),经过分离、提纯和压缩,二氧化碳被分离出来,高纯度的氢气则作为燃料被送入氢燃气轮机。富氧燃烧捕集技术采用高纯度的氧气(摩尔分数为95%～99%)代替空气与燃料燃烧,并进行烟气循环,生成以水和二氧化碳为主的烟气,再经烟气冷却系统,进一步处理得到高纯度的二氧化碳。其中燃烧后捕集技术能够满足现有烟气特点的要求,工程量较小,被认为是可行性最高的二氧化碳减排方法。燃烧后捕集又分为吸附法、吸收法、膜分离法,其中吸附法分为变温吸附法(TSA)、变压吸附法(PSA)、变电吸附法(ESA),吸收法又有物理吸收法和化学吸收法。除了工业以及电力行业等固定点源的二氧化碳排放外,有接近 50% 的分布源二氧化碳排放。空气中直接捕集二氧化碳(direct air capture,DAC)技术是一种回收利用分布源排放的二氧化碳的技术[16],它可以对交通、农林、建筑行业等分布源排放的二氧化碳进行处理。DAC是否可行一直在科学界广受争议,但随着技术日益成熟,其工艺逐渐完善。不同公司基于碱性溶液和胺类吸附剂对 DAC 商业化以及规模化应用都进行了初步探索,都说明 DAC 具有巨大的应用潜力。

接下来,分别介绍电转甲烷、电转甲醇、电转费托合成液,最后对电转 X 做出展望。

5.3.1　电转甲烷

甲烷是由一个碳和四个氢组成的最轻碳氢化合物,它是由意大利科学家亚历山德罗·沃尔塔(Alessandro Volta)18 世纪下半叶发现并分离出来的。在室温和标准压力下,甲烷是无色无味的气体。甲烷极其易燃,与空气形成爆炸性混合物时其体积浓度可能为 5%～15%。它是天然气的最主要成分,占体积的85%～90%。电转甲烷指的是基于二氧化碳和水,将电能转化为化学能的过程[17],其中包括两个步骤:首先利用可再生电能或过剩电能通过水电解制氢,然后所产生的氢与二氧化碳通过甲烷化反应生成甲烷和水。由于现有天然气管网具有非常大的储存容量,所生成的甲烷作为合成天然气可以输入现成的气体分布网络或者储气罐储气,几乎没有储存限制,因此利用弃风、弃电制取可大量储存的甲烷,也即电转气(power to gas,PtG)技术,不仅是储存利用风能和太阳能的有效途径,亦可以降低天然气的对外依存度。除了电转甲烷的可再生能源储能功能外,所产生的"绿色"合成天然气可以广泛地应用于发电(包括直接用于高温燃料电池)、化工原料、车用动力燃料,取代基于化石的天然气,避免了二氧化碳排放。

电转甲烷的第一过程是水电解制氢,各种制氢技术在前面几章进行了详细的介绍。甲烷化反应是其第二个也是最后一个转化过程,为电转甲烷工艺过程的核心环节之一,可以通过气固多相催化反应来完成。甲烷化反应为一氧化碳或二氧化碳催化加氢反应,其反应式为

$$CO + 3H_2 \longrightarrow CH_4 + H_2O \quad \Delta H_{298\,K} = -206.1 \text{ kJ/mol} \quad (5-1)$$

$$CO_2 + 4H_2 \longrightarrow CH_4 + 2H_2O \quad \Delta H_{298\,K} = -165.1 \text{ kJ/mol} \quad (5-2)$$

从热力学角度而言,二氧化碳甲烷化反应通常被认为是放热逆水煤气变换反应和吸热一氧化碳甲烷化反应的组合,逆水煤气变换反应式为

$$CO_2 + H_2 \longrightarrow CO + H_2O \quad \Delta H_{298\,K} = +41.2 \text{ kJ/mol} \quad (5-3)$$

虽然从热力学的角度来看低温有利于甲烷化反应,但从动力学角度而言,低温会阻碍这一反应的进行。事实上,甲烷化反应的特点是高活化能,因此低温下有足够动能的反应粒子数量很低,反应进行得很慢。对此,催化剂的应用能够实现反应活化能的降低,并保持低温下有利于转化为甲烷的反应,而不是相反的甲烷重整反应。应用于甲烷化反应的催化剂按活性从高到低的顺序为钌、镍、铑、钯和铂[18],其中镍基催化剂在活性、选择性和经济性等方面具有综合优势,是最常被采用的甲烷化反应催化剂。

固体氧化物电解水技术的主要特点是运行温度高(600～1 000℃),高温下电解水可以降低制氢过程中电能的消耗,增加热能的比例,特别是水的蒸发潜热可由外部热源提供。对此,二氧化碳加氢甲烷化反应产生的热能可应用于水的蒸发,从而固体氧化物电解水和二氧化碳加氢甲烷化的耦合将有利于整个系统效率的提高。欧盟第七框架研究项目 HELMETH(Integrated High-Temperature ELectrolysis and Methanation for Effective Power to Gas Conversion)旨在研发高效的电转气技术[19],这一技术是通过高温水蒸气电解制氢和二氧化碳加氢甲烷化过程的热集成实现的,放热的甲烷化反应和高温水蒸气电解产生的创新耦合,理论上可将电转甲烷过程的整体能量转化效率提高到 85%以上(见图 5-11 和图 5-12)。

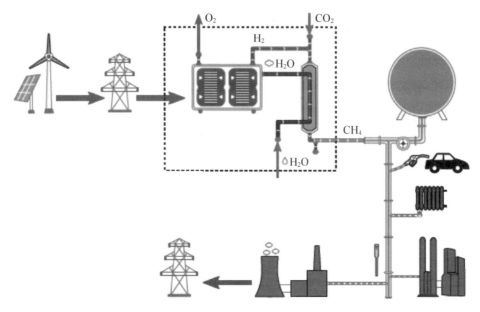

图 5－11　HELMETH 项目电转气过程的概念图

图 5－12　HELMETH 项目电转气过程的实物图

（左边为甲烷化模块，右边为 SOEC 模块）

德国 Sunfire 公司应用了世界首台高气压下（800℃，15 bar）工作的固体氧化物电解池系统，电池堆采用电解质支撑的单电池，整个电解池模块由 90 片单电池组成，单电池由 Ni－GDC（$Ce_{0.9}Gd_{0.1}O_{2-\delta}$）燃料极、3YSZ（$(Y_2O_3)_{0.03}$ $(ZrO_2)_{0.97}$）电解质和 LSCF（$La_{0.6}Sr_{0.4}Co_{0.2}Fe_{0.8}O_{3-\delta}$）氧电极构成，带有涂层的金属（Crofer 22 APU）片作为连接板，玻璃密封件确保了燃料极和氧电极之间的高度气密性。甲烷化模块采用低镍含量和长期稳定的催化剂，由两个串联的固定床反应器所组成,气体压力在 $10\sim30$ bar 之间变化,负载调节在 20% 到 100% 之间,极其稳定的水蒸气冷却系统具有有效的散热能力,同时能够精确控制水蒸气温度。甲烷化模块从热备用状态开始,启动时间在分钟范围内,两个串联反应器之间的水去除提高了产品气体的质量。这两个模块的热集成是通过从甲烷化模块到固体氧化物电解池模块水蒸气入口的水蒸气管线和连接电解槽氢气出口到甲烷化单元实现的,示范工厂是半自动、部分负荷运行。虽然耦合并不完全成功,但集成系统的效率可以达到 76% 左右。该项目展示了世界上第一台加压高温电解槽在多电堆系统水平上的成功运行,以及一个创新的甲烷化模块。

随着可再生能源发电规模的不断增长,对大容量、长周期储能技术的需求将越来越突显出来,电转甲烷储能技术在未来的能源领域将发挥重要作用,其应用价值也将会逐渐得以展现。这项技术可以利用过剩的电力和循环的二氧化碳,但还存在着一些技术难题有待解决,未来的研究将集中在能源系统中电转甲烷储能技术的集成。

5.3.2 电转甲醇

甲醇又称木醇或木精,分子式为 CH_3OH,是最简单的饱和醇。常温常压下,纯甲醇是外观为无色透明、易流动、易挥发、易燃、易爆、略带醇香气味的有毒液体。甲醇作为重要的有机化工原料,深加工产品已达 150 多种,在化工、医药、轻工、纺织及运输等行业都有广泛的应用,其衍生物产品发展前景广阔。例如在交通领域,其主要应用在传统的内燃机和燃料电池上。甲醇作为内燃机燃料具有高辛烷值、高层流火焰传播速度、高汽化潜热等优点,已经成为最具潜力的内燃机替代燃料。因为甲醇具有能量密度高、易储存、来源广泛、安全可靠以及可现场制氢等优点,是车载燃料电池理想的动力能源。甲醇燃料电池不仅可以应用于乘用车,也可以应用于物流车、大巴车、船舶等交通领域市场。随着基于可再生能源制氢技术的发展,电转甲醇过程将不仅有效地储能,而且还可利用捕获的二氧化碳。

电转甲醇燃料指的是基于水和二氧化碳将电能转化为甲醇化学能的过程,其中包括两个步骤,首先利用可再生电能或过剩电能通过水电解制氢,然后将所产生的氢与捕获的二氧化碳进行反应,生成甲醇并纯化。由于在甲醇生产过程中,二氧化碳是资源化利用,氢气不是从化石能源转化过来的,所采用电能来自可再生能源,因此所制得的甲醇是绿色的。

甲醇合成反应是在催化剂的作用下进行的较为复杂的、可逆性反应,基本上为下述三个可逆性反应：

$$CO + 2H_2 \longrightarrow CH_3OH \quad \Delta H_{298K} = -90.7 \text{ kJ/mol} \qquad (5-4)$$

$$CO_2 + 3H_2 \longrightarrow CH_3OH + H_2O \quad \Delta H_{298K} = -49.5 \text{ kJ/mol} \qquad (5-5)$$

$$CO + H_2O \longrightarrow CO_2 + H_2 \quad \Delta H_{298K} = -41.2 \text{ kJ/mol} \qquad (5-6)$$

其合成反应机制一直是甲醇合成反应研究中的重点问题。早期研究工作指出一氧化碳是甲醇合成反应的碳源，而当今的多数研究者认为甲醇主要是通过二氧化碳的氢化反应所生产的，即二氧化碳是甲醇合成反应的碳源[20]。二氧化碳加氢合成甲醇为放热反应，降低温度对反应有利。但考虑到反应速度和二氧化碳的化学惰性，适当提高反应温度，有助于活化二氧化碳分子，提高合成甲醇的反应速率。另外，甲醇合成反应是产物体积减小的过程，增大反应体系的压力，有利于反应向生成甲醇的方向进行。因此，适当提高反应温度和选择适宜的操作压力，可使甲醇合成反应在热力学许可的情况下进行。

目前所使用的二氧化碳加氢制甲醇催化剂，主要是在一氧化碳加氢制甲醇催化剂的基础上研发而来的[21]。在应用于二氧化碳加氢制甲醇反应的各类催化剂中，铜基催化剂是应用最早而且研究较多的催化剂。铜基催化剂主要以铜-锌系为主，常见的有 Cu-ZnO、Cu-ZnO-Al₂O₃、Cu-ZnO-ZrO₂、Cu-ZnO-SiO₂等以氧化物为载体的催化剂。除了铜基催化剂以外，贵金属钯、铑和金等由于较强的氢气解离与活化能力，同样用作二氧化碳加氢制甲醇反应的催化剂。金属催化剂活性组分合金化是提高催化剂性能的一个重要手段，研究结果表明，单金属铜基催化剂在二氧化碳加氢制甲醇反应中表现出良好的催化性能，通过活性组分合金化制备铜-锌催化剂时，合金催化剂的催化性能比单金属催化剂性能有了进一步提高。以固溶体为代表的复合氧化物催化剂发展迅速，MaZrO$_x$（Ma＝锌，镓，镉）固溶体催化剂[22]和 In₂O₃基氧化物催化剂[23]不仅具有高催化活性、高甲醇选择性以及良好的稳定性，而且还具有工业化应用前景。

碳循环国际公司（Carbon Recycling International, CRI）是 2006 年成立的一家私人控股的冰岛有限责任公司，主要生产可再生的"绿色"甲醇。其开发的生产装置由下述五个过程模块所组成（见图 5-13）。碳循环国际公司以电转甲醇方式在冰岛的斯瓦特森吉（Svartsengi）运行了一家商业化甲醇生产厂[24]，如图 5-14 所示，每年回收 5 500 t 附近地热发电厂排放的二氧化碳，含硫化氢的地热烟气首先进行脱硫，氢气是由碱性水电解制氢系统制取的，其产氢能力为1 200 Nm³/h（6 MW 电力），每年的甲醇生产能力为 4 000 t。鉴于 Svartsengi 地热发电厂每年发电 75 MWe，二氧化碳排放为 0.18 t/MW·h，回收的 5 500 t 二氧化碳相当于发电厂每年二氧化碳总排放量的 10%。

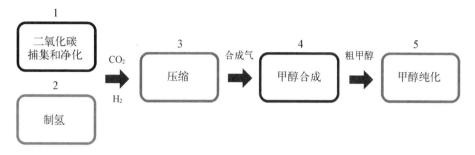

图 5‑13　CRI 公司"绿色"甲醇生产的五个过程模块

图 5‑14　CRI 公司"绿色"甲醇生产工厂

目前国内外都建成了一些规模化的示范工程,但同时靠近可再生能源的小型分布式系统也是电转甲醇技术的发展趋势之一,对此需要做出更多的努力,发展先进的反应器和工艺设计以适应分散和灵活的小规模系统应用和开发。另外,适应电价变化和作为可再生能源系统中的储能装置,电转甲醇系统动态运行的可行性也需进行研究。随着氢能产业发展带来绿氢价格的下降以及未来碳交易市场的成熟,电转甲醇技术将迎来新的发展机遇。

5.3.3　电转费托合成液体燃料

液体燃料是能产生热能或动力的液态可燃物质,主要含有碳氢化合物或其混合物,天然的液体燃料有天然石油或原油,加工而成的有由石油加工而得的汽油、煤油、柴油、燃料油等。虽然电动化将是未来交通工具领域发展的总趋势,但考虑到能量密度,在航空领域及其他运输领域,如高耗能的重型汽车、海运、军事方面,都仍然倾向于使用液体碳氢化合物或其混合物。另外,化学工业仍然需要碳氢化合物或其混合物作为基础原料[25]。随着全球能源从化石能源体系向低碳能源体系转变,并进而最终进入以可再生能源为主的可持续能源时代的转型,液体燃料的制取需要通过可再生能源的利用而实现。对此,基于可再生能源的电转费托合成液体燃料技术(power to liquid,PtL)提供了一种可持续发展的液体燃料生产途径。

电转费托(F-T)合成液体燃料指的是基于水和二氧化碳将电能转化为化学能的过程[26-28],其中包括两个步骤:首先利用可再生电能或过剩电能通过固体氧化物电解电池共电解将水和二氧化碳转化为合成气(氢气和一氧化碳),或者通过质子交换膜电解电池将水转化为氢气;然后再通过附加的逆水煤气变换反应器将二氧化碳转化为一氧化碳。由于通过电解得到的合成气几乎不含硫、氮和芳烃,因此基于合成气的费托合成燃料的油品质量符合环保要求,与石油基燃料相比是一种对环境友好的运输燃料。

费托合成技术是指以合成气(氢气和一氧化碳)为原料,在适宜的催化剂和反应条件下,通过链增长的方式生产烃类及含氧有机物的过程[29]。费托合成技术选用催化剂、工艺和工程不同,产品分布及种类也存在本质区别。费托合成反应机理得到普遍认可的主要有碳化物机理、含氧中间体缩聚机理、一氧化碳插入机理和双中间体机理,具体发生的反应可以如下表示:

$$CO + 2H_2 \longrightarrow —CH_2— + H_2O \quad \Delta H_{298\,K} = -165.0\,kJ/mol \quad (5-7)$$

反应(5-7)本质上是聚合反应,—CH₂—意味着产品是由不同分子质量的碳氢化合物所构成的混合物,不同碳氢化合物的选择性及其控制在费托合成技术中是非常重要的。费托合成反应属于放热化学反应,从化学平衡角度考虑则提高反应温度会导致不需要的轻烃产物(如甲烷的生成),催化剂上可能发生碳沉积而失活,较低的温度受到反应速度和转化率的限制,导致费托合成反应不彻底。费托合成反应属于体积减小的化学反应,压力增大有利于长链产物的形成并提高转换率,但如果压力太高,形成的焦炭可能导致催化剂失活并需要昂贵的高压设备。

最常用的费托合成催化剂的金属主活性组分有铁、钴、镍以及钌等过渡金属。钌基催化剂在费托合成过程中的复杂因素最少,是最佳的费托合成催化剂,但价格昂贵、储量不足,仅限于基础研究。镍基催化剂的加氢能力太强,易形成羰基镍和甲烷,因而使用上受到限制。鉴于上述原因,目前已经用于大规模生产的费托合成催化剂只有铁基催化剂和钴基催化剂,催化剂的选择取决于实际应用。铁基催化剂按使用温度可分为低温铁基催化剂和高温铁基催化剂。低温沉淀铁基催化剂的使用温度一般为 220～250℃,主要产物为长链重质烃,经加工可生产优质柴油、汽油、煤油和润滑油等,同时副产高附加值的硬蜡。高温铁基催化剂的使用温度范围为 310～350℃,产物以烯烃、化学品、汽油和柴油为主。钴基催化剂的使用温度范围为 180～240℃,其一氧化碳加氢活性高,重质烃选择性高,产物以直链烷烃为主,深加工得到的中间馏分油燃烧性能优良,简单切割后即可用作航空煤油及优质柴油,此外还可副产高附加值的硬蜡。

作为德国联邦教育和研究部资助的"Kopernikus P2X"计划项目的一部分,世界上第一个电力转换液体燃料的集成试验装置(见图 5-15)在 2019 年进行了示范[30],其中包括空气中二氧化碳直接捕集单元、SOEC 共电解单元、微结构费托合成反应器和加氢裂化装置。

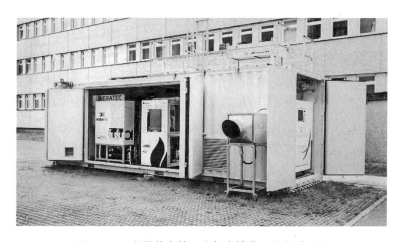

图 5-15　世界首台基于空气中捕获二氧化碳进行
燃料合成的电转液体燃料试验设施

该集成装置通过下述四个步骤制取液体燃料。

(1) 空气中二氧化碳直接捕获。采用瑞士初创公司 Climeworks 研发的特殊处理过滤材料,空气进入设备时,其中的二氧化碳会与过滤器上的胺改性颗粒发生作用形成浓缩二氧化碳,一旦过滤器被二氧化碳饱和后这些浓缩二氧化碳会在 95℃和真空条件下脱附出来进入收集器而被利用,而空气中的其他气体则进入大气。

(2) 水和二氧化碳共电解。采用德国 Sunfire 公司开发的 10 kW 级固体氧化物电解电池(SOEC)电堆,将水和二氧化碳通过共电解转化为氢气和一氧化碳合成气,合成气的生产能力为 4 Nm³/h,系统效率已达 62%,预计可进一步提高到 80%,其电能来自太阳能等可再生能源。

(3)费托合成。采用 Ineratec 公司研发的微结构模块化反应器,通过费托合成催化剂将合成气转化为长链碳氢分子,以用于燃料生产。该反应器的核心在于为热量和质量传输提供了一个大的表面,使得高度放热的反应可以在紧凑的空间内高效和可靠地进行,以移除热能用于其他工艺过程。该过程易于控制,其每个反应器通道的转化率都很高,并能以模块化方式进行扩展。

(4)加氢裂化反应。由卡尔斯鲁厄理工学院将加氢裂化反应装置整合进集成系统中,在氢气气氛下通过铂-分子筛催化剂,长链碳氢分子部分裂化得到高品质的轻质油品,实现产品系列转向更直接可用的燃料,其中包括汽油、煤油和柴油。

在费托合成过程中,一氧化碳和氢气不能 100% 转化,并且会生成一些轻烃(CH_4、C_2H_6 等),从而产生一定量的弛放尾气。目前,这部分气体直接当成燃料气烧掉,没有得到高效经济利用。费托合成尾气富含一氧化碳、氢气、甲烷等组分,是一种较好的固体氧化物燃料电池发电用燃料,模拟结果表明:每标方(Nm³)费托合成尾气可发电约 2.9 kW·h,系统发电效率达到 60% 以上,远高于常规的同等规模燃气发电系统效率(30%~43%),是一种费托合成尾气高效利用方式[31]。由于固体氧化物电池可以进行可逆运行[32],即在同一组件上既可以实现固体氧化物燃料电池(SOFC)功能又可以实现固体氧化物电解电池(SOEC)功能,实现电解电池电解制合成气与燃料电池发电两种模式之间的可逆切换,因此费托合成过程中产生的弛放尾气可通过燃料电池工作模式高效地转化为电能,从而进一步提高固体氧化物电池-费托合成反应器耦合系统的效率。为了实现合成气的工业化应用,高温 SOEC 共电解制合成气系统规模将朝着兆瓦级发展。随着 SOEC 技术的进一步成熟和系统寿命的延长,基于 SOEC 高温水和二氧化碳共电解的电转费托合成液体燃料技术的经济性有望进一步改善。

5.3.4 电转氨

氨在常温下是一种无色气体,有强烈的刺激气味,极易溶于水,其水溶液称为氨水,降温加压可变成液态。在高温时会分解成氮气和氢气,有还原作用。氨作为人们生产生活重要的化工原料,在多种有机及无机化合物制造过程中起到关键的作用,对农业及国计民生发展有直接影响。作为世界产量第二的化学品,其中 80%用来制造化肥,据统计人均年消耗化肥约 31.1 kg,合成氨工业为人体提供了 50%的氮元素[33]。液氨还是一种清洁、绿色、新型的替代燃料,燃烧热值高,不排放温室气体,无污染,将成为未来极其重要的可持续能源之一。此外,氨具有含氢量高、能量密度高和易储存的特点,是一种极具潜力的氢气载体。对此,氨可通过催化裂解产生氢气和氮气,可用于无碳排放条件下的直接发电,采用氢气作为燃料电池的燃料直接转化为电能,或者氢气作为内燃机和燃气轮机的燃料通过燃烧发电。

氨最直接的合成途径是通过它的两个元素组分——氮和氢。虽然氨合成反应是放热的,但它不会自发发生。由于氮分子具有三个共价键,因此其离解能远高于氢分子的离解能,从而使得氮分子在室温下呈现很低的反应性。Fritz Haber 和 Carl Bosch 在 20 世纪初发现了铁基催化剂上的多相反应,这为大规模工业氨合成开辟了道路。在催化反应过程中,氢和氮被吸附到固体催化剂上表面,吸附降低了它们的分子离解能,进而降低反应活化能。

氮和氢的催化氨合成可在 350~550℃和 150~250 atm 的条件下进行,反应受到热力学平衡的限制,单次通过催化剂时氮气只能实现部分转化(25%~35%),未反应的反应物需要分离并循环以实现合理的转化,如下式:

$$N_2 + H_2 \longrightarrow NH_3 \quad \Delta H_{298\,K} = -92.4 \text{ kJ/mol} \tag{5-8}$$

目前合成氨生产所需的原料主要是天然气,天然气通过水蒸气重整反应产生一氧化碳/氢气合成气(水煤气),其中一氧化碳杂质会毒化合成氨催化剂,需要在进入合成反应器前去除。一般先加水,通过水煤气变换反应产生二氧化碳和氢气,再在脱碳环节通过溶液吸收法除去原料气中的二氧化碳。仅含氮气和氢气的原料气被加压,在一定温度下经催化剂作用,发生合成氨反应。在此传统天然气制氨工艺生产过程中,生产 1 t 合成氨会排放 1.6~1.8 t 二氧化碳,此过程会不可避免地加重温室气体的排放,基于可再生能源的电转氨工艺技术则显现出特殊的优点。电转氨指的是采用可再生能源的电能,将水通过电解电池制氢,并结合从空气中分离得到的氮气进行氨合成。由于该氨合成过程中只需电、水和空气,工艺原料中均不含碳元素,因此电转氨过程避免了二氧化碳排放。在各种电解技术中,固体氧化物电解电池因其可利用哈伯-博施(Haber-Bosch)循环的废热,整个系统显现出高的效率[34]。通过将固体氧化物电解电池与哈伯-博施合成过程和可再生电能相结合,整个合成氨过程不使用化石燃料,能够实现零碳排放。

采用固体氧化物电解电池制氢比碱性或质子交换膜电解电池具有更高的能

源效率,但仍需与空气分离装置耦合,用于产生氨合成所需的氮氢混合气,其原理如图 5-16 所示。首选的空气分离装置是基于低温分离的大容量设备,其生产 1 t 氨所需氮气的能耗是 200 kW·h。对于规模较小的分散式装置,首选的空气分离技术为变压吸附(PSA)或分离膜,但是其能量效率低,生产每吨氨得需要 300~400 kW·h 电能。

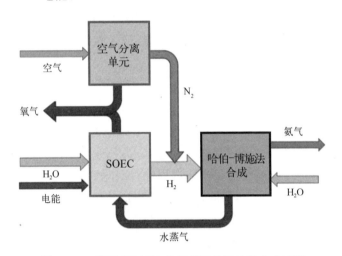

图 5-16 基于 SOEC 和空气分离单元的氨合成过程

Haldor Topsoe A/S 公司开发了一种新的氨合成生产工艺(正在申请专利)[35],该工艺利用 SOEC 作为氧气分离膜的独特功能及利用热能,从而消除了昂贵的空气分离装置,这确保了电气化合成氨装置具有更好的可扩展性,其原理如图 5-17 所示。氮气通过简单燃烧水蒸气电解产生的部分氢气引入合成气,获得的热量相当于产生被燃烧氢气所需的额外能量。另外,SOEC 高效地将氧气从燃料侧进行分离,具有空气分离装置的功能。每个电池堆在热中性电压以

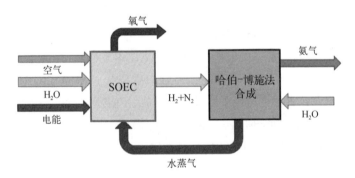

图 5-17 基于 SOEC 和无须空气分离单元的氨合成过程

下运行,因此是吸热过程,所需的热量通过添加空气燃烧氢气来提供。调整添加的总空气量,可以达到 1/3 的氮/氢化学计量比。因此,整个电池堆不需使用电加热器进行预热和保持水蒸气平衡。这一新颖系统的主要优点在于取消了空气分离装置,因而可以实现更低的成本投入。

电转氨过程的主要障碍在于如何处理可再生能源产生的间歇性问题,当然简单而直接的解决方案是将氢气和氮气进行储存,以缓冲合成反应器的需求。尽管在技术上是有效的,但该解决方案可能不太经济,特别是对分布式储能市场的中小型发电厂而言。另一种解决方案是让合成反应器间歇性地运行,但载荷变化可能对合成反应器产生毁灭性的后果。与动态运行相关的主要风险在于,如果系统关闭并保持压力时,热循环将导致氨合成催化剂损坏,以及因氢脆导致壳体破裂。

5.3.5　电转 X 展望

可再生能源领域的重大技术发展和成本降低使得太阳能和风能等更具竞争力,促进了能源消费结构向清洁、低碳转型,以解决化石能源碳排放引发的全球气候变暖问题。但由于可再生能源出力的波动性、随机性和季节性特征,可再生能源的消纳问题日益凸显,对此储能是实现可再生能源大规模利用的有效方式之一。与其他储能技术相比,本节介绍的电转 X 技术可实现能量的大规模、长时间储存,有助于解决可再生能源的消纳问题,并能依托多种工业碳排放源进行联产,具有广泛的应用前景。从可再生能源的电能转换得到的甲烷、甲醇、汽油、柴油和氨等可以取代相应基于化石能源的燃料和化工原料,能与现有的燃料和化工原料供应体系相兼容,减少诸如煤和石油等化石能源的使用,实现温室气体减排目标。电解技术作为电能向化学能转化的核心环节,是电转 X 的核心技术。尽管技术上仍不够成熟,固体氧化物电解电池技术因其转化效率高、与 X 合成的热能耦合等特有技术优势,仍然是大规模电转 X 方面最具潜力、最适合的技术路线。电转 X 技术的进一步发展主要需要降低技术成本以及提高系统效率,尤其是电解技术,从而降低通过该技术生产的燃料和化学品的实际高生产成本。随着全球可再生能源的迅猛发展,可以预期电转 X 将是全球向低碳能源系统转型的一个重要组成部分。

5.4　氢气在医学领域的应用

10 余年来,氢气医学作用受到国际学术界的广泛关注。根据文献回顾,早在 20 世纪 40 年代就有潜水医学领域使用氢气作为潜水呼吸气体,也开展了大量动物和人体试验,但只关注氢气对人体无毒性的研究。1975 年美国科学家在《科学》杂志报道过高压氢气治疗皮肤癌症的研究,但并没有得到广泛关注。2007 年日本学者太田成男教授小组发现微量氢气的疾病治疗作用,这迅速引发了极大关注,启动了国际上氢气医学的广泛研究。

2020 年 2 月 2 日,上海潓美医疗有限公司生产的氢氧混合气雾化吸入设备获得中国国家药品监督管理局三类医疗认证,作为慢性阻塞性肺疾病(chronic obstructive pulmonary disease, COPD)急性发作呼吸道症状改善的辅助治疗手段。这是氢气医学领域的标志性进展,意味着氢气成为获得国家监管机构认可的临床治疗手段。在中国抗击新冠肺炎的斗争中,氢气也作为一种新手段得到试用,并在中国卫生健康委员会制定的《新冠肺炎临床诊疗方案》第七和第八版中作为推荐治疗方法。

潜水医学研究给氢气的人体安全性提供了坚实证据,安全和有效是决定氢气在医学上巨大应用潜力的基础,也是氢医学的核心价值。本部分对氢气医学的研究历史和现状、氢气医学涉及的重点问题、氢气医学起源以及氢产业发展状况进行概要介绍,目的是从总体上为读者提供一个全面氢气医学认识。

5.4.1 氢气医学渊源

氢气医学效应的发现是引人关注的科学领域新进展,将会给灿烂的氢科学增添重要且浓密的一笔。这里介绍法国卢尔德圣水和德国洞窟神奇之水的传奇故事,希望读者只把这作为趣味小故事。

世界上许多地方都有关于神奇水和长寿水的传说。在这些传说中,德国的诺尔登瑙洞窟是最具有传奇色彩的。1998 年 6 月 13 日,日本朝日电视台《探明真相》栏目首次播放《包治百病——神奇之水的真相》,该节目报道德国诺尔登瑙洞窟内的水具有治疗许多疾病的神奇作用,节目组发现水中含有丰富的氢气,推测神奇之水能够治病的真相是因为水中的氢气,也就是说氢气是"神水"起效的根本原因,氢气可能具有治疗疾病的作用。

比德国"神水"出名更早的是法国卢尔德圣水。卢尔德是位于法国西南角比利牛斯山的一个小镇,之所以闻名于世,源于一个当地神秘的宗教故事。相传 1852 年 2 月 11 日,14 岁的女孩贝尔纳黛特来到波河岸的洞穴附近拾柴,一个年轻女子突然出现在贝尔纳黛特面前。女子开口告诉她自己是圣母玛丽亚,并让她去溶洞里看一股涌出的泉水。人们随后发现这里的泉水能治愈各种疾病,特别是瘫痪。因此这个小城成了基督教最大的朝圣地,每年来自 150 多个国家的朝圣者达 500 万人,对于那些坐轮椅的瘫痪患者来说,此地是最重要的疗养胜地。

比利牛斯山卢尔德公园小山上建造有一个宏伟的教堂,里面刻有 50 多个人的名字,这些名字记录的是那些因喝圣水后长年残疾得以治愈,如下肢瘫痪后能重新站起来走路的人。卢尔德因此变成一个宗教文化旅游城,这一传奇故事甚至已经成为法国历史文化的重要组成部分。2009 年,奥地利著名女导演杰西卡的第三部长篇作品《卢尔德》发表,描写一名因患多发性硬化瘫痪、依赖轮椅生活的女主人公克里斯汀,为逃避疾病带来的孤独前往比利牛斯山上的天主教圣地卢尔德朝圣,在这里奇迹般康复的故事。

日本电解水研究学者林秀光博士有许多关于水能治病的著作,在他的关于氢水治疗疾病的书《生命之水——富氢水排毒》中有关于诺尔登瑙洞窟神水治疗疾病的介绍。他在书中引用了 2002 年记者艾尔玛的文章《自从走访这个洞窟后,我的肿瘤变小了》,这篇文章收集整理各类因为饮用这个洞窟"神水",疾况得到缓解甚至治愈的案例。需要强调的是,不能因为这些案例得出这种水或氢气可以治病的结论。医学上对某种治疗方法或药物是否有效需要用许多标准衡量,按照循证医学的证据级别标准,最好是通过双盲安慰剂随机对照临床试验。严格意义上这些病例都不符合基本的临床医学研究标准,可信度非常有限。不过,这些案例给医学研究提供了非常重要的素材和线索,科研人员可以根据这些线索去继续深入探讨。

学术界曾经把诺尔登瑙水治疗疾病称为"诺尔登瑙现象"。2006 年,在日本动物细胞技术学会会议上,一项德国和日本学者合作的研究进行了大会报告,这项研究观察了诺尔登瑙洞窟水对 411 例二型糖尿病患者的治疗效果,受试者平均年龄 71 岁,每天饮用洞窟水 2 升,平均饮用 6 天。对比饮水前后血糖、血脂和肌酐等结果,研究者发现,饮用洞窟水对糖尿病具有比较理想的治疗效果。

再次强调,上述有关圣水或神奇水的传奇疗效绝对不能作为最终结论。因为这种疗效非常可能是因为使用者受到心理暗示,而且大多都属于个例,缺乏严格规范的科学研究流程,无法直接推论氢气治疗对这一类疾病有效。不过目前氢气医学的许多动物实验和部分临床研究,确实初步证明氢气具有治疗糖尿病、类风湿关节炎、湿疹、抑郁症、动脉硬化等疾病的潜在应用价值。

长期以来,潜水医学家认为氢气属于生理性惰性气体,氢气在生物体内不能表现出还原性,氢气无法与生物体内的任何物质发生反应。但少数人依然认为氢气具有抗氧化作用,最早报道氢气生物学作用的是美国贝勒大学学者 Dole

M.等,他们发现在 8 atm 下,连续呼吸 97.5％的氢气,2 周后小鼠皮肤鳞状细胞肿瘤显著缩小,他们推测氢气可能是一种自由基反应的催化剂,由于实验条件特殊,可重复性差,这一研究未能继续进行下去。随后法国潜水医学家发现呼吸 8 atm 的氢对小鼠肝脏寄生虫感染后的炎症具有显著治疗作用,首次证明氢气具有抗炎作用,并提出氢气与羟基自由基的直接反应是其治疗炎症损伤的分子基础,但他们同样没有展开任何后续的研究工作。虽然这些个别研究显示了氢气在治疗某些疾病中的一些现象,但是由于机理不明、研究不深、需要高气压条件等原因,未引起其他学者的兴趣。

早期高压氢气医学研究,没有引起人们对氢气治疗人类疾病可能性的关注,氢气在潜水医学领域也一直被作为生理惰性气体看待。真正使得分子氢进入医学和生命科研究领域并且迅速成为研究热点的是日本医科大学老年病研究所太田成男教授。经过长时间潜心研究,2007 年,太田课题组证明大鼠呼吸氢气(2％,35 min)可以治疗脑缺血再灌注损伤,相关研究结果以长篇论著形式发表在世界著名杂志《自然医学》(*Nature Medicine*)上,并提出氢气具有选择性抗氧化作用。随后他们又证明呼吸 2％的氢气对肝脏和心肌缺血后再灌注损伤有治疗作用,这些研究结果提示氢气有可能作为干预手段应用于临床疾病的治疗,氢气医学效应的潜在应用前景才真正受到重视。

虽然 1975 年就有学者开展氢气治疗癌症的研究,但当时采用连续吸入 8 atm 的高压氢气。2007 年日本学者的研究是采用吸入 35 min 0.01～0.04 atm氢气,两种剂量相差数十万倍,完全不可等同。2007 年日本太田成男教授小组的氢气医学研究被公认为氢气医学研究奠基性工作。

5.4.2　氢气医学研究

太田教授在《自然医学》(*Nature Medicine*)的研究论文发表以后,氢气医学迅速受到国际学术界重视,至今已经发表 1 600 多篇相关研究论文,氢气医学研究主要关注氢气疾病治疗效果、生物效应机制以及人类有效使用氢气的方法。

1) 氢气医学研究概况

目前参与氢气医学研究最多的是中国和日本学者,全面了解中日学者的研究成果可以迅速掌握氢气医学研究的全貌,这不仅是研究者必须了解的知识,也是氢产业发展需要重视的理论基础。

21 世纪初,在企业界开发氢气相关产品的同时,氢气的医学效应研究也受到学术界重视,日本有多家参与氢气医学效应研究的学术机构,其中日本医科大学老年病研究所最早开展氢气医学研究也最为成功。太田教授发表在《自然医学》的氢气医学奠基性论文,在当时引起学术界的轰动以及各大媒体争相报道(见图 5 - 18),截至 2020 年底,该论文被引用次数已经超过 1 700 次。这一研究报道改变了学术界对氢气的认识,并迅速引起日本、美国和中国等国家学者的广泛关注。

图 5 - 18 日本各大新闻媒体对氢气医学研究的报道

2008 年,中国人民解放军海军军医大学(原名为第二军医大学,以下简称为海军军医大学)孙学军教授课题组在《神经科学通讯》(*Neuroscience Letters*)上发表文章,证实呼吸氢气对新生儿缺血缺氧性脑病的治疗作用,这是中国学者在国际上发表的第一篇氢气医学研究论文。同年日本医科大学再次证明呼吸氢气可治疗肝脏和心肌缺血后再灌注损伤(这说明该课题组的氢气效应研究形成了系列,也表明该小组对氢气医学效应研究非常重视)。美国著名研究机构匹兹堡大学 Nakao 教授课题组发表呼吸氢气辅助小肠移植治疗的研究论文,首次在国际上证明,氢气的抗炎症作用是其发挥疾病保护作用的基础。众所周知,炎症几乎是人类所有疾病发生发展的共同病理生理学过程,这一发现给氢气的医学应用开辟了广阔前景。后来匹兹堡大学又相继报道了氢气对心、肺、肾脏和血管移植治疗效果等一系列研究结果。

2) 选择性抗氧化是氢气生物效应的基础

人体等生物体能量代谢需要氧气参与,也会因此产生具有氧化活性的自由基或活性氧,一定浓度的活性氧是生物系统重要的调节物质,但过量活性氧可导致细胞分子被氧化破坏,从而导致氧化应激和氧化损伤,这是许多疾病发生的重要病理生理学基础。

生物体内的活性氧类型非常多,对活性氧进行适当划分有助于全面了解,按照是否属于自由基划分,可分为自由基活性氧和非自由基活性氧。自由基活性氧包括超氧阴离子、羟基自由基、一氧化氮等;非自由基活性氧包括过氧化氢、次氯酸等。根据习惯,含氮原子的活性氧也可称为活性氮。

如果按照毒性或者活性进行划分,可以把活性氧分成三类,第一类是以具有信号作用为主的活性氧,例如一氧化氮、超氧阴离子和过氧化氢,这类活性氧的特点是毒性作用只有在浓度非常高,或者转化成毒性强的活性氧的情况下才会出现,在正常生理情况下作为功能分子发挥信号调节作用。第二类是以毒性分子为主的活性氧,例如羟基自由基、亚硝酸根阴离子和次氯酸等,这些活性氧活性非常强,在生物组织内浓度低,一旦大量产生,就会对机体造成伤害。许多非毒性活性氧的毒性作用实际上是经过转化成这类毒性活性氧才会发生,例如一氧化氮和超氧阴离子反应可产生亚硝酸根阴离子;超氧阴离子和过氧化氢可在金属离子存在的情况下转化成羟基自由基。第三类就是既没有信号作用,也没有毒性作用的活性氧,主要包括生物大分子与上述活性氧反应产生的继发产物,由于这些活性氧含量比较低,不足以产生明显信号或毒性效应。另外可能是受到人们关注研究比较少,有些作用尚未被发现。根据这个分类,可以重新认识活性氧,甚至应该重新评价过去抗氧化治疗的策略,就是不应该以干扰正常生理功能为代价,过度清除活性氧,特别是对正常人,更不应该使用各类具有强还原作用的维生素、药物或食品进行所谓的抗氧化保健。研究结果表明,长期使用各类具有抗氧化作用的维生素不仅不能发挥抗衰老、抗肿瘤的作用,而且有可能加速衰老和肿瘤的生长。

根据上述对自由基和活性氧的分析,我们知道,自由基或活性氧首先是对机体有利的功能分子,当在缺血、炎症等某些疾病状态下,自由基或活性氧过度增加,特别是一些毒性强的自由基显著增加将引起氧化损伤,这是许多疾病的基本病理生理学基础,动员内源性抗氧化能力是有效减少氧化损伤,治疗许多疾病的潜在手段。

自由基或活性氧的种类非常多,大部分自由基或活性氧是对机体有利的功能分子,少部分自由基是活性过强,对机体可以导致损伤。专门针对强毒性自由基进行选择性中和的方法则属于选择性抗氧化。氢气治疗疾病的基础就是具有选择性抗氧化作用。体外实验结果发现,氢气可中和羟基自由基和亚硝酸根阴离子等毒性强的自由基,不影响具有生物活性的一氧化氮、过氧化氢和超氧阴离子等,这说明氢气具有选择性抗氧化作用。近10年以来,氢分子生物学效应的机制研究不断深入,许多学者根据研究结果提出各种作用机制,例如信号分子假说认为氢气和一氧化氮等气体信号分子一样,是第四种气体信号分子,但该假说的主要依据是氢气可以影响一些重要的信号通路,但没有明确氢气影响这些信号途径的分子细节。也有学者根据氢气对某些基因表达有影响提出氢气具有基因调节效应,这方面的证据也不全面。总之,关于氢分子生物学效应的作用机制,尽管存在许多疑问和缺陷,氢气的选择性抗氧化仍是被学术界普遍接受的观点。

3) 医学上使用氢气的方法

氢气使用的具体方法对实现氢气理想治疗效果以及开发相关氢健康产品非常重要。氢气的使用方法主要包括吸入、饮用氢水、注射氢水、氢水浴和诱导肠道菌群产氢等。

氢气吸入具有剂量范围广、摄取量大以及潜在可治疗疾病种类多等诸多优势,是医学特别是临床应用中优先考虑的使用方法。氢气吸入设备在日本和中国氢健康产业领域受到极大重视,中日两国医疗器械管理机构先后将其列入医疗设备目录,2020 年氢气吸入在中国率先被批准为临床应用方法,并在中国的新冠肺炎诊疗方案中被推荐使用。

氢水也作为功能水新概念在日本、韩国等东南亚国家和地区发展迅速,在我国也被广泛接受。电解水在日本已应用近百年,是官方认可的保健食品,但在我国电解水因缺乏学术支持、未进行品质优化和机制研究而曾饱受诟病。目前发现氢气才是电解水发挥各类治疗作用的主要原因。作为学术研究中最常用的给氢手段,氢注射液具有剂量可控等优点,是中国学者在氢气医学领域的突出贡献之一。但是成为临床治疗手段尚需要更多基础和临床研究。氢沐浴、药物食品诱导肠道菌群产氢等方法分别有各自的优点和应用价值,都值得重视。

不同给氢方式产生的作用效果有差异,例如氢水对胃肠道疾病效果显著,氢水沐浴对皮肤病效果更好,氢气吸入对气道相关疾病有更多优势等。考虑到氢气的扩散能力很强,任何一种方法都存在不足,联合多种方法共同应用,能够优势互补,可获得更理想的疾病治疗效果,联合使用也是当下氢气医学的特色和优势。

5.4.3　中国氢气医学发展历程

海军军医大学孙学军教授课题组在发表国内第一篇氢气医学论文后,考虑到呼吸氢气研究需要的设备较为复杂,加上氢气具有易燃易爆的特性,很多学者对此有畏惧心理。从科学研究的便利性和创新性角度出发,孙学军教授课题组研发制作氢饱和生理盐水(利用气体加压装置促进氢气在水溶液中溶解)用于氢气医学研究,首次证实腹腔注射氢气饱和生理盐水也能有效地治疗新生儿缺血缺氧性脑病。该小组先后和多家研究机构合作开展研究(包括小肠缺血后损伤、急性胰腺炎、脊髓损伤、胆管阻塞损伤、慢阻肺、阿尔茨海默病、动脉粥样硬化、皮肤移植后损伤保护和噪声性耳聋等)。同时课题组还开展一氧化碳中毒迟发性脑病、潜水减压病、慢性氧中毒肺损伤等氢气医学研究项目。孙学军教授课题组先后发表氢气治疗各类疾病方面的论文100多篇,是国际上氢气医学领域发表论文最多的研究小组。许多论文都是国际首次报道的氢气医学效应研究,对于中国氢气医学研究的迅速发展发挥了极大的促进作用。

中国情况不同于日本,日本是氢气医学产业优先并带动了学术,中国则是氢气医学学术研究推动了氢气健康产业的发展。中国学者在氢气医学研究方面有比较大的贡献。从2009年孙学军教授获得第一个国家自然科学基金面上项目起,截至2022年,相继立项100多项国家自然科学基金项目。先后参与氢气医学研究的中国学者有数千名,发表的学术论文800多篇。从事氢气医学学术研究的研究生超过300名,相关毕业论文达到300多篇。2013年,孙学军教授主编出版了第一本氢气医学专著《氢分子生物学》,该书对于普及氢气医学知识、推动中国氢气医学健康产业的发展,发挥了重要作用。2015年,孙学军与太田成男教授合作,以《氢分子生物学》为基础,组织撰写英文氢气医学专著《氢分子医学生物学》(*Hydrogen molecular biology and medicine*),对国际氢气医学知识传播产生了影响。

中国学者在氢医学的临床研究方面工作稍显不足,国际近150篇临床研究论文中,中国学者不超过40篇。国内多个团队,如山东泰山医学院秦树存教授团队的氢水对血脂调节效应、宋国华教授的氢气解酒效应、复旦大学华山医院皮肤科骆肖群教授的氢水沐浴治疗银屑病、同济大学同济医院余少卿的氢水冲洗治疗过敏性鼻炎、301医院营养科氢水治疗痛风、河北医科大学在氢气吸入抗雾霾、西安交通大学龙建纲团队在糖尿病等方面等,都相继开展了比较好的研究。特别值得注意的是,近年来我国多家医疗机构和氢气医学创新企业开展氢气针对癌症患者的试验性治疗,许多患者取得了非常神奇的效果,有的晚期癌症患者肿瘤消失,转移患者的关键指标恢复正常,这些个案虽然还不能作为氢气治疗癌症的高质量证据,但暗示了氢气医学研究的方向。2019年6月广州复大医院总院长徐克成教授对氢气治疗癌症个案进行系统整理,主编成《氢气控癌:理论与实践》出版,是中国氢气医学临床研究的标志工作之一,对氢气医学研究的推广和传播产生了重要影响。

中国也先后建立了一些氢气医学学术组织。2013年,成立上海氢分子医学康复专业委员会,这是中国第一个地方氢气医学学术组织,此后连续多年组织学术会议。2014年3月北京工业大学成立中国医疗保健国际交流促进会(以下简称中国医促会)氢分子生物医学分会。2015年设立中国健康促进基金会氢分子生物医学发展专项基金。2017 年中国氢气产业协会在北京成立。2017 年,上海汇康氢医学研究中心在孙学军教授的指导下成立,特别邀请烧伤专家夏照帆院士担任荣誉顾问,该中心在上海市科学技术学会的领导下开展工作,目前已经成功举办六届氢气医学转化论坛。2020 年中国老年保健医学学会承接中国医促会成立中国氢分子生物医学分会,已经成为国内氢医学学术交流和产业推动的最重要力量。在上述学术组织的努力下,全国性学术会议先后组织了数十次学术会议,取得了很好的学术交流和科学传播效果。

5.4.4　日本及其他国家的氢气医学发展现状

在一系列动物和细胞研究的基础上,日本学者开展大量饮用氢水和氢气吸入的临床人群研究。发现氢气和氢水对糖尿病、帕金森病、脂肪肝和肥胖都具有不同程度的治疗作用。2011 年美国和日本学者合作研究发现,氢水可以显著提高放射治疗患者的生活质量。2017 年日本学者发现吸入氢气对脑中风患者具有治疗效果,可以改善患者脑组织影像学异常和长期预后,对预防阿尔茨海默病具有显著效果。2018 年欧洲学者发现氢水饮用对反流性食管炎的治疗作用。日本学者证实氢气吸入可提高晚期大肠癌患者的抗肿瘤免疫功能、对患者生存时间等预后指标有改善效果。这期间日本学者还发表了关于类风湿关节炎、运动损伤和健康人焦虑等方面的临床研究报道。自 2012 年开始,日本庆应义塾大学氢气医学中心进行心脏骤停复苏后综合征的氢气吸入治疗研究,先通过动物实验研究确定氢气对心脏骤停后复苏的吸入治疗效果,2015 年进行了初步临床试验,确定氢气吸入对这类患者的安全性和效果。日本学者对心脏骤停后氢气脑损伤保护作用的多中心临床研究也正在开展,该研究 2023 年完成,结果证明氢气吸入能显著提高患者生存率和改善神经功能。2020 年,中国学者对 44 名新冠肺炎患者采用氢氧混合气吸入治疗,发现能显著缩短病毒检测转阴性时间,降低住院天数,对胸疼呼吸困难等症状的改善明显。根据这些研究结果,中国国家卫生健康委员会在第七版诊断治疗方案中将氢氧混合气吸入列入推荐治疗方法。

日本医科大学老年病研究所是首先开展氢气治疗疾病效应的研究单位,在日本氢水制造公司蓝水星等的资助下,日本医科大学成立了国际上第一个氢气分子医学研究中心(见图 5-19),早期来自日本的研究报道,使用的大部分饱和氢水是这些公司直接提供的。因此,日本氢气医学研究是从企业开始,逐渐引起学术界关注的一个科研领域。2009 年,太田教授组织成立了日本氢气医学学术组织,这也是国际上第一个国家级氢气医学学术机构。

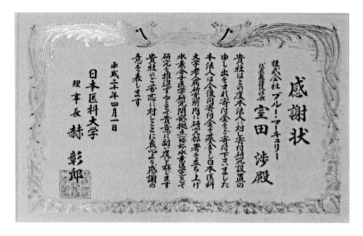

图 5‑19　日本医科大学成立氢气分子医学研究中心

2016 年 11 月，日本政府监管机构厚生劳动省认可氢气吸入为先进医疗技术（见图 5‑20），这在氢气医学研究发展过程中具有里程碑意义，说明氢气应用方法已经从学术研究进入临床应用领域，并被纳入政府医疗机构监管范围。

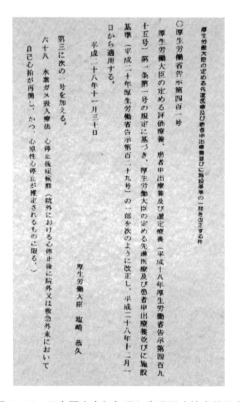

图 5‑20　日本厚生省氢气吸入先进医疗技术的公告

5.4.5　氢气医学研究的前景和面临的挑战

氢气医学效应的内在机制研究是氢气医学的热点和重点,太田教授的文章初步证明,溶解在细胞培养基的氢气具有选择性清除羟基自由基的作用,但对其他具有生理功能的自由基,如过氧化氢、一氧化氮和超氧阴离子等都没有显著影响。这种只清除有毒自由基,不影响具有信号功能的自由基的特性,称为氢气的选择性抗氧化效应。根据谷歌学术上的引用情况,氢气医学目前发表学术论文约 1 500 篇,这些论文发现氢气对 180 多种人类和动物疾病模型具有治疗效果。证明氢气可能通过信号分子调节、蛋白磷酸化和基因表达调控等内在机制发挥作用。

氢气医学研究从开始阶段就面临巨大的挑战,大家对具有医学作用的气体(称为医学气体)了解不多且存在很多质疑,即使是现在最著名的医学气体一氧化氮,一开始发现它具有生理作用时,也曾被认为是错误的研究结论,后来经过漫长的时间才被广泛认可和接受。1992 年《科学》(Science)杂志将一氧化氮评选为明星分子,主要原因就是这种普通气体具有广泛重要的生物学效应。除了一氧化氮以外,一氧化碳和硫化氢也被证明是具有重要生物学作用的气体分子。

与经典生物医学气体相比,氢气的生物学作用似乎更难以被人接受。因为氢气的结构非常简单,而且化学活性低,没有极性,具有很强的扩散性,这些特征导致氢气不太可能拥有特异性受体结构,或者说氢气很难特异性地结合某些蛋白结合位点。但是从生物进化角度看,氢气具有生物学效应理所当然。氢元素是宇宙最主要的组成成分,也是宇宙最早出现的元素,氢元素也是构成水和有机分子的最基本元素,氢气是地球生命起源的关键物质,没有氢元素和氢气就不可能出现地球生命,氢气在生物进化过程中也发挥至关重要的作用。在长期进化过程中,植物和动物体内都存在一定浓度水平的氢气,植物、动物与产氢细菌存在互惠关系,也有研究发现植物细胞本身就具有制造氢气的能力。理论上作为氢气产生的关键酶,细菌氢化酶在动物包括人类的同源分子中,可能还保留着特异性作用靶点。更有可能人类等真核生物已经进化出对氢气分子更高效的感受方式。

中国有句谚语"是药三分毒",意思是所有药物都有毒性。但医学研究者总是渴望找到一种具有治疗作用且没有任何毒性的药物,氢气似乎符合这种标准。大部分研究人员开始对氢气有兴趣是因为氢气能治疗疾病,随着对氢气医学效应研究的深入,许多学者逐渐意识到安全性才是氢气更让人激动的特征。氢气不仅有效而且高度安全,意味着氢气可以很快得到广泛应用,实现这一目标的关键条件,是要有足够多的有识之士认识到氢气的这些品质,这需要对氢气深入研究并广泛开展氢气医学宣传教育。希望全体科研人员、氢气健康产业从业人员和普通爱好者团结起来,共同致力于这一对人类健康有重大价值的光辉事业。需要清醒认识到,虽然目前有过千篇同行评议学术论文和数千名规模的学者队伍,但是氢气医学研究的规模和深度都还远远不足,仍然需要政府、企业和学术界等各方面的大力帮助和支持,加快探索氢气医学效应机制的步伐和确定临床应用的精准范围和领域。

氢气医学研究已经成为一个国际热点,氢气几乎没有任何毒性,通过饮用或吸入等方式摄取少量氢气就可以对某些疾病发挥治疗作用,虽然进入临床应用尚需要许多工作,但氢气在改善人类健康状况方面的巨大潜力将不可估量。

5.4.6 氢医学产业现状

朝日电视台节目制作人大概完全没有预料到,关于德国杜塞耳多夫诺尔登瑙洞窟圣水的报道,竟然是推动日本健康产业开发氢气相关产品的重要原因。有些日本商人看到这一节目后思考,既然这些"神水"是因为氢气的作用,那么在普通的水中加入氢气,是否也可以制造出具有同样作用的"神水"。从这个意义上讲,这个节目的制作人对氢气医学效应的研究具有重要贡献。在日本企业开发的产品中,比较有代表性的产品有饱和氢水、负氢离子食品、金属镁棒、含氢气化妆品。

中国氢气健康产业发展相对较晚但迅速。2008 年以后,中国的氢气健康产品从无到有,从单一到多样,研究规模从小到大,研究现状从被多数人误解到正面认识,从迷茫到清醒。整体上是健康向上,逐渐展示强大生命力的过程。

我们以 4～5 年为一个周期,初步把中国氢健康产业分为四个发展阶段,或时期。

1) 概念期:2008—2012 年

之所以说是概念期,是因为这个阶段中国几乎没有自己的品牌产品,研究虽然已经初步具有规模,但是社会认知度非常低,几乎没有任何在商业上进行氢产品研发投入的企业。

这个阶段应用较多的氢产品,是来自日本的进口产品金属镁棒,其中比较有代表性的是日本 Friendear 公司的产品。大丸曾经和林秀光先生合作,林先生的许多资料虽然商业化比较重,但在宣传氢气医学概念方面曾经发挥了重要作用。

日本这类产品进入市场虽然没有形成规模，但对氢健康概念推广产生了一定作用。许多早期接触氢水概念的人，都是从阅读林先生《富氢水排毒》这本书开始的。这个时期中国市场上没有自己的包装氢水产品，只有几家来自日本的氢水产品，由于进口的氢产品成本比较高，大家做得都比较辛苦。虽然少数企业准备涉足氢水产业并进行了这方面的市场调研，基本认识到这个产业的巨大潜力，但是因为整体认可程度比较低，并没有一家真正成功的企业，可以说基本都是以失败告终。

2）酝酿期：2013—2015 年

这个阶段国内相关学术研究已经形成规模和特色，在国际上产生了一定影响，国内陆续出现了各类氢气健康产品，质量也达到甚至超过日本同类产品，因此被称为酝酿期。

酝酿期有几个标志性的事件：一是 2013 年《氢分子生物学》专著正式出版，这本书成为氢气医学宣传的最重要资料，许多涉足这一领域的人都是通过阅读该书获得对氢气医学的认知，许多企业也利用这本书作为重要宣传资料；二是2013 年成立上海氢分子医学学会，这是中国第一个地方氢气医学研究学术组织；三是 2014 年成立中国医促会氢分子生物医学分会，这是中国正式成立的第一个全国性氢气医学学术组织；四是 2013 年首个氢水产品正式发布并进入市场，这是中国第一家具有完全自主知识产权的民族品牌，彻底解决了中国研究规模大，但没有自己的氢水产品的尴尬局面，也给中国氢水临床研究奠定了关键技术条件。

3）发展期：2016—2019 年

2016 年对国内许多氢企业来说都是非常关键的一年。此时许多氢产品在性能和质量方面已经超越日本。这一年氢气医学研究空前活跃，产品和研究队伍的发展壮大奠定了足够强大的基础，这些现象提示 2016 年是决定氢气医学研究和产业发展形势的关键一年。

这一时期，中国消费者对氢气健康产品的认知度产生爆发性增长，其中最活跃的产品是氢水杯，最常见的商业类型是直销和会销模式，最期待的是医疗用产品上市。消费者认知度低和产品价格高等因素导致市场低迷，一大批活跃的中小型氢企业最后沉寂下来。

这一时期，一系列氢健康产品不断进入市场，呼吸机、高端饮用水、洗浴、净水、美容、特色医疗服务等方面的相关产品和企业如雨后春笋一样增加。截至2019 年，国内注册的氢健康产品相关公司超过 2 000 家，年度市场规模估计为50～100 亿元人民币。

4）成熟期：2020 年以后

经历若干年的积累和沉淀,2020 年以后氢产业发展步入成熟期的快车道,氢气健康产业表现出蓬勃发展趋势。进入成熟期的标志是氢气医疗器械获得临床使用的许可,预计随后将会有大量资本和超大企业进入这个领域,氢气医学的繁荣局面就会随后出现。随着国家形象和经济的健康稳健发展,中国将是国际上氢气医学研究和产业发展最活跃最领先的国家,学术研究和产业发展相互促进,氢气医学这个新学科将在大健康领域的地位得到进一步巩固和提高。

5.4.7　氢气医学的发展方向

经过 10 多年发展,在氢气治疗疾病机制和临床研究证据等方面都取得了很大进步,积累了大量研究数据,但是氢气效应机制和临床研究证据的确定性,仍然是悬在氢气医学天空的两朵乌云。正如 1900 年物理学家开尔文教授的比喻,"19 世纪末,物理学的大厦已经建成,晴朗天空中的远处飘浮着两朵的令人不安的乌云……",后来的事情大家也知道,两朵乌云掀起了狂风暴雨,催生出了 20 世纪现代物理学的两大支柱——相对论和量子力学。那么对氢气医学天空的两朵乌云的解决方式,也必然是氢气医学未来远大前景的重要方向。未来应该重点对如下六个方面优先开展研究。

1）氢气生物学效应机制研究

分子机制研究不仅对深入理解氢气作用的作用基础,解释氢气的生物学效应有更准确更全面的认识,而且也是正确使用氢气和寻找提高氢气效果策略的重要途径。氢气机制的研究深度是氢气医学理论高度的体现,是氢气医学研究繁荣发展的标志,也是氢气医学成熟的基础。

2）氢气应用技术方法效应比较研究

氢气使用的方式很多,有吸入氢气的方法,有饮用氢水,有用氢水沐浴的方式,也有利用细菌产生氢气和采用某些释放氢气的材料等方式,这些方式各有优势,也存在不同的特点。初步的研究表明,不同方式产生效应,获得氢气的组织浓度存在差异,有不同使用方法,这些不同一方面给氢气的使用带来方便,也给氢气使用带来一些困惑,该选择哪种方式,是否可以两种或多种方式联合使用,都是重要的问题,比较并寻找理想使用方法研究对未来氢气医学的临床应用提供重要的应用技术参考数据。

3）氢气治疗疾病的临床证据研究

氢气医学应用首先是作为临床疾病治疗方法,类似药物的方式,这方面比较重要的是对某些急性和严重疾病,例如脓毒症、心脑血管事件(中风和心梗等)、急性中毒、多器官功能衰竭等。临床应用方面今天已经初步取得了成功,但氢气治疗疾病的潜在适应证仍然很多,临床研究仍然是氢气医学研究的重点。应该主要研究氢气作为常规治疗方法补充和独特治疗工具的价值。例如未来能将氢气吸入或氢气盐水注射作为临床急救甚至院前急救手段,在急救车和急救场所作为氧气吸入的联合工具。

4)氢气对重要慢性病干预临床研究

氢气的医疗应用价值,不仅是对急性病的治疗,对慢性病的预防和干预也非常重要,预防作用是减少发病率,干预则是推迟发生并发症。例如对肥胖等代谢综合征患者,采用氢气吸入或氢水饮用,能减少糖尿病和高血压发生。对已经发生慢性病的患者,重点是通过氢气和常规药物治疗,减少并发症的发生,提高慢性病患者的生活质量。

5)预防癌症和癌症辅助治疗

癌症预防是减少癌症发生的重要策略,但是预防癌症的工具并不太多。氢气抗炎症抗氧化给各类上皮不典型增生、结肠炎和肝硬化等某些癌前病变患者预防癌症发生提供了重要工具,这方面的基础研究和临床研究都非常值得重视。对癌症患者,放射、化学、靶向和免疫治疗等都存在明确严重的副作用,氢气对癌症治疗的副作用的缓解作用非常值得研究,同时应该进一步明确氢气干预是否会减少这些治疗的效果。对晚期癌症患者,氢气治疗作为改善患者生活质量,延长生存时间方面的手段重点研究。从目前掌握的许多个案资料看,氢气对晚期癌症患者有很大意义,尤其是肺癌、乳腺癌、消化道肿瘤,对缓解癌性疼痛和减少癌症转移等方面都值得探索。

6)氢气生物学非医学应用探索

氢气生物学不仅在医学,在其他领域也有重要价值。例如对植物生长调控,提高植物抗逆能力,提高动物抗病能力,改良土壤的潜力,对细菌和真菌的调节作用等。这些作用都可以从提高农作物产量,减少化肥农药使用量,提高作物品质,改善环境等角度具有潜在应用前景。中国在这一领域拥有非常独特的优势,不仅有全面的研究基础,且有全面的应用需求。

5.5　氢在农业中的应用

农业是人类社会最早出现的生产部门,其发展历史反映了社会经济、人与自然之间协同发展的过程。与传统农业相比,现代农业多以农业科学理论为指导,并建立在试验研究基础之上,其中低碳农业和循环农业等新型农业形式开始涌现,将氢运用于农业生产的氢农业也属于一种新型低碳农业。

总体看,具有低碳特性的氢农业已经涉及农业生产中从农场到餐桌的各个方面,它可以带来一场农业生产方式大变革。当然,氢农业的推广仍需要更多的理论研究和多年多点的大田试验,这种农业生产方式的革命可能不仅仅局限于种植业,还包括养殖业等。因此,农林牧渔生产的各部门均有可能享受氢农业发展的红利。

在本节中,我们首先从介绍中国农业现状入手,分析我国农业生产面临的问题,并探讨未来农业可能的发展方向;进一步从时间和空间的角度阐述氢农业发展的起源和现状,并通过和氢医学的比较,初步探讨氢农业的相关机理;最后通过总结当前氢农业大田实践的经验,结合相关的实验室和大田工作提出了对氢农业未来发展方向的思考。

5.5.1 中国农业的现状与未来

中国是传统的农业国家和人口大国。改革开放40多年,我国经济水平和国力均得到了很大的提升。然而,粮食安全和食品安全问题一直是一把悬在头顶上的利剑。

5.5.1.1 中国农业的现状

目前,我们用约占世界9%的耕地和6%的淡水资源,养活了占世界近20%的人口,这是一个了不起的成就。总体看,我国在农田、水利、农业机械和科学技术等基础生产条件方面均取得了长足发展,人们已经从解决温饱过渡到正阔步迈向全面小康。同时,我们也面临着耕地面积减少、粮食需求缺口较大、水资源相对缺乏、化肥农药滥用和部分地区生态环境破坏严重等问题,这已直接影响到我国粮食安全和食品安全。

1) 耕地减少,可用耕地相对有限

随着经济快速发展和城市化进程加剧,我国耕地持续减少,特别是1996—2008年,耕地面积减少约1.25亿亩。耕地的急剧减少严重威胁粮食安全,因此,国家提出了"坚守18亿亩耕地红线"的耕地保护制度。2009—2017年,耕地减少速度开始减慢,但仍以平均每年约89万亩的速度减少。我国山地多,平原少,土地荒漠化和盐碱化严重,因此可用耕地相对有限。2016年全国耕地平均质量等别为 9.96 等（1 等耕地质量最好，15 等最差），总体偏低。

2）粮食需求缺口大

2004 年以来我国粮食总产量逐步提高，2012 年超过 6 亿吨，2015—2019 年总产量都稳定在 6.5 亿吨以上。但是随着人口增长和生活水平的提高，一方面粮食需求总量持续扩大；另一方面由于耕地面积减少、耕地质量下降、水资源短缺、粮食生产力相对薄弱等客观因素的制约，导致我国粮食供求长期处于"紧平衡"的状态。2003—2013 年，我国粮食自给率明显下滑，从 99.9% 下降到 89.4%。同时，人们对食物消费的观念从"吃饱"转变为"吃好"，导致农业消费结构升级，增加了对动物蛋白（肉、奶等）、植物油和糖等消费要求，因此也带动对大豆、玉米和棕榈油等大宗农产品消费的增长，其中大豆的进口依存度高达 80% 以上。

我国已成为全球最大的农产品进口国。2014—2018 年连续 5 年我国粮食进口总量超过 1 亿吨，预计今后每年进口总量将不少于 1 亿吨，其中大豆至少在 8 千万吨以上。由于国民对营养健康和绿色环保关注的持续增长，导致粮食出现结构性短缺，部分优质粮食供应不足，我国粮食安全形势依然严峻。

3）水资源缺乏

水资源关系着农产品的数量和质量，也影响农产品的结构和食品安全。我国是淡水资源严重短缺的国家之一，按 2014 年人口计算，人均水资源占有量为 2 077.2 m^3，仅为世界平均水平的 1/4。农业用水在我国用水总量中占比很大，但农业的水资源利用效率普遍不高。随着中国工业化和城镇化进程加快，总体用水量持续增加，但农业用水量变化不大，占总用水量的比重逐年下降。由于粮食产量和需求的持续增长，农业用水短缺的问题越来越严重。

日趋严重的水污染也加剧了水资源的短缺。根据《2018 中国生态环境状况公报》和《2018 中国水资源公报》，全国不符合农业用水标准的劣 Ⅴ 类地表水为 6.7%，劣 Ⅴ 类地下水为 46.9%。污水灌溉的隐患大，其中有机物和重金属等污染物在土壤中积累，从而影响作物的生长。尤其严重的是，有机物和重金属还可通过食物链危害人类健康。此外，中国北方一些区域的水资源由于过度开发，导致地下水位下降、河流断流、湖泊湿地萎缩甚至消失、海水入侵以及土地盐碱化等严重后果。

4）化肥农药滥用

在我国农业发展过程中，化肥和农药对提高和稳定农作物的产量起到了重要作用。20 世纪 90 年代开始，我国大量施用化肥。到 2015 年，我国农业化肥总量为 6 022.6 万吨，成为全球化肥用量最高的国家。我国粮食产量约占世界的 1/5，但化肥用量至少占世界的 1/3 以上，亩均用量约为世界平均水平的 3

倍,且化肥利用率偏低,仅为 35% 左右,比发达国家低 10%~20%。有机肥资源总养分为 7 000 多万吨,但利用率低,实际利用不足 40%。

与化肥使用相似,我国农药使用量总体也呈上升趋势。2012—2014 年农药年均使用量为 180.57 万吨,比 2000 年增长了约 41.1%。过量的化肥农药使用除了增加农业成本外,还会造成环境污染,反过来也制约农业的增产和稳产。另外,农药残留超标会威胁到农产品质量安全。

化肥、农药长期过量使用,导致土壤板结和酸化、重金属含量和农药残留超标、湖泊河水富营养化等危害。农药的滥用和残留还会严重影响生物多样性,如害虫的天敌、益虫、土壤微生物特别是有益微生物数量减少,打破生态平衡,引起生态系统食物链的恶性循环。另外,畜禽粪便、农作物秸秆以及农田残膜等农业废弃物的不合理处理,也造成了农业面源污染日趋严重。畜禽和水产养殖过程中的排泄物分解还会产生大量的氨、硫化氢、酚类或醛类。农膜控温保墒,增产效果显著,但是农膜长期大量使用,残留在农田里会造成"白色污染"。由于农膜降解十分困难,会在 15~20 cm 土层形成不透气不透水的难耕作层;另外在降解过程中,还会产生致癌物二噁英。2015 年,农业部公开表示,农业已超过工业成为我国最大的面源污染产业。农业生态环境的恶化导致农产品安全问题频现,不仅制约农业的可持续发展,还会严重威胁人们的身体健康。当然,中国对化肥、农药使用与北美、欧盟、亚洲及中东部分发达国家的变化趋势相似,当使用量快速增长到达峰值后保持稳中有降或持续下降的趋势。

我国近 5 年来逐步走上减肥减药(双减)、增效高产的可持续发展之路。2018 年全国农用化肥施用量为 5 653 万吨,比 2015 年减少约 400 万吨;全国农药使用量 150 万吨,比 2015 年减少 28 万吨,下降 15.7%,化肥和农药的利用率也稳步提升,达到 39%。尽管如此,我国化肥农药的使用总量仍然很高,由于其利用率依旧偏低,"减肥减药"行动不能松懈。

5) 水土流失严重,自然灾害频发

我国是土地荒漠化面积最大、风沙危害最严重、影响人口最多的国家。防治荒漠化是我国一项重要的战略任务,国家已采取了一系列有效的措施,遏制了荒漠化扩展的态势,但是总体来说我国土地荒漠化仍然形势严峻。根据我国生态环境部公布的数据,我国水土流失总面积为 294.9 万平方千米,占国土面积约 30.7%;荒漠化土地面积 261.16 万平方千米,占国土面积约 27.2%;沙化土地面积达 172.12 万平方千米,占国土面积约 17.9%。

土壤盐碱化在我国分布广泛,除滨海地区由于海水浸渍发生盐碱化以外,一般主要发生在干旱和半干旱地带,地下水位较高、地表径流和地下径流排泄不畅的地区。人为不合理灌溉也易造成土壤次生盐碱化。我国盐碱化土地面积为99.13 万平方千米,涉及东北平原、西北内陆、淮海平原等地区的 19 个省份。2000 年以来,全国 24.9％的国土呈现生态系统生产力水平下降的态势,包括华南大部、华东长三角洲和华北太行山等地区。随着生态环境的恶化,各种自然灾害(包括旱灾、洪涝灾害、冻灾、风雹灾害、雪灾和病虫灾害等)频繁发生,全国农作物总受灾面积和成灾面积呈上升趋势,严重影响我国农业生产发展,其中旱灾是决定我国农作物灾情的主要非生物胁迫因素。

6) 部分农产品质量安全问题加剧

目前,影响我国农产品安全的主要因素有重金属残留、农药和兽药残留以及硝酸盐污染。长期过量施用含有铅、镉、汞等重金属的化肥和农药,会增加农作物中重金属含量;而频繁施用氮肥,会导致果蔬中硝酸盐含量超标;果蔬(尤其是叶菜类)在储藏过程中,硝酸盐会转变为致癌性的亚硝酸盐,增加健康风险。自2006 年以来,全国共发生数十余起重金属污染事件,如骨痛病、铅中毒、水俣病等,以及多起农药残留引起的中毒事件。

目前,限用农药(如毒死蜱、氧化乐果、氯氰菊酯等)残留超标、超标种类多、地域广等问题仍然广泛存在,甚至还检出禁用高毒农药(如甲胺磷、克百威、甲拌磷等)。农残超标最严重的蔬菜为叶菜类、豆类和根茎类。例如对北京、天津和成都等 25 个省会城市的蔬菜重金属污染物含量调查发现,近 20 个城市蔬菜中铅的平均含量超过标准限量值(以 GB 2762—2017《食品安全国家标准食物中污染物限量》为标准),其中有 5 个城市的蔬菜镉含量超过标准限量值。叶菜类蔬菜对重金属富集最强,其次是根茎类,对我国多省市蔬菜硝酸盐含量的调查发现,80％叶菜和根茎类蔬菜存在亚硝酸盐超标现象。

农药和重金属残留超标不仅影响果蔬质量,也对我国果蔬出口贸易造成非常大的影响。近两年,全国出口蔬菜因质量安全问题遭到国外通报的超过 200批,其中农药残留超标约占通报总批次 40％,重金属污染约占 2％。尽管我国农产品质量安全逐步提高,农药残留超标等情况呈下降趋势,但是上述问题并没有得到彻底的解决,国家明令禁止的高毒农药频繁检出和重金属污染事件的屡次发生都充分说明我国农产品质量安全问题不容乐观。

5.5.1.2　从农田到餐桌的可持续农业

我国现在国力已经大幅提升,国民生活质量和营养水平也显著提高。生产"安全、好吃、健康、高产"的农产品是农业可持续发展的关键问题。在严守耕地保护红线的基础上,综合提升耕地质量,控制化肥和农药施用量,保护生态环境,促进农业健康发展就尤为重要。

化肥的大量施用提高了农作物产量,但是降低了土壤肥力和有机质含量,土壤有机质含量下降使得对重金属的固定作用减弱,土壤酸化则更加剧重金属危害,同时还影响土壤微生物的繁殖和活力,从而造成了化肥用量增多,产量却不增反减的现象。土壤矿质元素流失使农作物耐病虫害的免疫力降低,同时农药滥用,杀死害虫的天敌,提高了抗药性,破坏了生态平衡,从而出现农药越打越多、病虫害却越防越难的问题。

研究表明,化肥和农药长期过量使用会影响农产品的营养品质和风味。当氮肥施用量超过一定范围时,稻米微量元素含量会下降;高浓度的农药会降低农作物中可溶性糖、可溶性蛋白、维生素 C、可溶性芳香化合物的含量。蔬菜营养元素含量的降低还可能与土壤微量元素的流失及在食物链中的损失有关。另外,农药还可能影响加工果蔬成品的风味。例如,正常剂量下的除草剂也可能引起罐装玉米产生轻微异味,灭菌丹处理后的草莓罐头会产生不属于灭菌丹味道的“金属味”,农药残留对葡萄酒和啤酒的感官效果也会产生负面影响。

人类的大健康离不开植物、动物和微生物的健康。从源头开始综合解决土壤肥力、矿质元素、有机质和微生物的关键因素,才能生产出“安全、好吃、健康、高产”的农产品。研究发现,有机肥、豆科绿肥、秸秆还田等措施都能有效补偿农产品生产引起的土壤养分库亏损,增加土壤养分有效性、提高土壤酶活性、土壤微生物生物量以及土壤原生动物群落的丰度,从而提高土壤肥力,提高农作物产量和质量。以健康农业生产的安全健康食物为基础,可以预防并改善高血压、高血脂、糖尿病等慢性病的病症。另外,发挥优质农产品的健康促进作用,发展“安全、好吃、健康、高产”的新农业,可以提升农产品的价值,促进农民持续稳定增收,从而振兴乡村经济。

总之,未来农业发展是从农田到餐桌的可持续农业,不仅要提供安全、好吃和高产的农产品,还可以有预防控制疾病的健康作用,保证“舌尖上的安全”,助力健康中国。

5.5.2　氢气生物学的发展历史

20 世纪中叶科学家就发现藻类、微生物、动物和植物均有产生和释放氢气的现象,但是一直不清楚其相关的生理作用。近 10 年的研究提示,氢气可能是一种新的生物气体信号分子,由于其具有各种生理调控活性及信号转导功能,因此也被初步运用于临床医学和农业,从而出现了“氢气生物学”的概念。截至

2018 年 12 月,国家自然科学基金委资助的与氢气生物学功能相关的自然基金项目就有 78 项,其中面上项目和青年项目分别有 38 项和 40 项,分布于 39 家科研单位。2018 年,全球领先的工业、健康和环保气体供应商法国液化空气集团(Air Liquide)发起的第二届科学挑战赛,就是选择南京农业大学提出的氢农业研究作为挑战三的获奖提案,并建立了法国液化空气-南京农业大学上海青浦氢农业实验基地,这也是全球财富 500 强企业首次关注氢气生物学的实践研究。2019 年 1 月上海交通大学率先成立了以丁文江院士为主任的氢科学中心,重点支持氢能源和氢气生物学研究,并受到了科技部、上海市科委及国内外同行专家的高度关注,该中心的成立也是氢生物学发展历史上的一个里程碑事件(见图 5-21)。

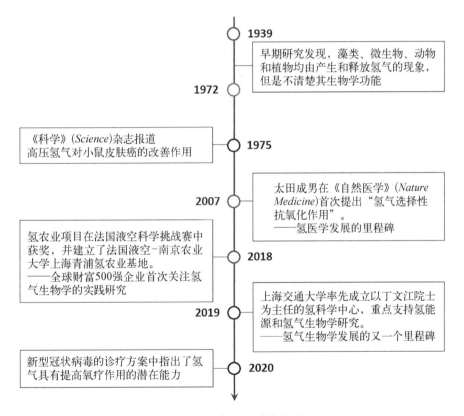

图 5-21　氢气生物学发展过程

氢气生物学是研究氢气生物学效应及其相关分子机制的一门新兴学科,主要包括氢气微生物学、氢气动物学和氢气植物学。按照实际运用的分类,氢气生物学可以简单地划分为氢医学和氢农学。

氢医学主要是指通过氢气改善人类疾病的症状和提高人类健康水平的基础医学和临床医学。自 1975 年美国学者 Dole 等在《科学》(*Science*)杂志上报道了氢气可以改善小鼠皮肤癌症状后[36]，氢气这种极易燃烧，无色透明、无臭无味且微溶于水的气体，第一次真正进入了医学研究领域。此后，在以日本学术界为主要代表的研究中，科学家们逐步意识到电解还原水(electrolyzed reduced water, ERW)所发挥的主要生理功能可能是由溶解在其中的氢气所产生的，这些研究也被日本产业界所注意。自此，以吸入氢气和注射氢气溶液为主要手段的氢医学研究也逐渐展开，其中一个里程碑式的发现是 2007 年由日本科学家太田成男教授课题组发表在《自然医学》(*Nature Medicine*)的论文所提出的氢气选择性抗氧化概念[37]，即氢气可以选择性清除毒性活性氧，但不会影响小鼠体内其他必要的活性氧。由于上述研究暗示氢气在作为气体医疗手段时具有非常巨大的潜力，所以该项研究也被认为是氢医学快速发展的奠基性工作。

随着研究的不断深入，已经发现氢气在抗氧化、抗炎症、抗凋亡、抑制肿瘤、缓解以缺血/再灌注以及以炎症为基础的急性组织缺血性疾病、缓解多种退行性疾病等多种疾病上具有潜在的应用前景。但是需要注意的是，目前的研究大多还处在细胞或动物模型水平，从医学实际应用角度考虑，这些证据还不够充分，缺少必要的大样本、高等级的临床医学研究。值得注意的是在 2020 年中国新型冠状病毒的诊疗方案(第七版和第八版)中指出了氢氧混合吸入气(H_2/O_2：66.6%/33.3%)具有潜在的新冠辅助治疗能力。

近些年，因为氢气在植物、微生物和动物中具有广谱的生物学效应以及使用的安全性，氢农学的概念也因此逐渐浮出水面。总体看，氢农学是一种结合生理生化、分子生物学、遗传学和组学等手段，研究氢农业相关规律的科学。从实施的对象看，氢农学主要包括氢气微生物学效应、氢气植物学效应以及氢气动物学效应等。

由于在动物、植物和微生物体内均可检测到氢气产生和释放，且发现氢气具有广泛的生物学效应，这提示氢气在农林牧副渔中的相关动物、农作物和微生物生长发育及其对逆境胁迫的耐受性/抗性上具有广泛的应用前景。

5.5.3　氢农业的范畴

氢农业是与氢农学相对应的实践概念，主要是指运用氢气或产氢材料，以富氢水或氢气熏蒸等方式，提高农林牧副渔等相关产品产量以及品质的实践。作为一种高投入高产出的设施型、设备型、工艺型的新农业产业，氢农业是以人类大健康产业为核心,促进可持续发展为目标,结合现代工业装备,并采用现代科学技术武装的绿色农业和现代农业。必须指出的是,有关氢农业中使用的氢气浓度远低于其爆炸下限,因此具有较高的安全性。

众所周知,现代农业不再局限于传统的种植业和养殖业等农业部门,而是与包括生产资料工业、食品加工业等第二产业和交通运输、技术和信息服务等第三产业在内紧密结合,息息相关,并围绕着农业生产而形成的庞大的产业群。由于氢气在农产品生产、加工、运输和销售等诸多环节都具有巨大的应用潜力,因此氢农业涉及从田间到餐桌的一系列生产实践过程。尤其要指出的是,氢农业在生产实践过程中同时还涉及了微生物学、植物学、动物学、兽医学、食品科学、营养学乃至物理学、化学、计算机科学和工程学等学科。通常,氢农业可以划分为设施园艺氢农业、大田氢农业和家庭氢农业等。从长远的发展角度看,氢农业也将提升对相关便携式或移动式氢农业机械的产业需求,相关产业的发展有利于提升中国农业机械制造业的水平和升级换代。

氢农业通常与现代化的生产管理办法相结合,因地制宜,结合现代工业装备和高效便捷的信息系统,实现不同的氢气供给方式,从而提高农产品的产量,改善农产品品质,减轻劳动强度,节约能耗和改善生态环境,从而达到低碳农业的目标。总之,氢农业是一种绿色农业和新兴氢气生物学相结合的新农业模式,在降低传统农业生产对自然资源和生态环境伤害的同时,提供从土地到餐桌,从产前、产中、产后的生产、加工、管理、储运、包装和销售全过程的优质农副产品,因此将在提高生产效率和收益,增强农作物的抗灾抗病能力等方面发挥积极的作用。

现代医学研究表明,人类的健康离不开动物、植物和微生物的健康。氢农业未来可以降低农业生产对化学农药、化学肥料、抗生素等化学品的依赖以及自然环境的束缚,最大限度地提高产量、减少农药和其他有害化学品的使用,为公众提供了优质、高产和低毒性的农副产品。因此,氢农业可以成为人类大健康的重要保障。

目前,由于给氢方式、前期投资和装备制造等诸多因素的制约,氢农业还主要集中在以高端水果、蔬菜和中药材以及特种养殖业等为主的高附加值农业生产上,并且尚未实现规模化和产业化,因此具有很大的发展空间。同时,氢农业产业链尚不完备,还没有发展出完备的氢农业相关生产管理设备,也没有全面打通生产、运输和销售的完整渠道,因此其发展任重道远。

5.5.4　氢气农业生物学的研究现状

氢气农业生物学即氢农学。由于氢农学还涉及新材料和新能源等,因此还具有综合性和多学科性的特点。

5.5.4.1 氢气植物学效应的研究进展

近年来,氢气的植物学功能研究提示,氢气可能是一种具有多种生理学功能的新型植物气体信号分子。与氢医学相比,起步较晚的氢气植物学效应研究也取得较大的进展。已经知道,外源施用氢气熏蒸或富氢水可以增强农作物、牧草和蔬菜对非生物与生物胁迫的耐性和抗性(见表 5-4),调控其生长发育(见表 5-5),改善果蔬的营养品质以及延长其采后保鲜(见表 5-6),相关研究为氢农业实践提供了初步的理论基础。

表 5-4 氢气参与植物抗生物与非生物胁迫

实验材料	胁迫	作 用 机 制	参考文献
拟南芥	盐胁迫	氢气调控锌指转录因子 ZAT10/12 以及抗氧化基因的表达	[38]
	干旱胁迫	NADPH 氧化酶诱导的 ROS 参与了氢气介导的气孔关闭	[39]
紫花苜蓿	镉胁迫	降低镉积累和提高细胞抗氧化能力	[41]
	百草枯胁迫	提高血红素氧化酶-1 活性,上调相应基因的表达量	[45]
	汞胁迫	增强抗氧化酶活性,上调相应的基因表达量	[43]
	铝胁迫	降低一氧化氮含量和铝积累	[44]
	渗透胁迫	氢气诱导过氧化氢产生和上调血红素加氧酶-1 基因的表达	[40]
白菜	镉胁迫	提高抗氧化能力,降低镉积累	[42]
水稻	硼胁迫	上调水通道蛋白基因的表达以及重建氧化还原平衡	[47]
	冷胁迫	氢气通过参与 miR398 和 miR319 介导的氧化还原平衡的重建,从而缓解水稻冷胁迫	[46]

续　表

实验材料	胁　迫	作　用　机　制	参考文献
黄瓜	干旱胁迫	提高光合作用、抗氧化能力以及渗透物质的积累	[48]
番茄	灰霉菌	提高多酚氧化酶(PPO)活性和 NO 含量	[49]

表 5-5　氢气调控植物生长发育

实验材料	器　官	表型和作用机制	参考文献
黑　麦	萌发	提高种子萌发率	[50]
水　稻	萌发	促进种子萌发,与调控激素受体基因的表达相关	[51]
黄　瓜	不定根发生	调控 HO-1/CO 信号	[52]
		调控下游信号—氧化氮代谢	[53]
拟南芥	侧根发生	提高—氧化氮含量,促进侧根发生	[54]

表 5-6　氢气延缓水果和鲜切花的衰老

实验材料	表型和作用机制	参考文献
华优猕猴桃	提高抗氧化能力,降低脂质过氧化	[55]
徐香猕猴桃	通过抑制乙烯合成酶的活性,减少乙烯的生物合成	[56]
百合	维持水分平衡、膜稳定性,缓解氧化伤害	[57]
玫瑰	维持水分平衡、膜稳定性,缓解氧化伤害	[57]
洋桔梗	降低细胞内活性氧水平及延缓花瓣中可溶性蛋白和叶绿素降解	[58]

1) 氢气缓解植物逆境胁迫的进展

早期的研究证实,高等植物在正常和胁迫条件下均可以产生内源氢气,但是一直不清楚其相关的生理作用。已经知道,干旱和盐胁迫会抑制农作物正常生长,使得农业产量下降。2012 年南京农业大学研究小组发现,外源施用氢气(以富氢水的形式)可以通过维持细胞内的离子稳态,从而提高拟南芥幼苗的耐盐性,其分子机制涉及氢气调节锌指转录因子 ZAT10/12 以及抗氧化基因的表达[38]。随后该研究小组在《植物生理学》(Plant Physiology)发文报道,外源施用氢气(同样以富氢水的形式)可以通过降低拟南芥叶片的气孔开度来增强其耐旱性。相关的遗传学证据表明,拟南芥 NADPH 氧化酶基因突变后,氢气无法诱导气孔关闭,提示 NADPH 氧化酶诱导产生的活性氧可能参与了氢气诱导的气孔关闭[39]。上述结果与传统氢医学中的氢气选择性抗氧化概念是不一样的,反映氢气生物学效应机制的复杂性和多样性。此外,拟南芥硝酸还原酶基因突变后,氢气也无法诱导一氧化氮(NO)产生和气孔关闭,提示 NO 也可能介导了氢气增强的拟南芥耐旱性。进一步研究发现,外源施用氢气可以缓解渗透胁迫诱导的紫花苜蓿幼苗生长抑制,且过氧化氢可能是氢气的下游信号分子[40]。

土壤和农用化学品的金属离子污染(尤其重金属)是农业生产中的难题。农作物中的重金属积累会严重威胁人类健康,其中重金属镉就是一种典型的环境污染物。值得注意的是,氢气可以降低紫花苜蓿的镉积累和提高细胞抗氧化能力,从而缓解紫花苜蓿幼苗镉胁迫[41]。蛋白质组学证据证实,氢气缓解紫花苜蓿幼苗镉胁迫可能是部分通过改变胁迫抗性、氨基酸和蛋白质代谢、碳水化合物代谢、次生物质代谢、氧化还原代谢、含硫化合物(如谷胱甘肽等)代谢以及金属离子稳态相关蛋白质的表达来实现。类似地,外源施用氢气也可以通过提高白菜的抗氧化能力,从而降低镉毒害诱导的氧化损伤,缓解幼苗生长抑制并降低镉积累[42]。除镉中毒外,汞作为一种环境污染物也会严重威胁人类健康。外源施用氢气缓解汞胁迫诱导紫花苜蓿幼苗的氧化伤害可能是与其能提高过抗氧化酶活性及其转录本水平,同时降低汞积累来实现的[43]。高浓度铝也会显著抑制植物根的生长。研究证明,外源施用氢气可以显著缓解铝胁迫引起的紫花苜蓿幼苗根生长抑制,降低幼苗铝积累,其作用机制是氢气部分抑制了幼苗体内一氧化氮合成[44]。

此外,农业生产上使用化学农药治理杂草时也会对农作物造成一定的伤害。研究证实,外源施用氢气可以降低灭生性除草剂百草枯引起的紫花苜蓿幼苗氧化损伤,其作用机制部分依赖于血红素加氧酶(HO)/一氧化碳(CO)信号转导[45]。尤其要指出的是,早期的研究表明,氢气可以调控与植物抗病相关激素的代谢以及受体蛋白的基因表达,上述结果提示氢气还可能参与了植物对生物胁迫的抗性。

极端温度(高温或低温)会对植物生长产生不利影响,因此也是影响农业生产的不利环境因素。2017 年,Xu 等[46]研究证明,miR398 和 miR319 介导的氧化还原稳态重建参与了外源氢气缓解的水稻幼苗冷胁迫。此外,硼对植物生长至关重要,但过量硼会影响植物种子萌发及幼苗生长。已经知道,外源施用氢气可以通过上调水通道蛋白的基因表达和重建氧化还原平衡来缓解水稻硼毒害[47]。类似地,氢气可以通过提高光合能力、增强细胞抗氧化能力、促进 HSP70

表达和渗透调节剂的积累,进而提高黄瓜幼苗干旱胁迫耐性[48]。

氢气缓解生物胁迫的研究报道相对较少。已经知道,氢气可以通过提高内源一氧化氮含量和多酚氧化酶活性来增强番茄果实对灰霉菌的抗性[49]。

2) 氢气参与促进种子萌发和根形态建成

早期的研究报道,外源施用氢气可以促进黑麦种子萌发[50]。类似地,外源施用氢气可以促进水稻种子萌发和改善盐胁迫下的水稻幼苗生长[51],且外源施用氢气不同程度的影响绿豆和水稻种子中激素受体基因的表达。不定根发育对植物无性繁殖和枝条扦插等实践生产至关重要。研究证实,生长素可能参与了外源氢气促进黄瓜外植体的不定根发生,且氢气诱导的不定根发生至少部分与血红素加氧酶(HO)信号应答相关[52],因为外源施用血红素加氧酶抑制剂可以部分抑制氢气的作用,并且该抑制作用还可被一氧化碳逆转,提示 HO/CO 介导了氢气诱导的黄瓜外植体不定根形成。除一氧化碳外,一氧化氮可能也可以作为氢气效应的下游信号分子,从而参与氢气促进黄瓜幼苗外植体的不定根发生[53]。

植物侧根参与了植株固着以及水分和营养元素的吸收,丰富的侧根可以增强根系的表面积和吸收能力。研究证明,生长素诱导的氢气可以促进拟南芥幼苗侧根发生,进一步的遗传学证据证实,依赖于硝酸还原酶产生的一氧化氮参与了氢气诱导的侧根发生[54]。

3) 氢气延缓水果和鲜切花的成熟与衰老

水果和花卉的季节性和地域性很强,它们在采后储藏和货架销售过程中极易萎蔫、腐烂和变质。例如,猕猴桃在储藏和运输的过程中非常容易腐烂。研究证实,外源施用氢气可以提高超氧化物歧化酶活性从而维持较低的活性氧水平,延缓猕猴桃储藏期间的成熟和衰老[55]。类似地,氢气处理还可以通过抑制乙烯合成酶活性来降低乙烯释放量,从而延长猕猴桃货架期[56]。

与水果保鲜类似,采后鲜切花保鲜也是园艺研究的热点。研究证明,外源施用氢气可以通过减小气孔开度、保持水分平衡和膜稳定性,以及降低叶绿素分解和细胞膜损伤,从而延缓百合和玫瑰切花衰老[57]。此外,药理学实验证明内源氢气可以通过调动抗氧化防御,降低细胞内的活性氧水平以及延缓花瓣中可溶性蛋白和叶绿素降解,进而延长洋桔梗切花的保鲜期[58]。

4) 氢气提高营养品质

研究证实,氢气可以提高蔬菜的营养品质。例如,外源施用氢气处理萝卜芽苗菜可以提高长波黑斑效应紫外线(UVA)下花青素和多酚的含量,且前者的积累是通过上调花青素合成酶基因表达来完成的[59]。进一步的转录组分析证实,氢气上调花青素合成酶的基因表达与调控转录因子表达有关[60]。此外，外源施用氢气还可以提高中波红斑效应紫外线（UVB）胁迫下紫花苜蓿幼苗类黄酮的含量，最近的研究还发现，外源氢气可以提高发芽黑大麦的抗氧化能力和营养成分。

5.5.4.2 氢气动物学效应的研究进展

研究证明，氢气干预对多种人类疾病和病理状态均有明显的缓解和正面效果。现有的研究证实，上述氢气的生理机制主要与其介导的抗氧化应激和抗细胞凋亡相关，同时氢气还可以对细胞内相关的信号分子及其基因的表达产生影响。在已经证明的动物氢气作用机制中，细胞自身的抗氧化能力提高是比较典型的氢气应答分子效应。例如，核因子 E2 相关因子 2（nuclear factor E2-related factor 2，Nrf2）就能参与氢气提高的动物抗氧化能力[61]。进一步的研究发现，氢气也可以诱导细胞内早期的活性氧信号，促进氧化应激水平，进而调动细胞内的后期抗氧化防御系统来降低氧化损伤。此外，氢气还可以调控多种细胞信号通路以及下游信号，其作用机制涉及抗氧化效应和抗炎症效应。

研究发现，动物肠道内的厌氧菌能够产生氢气，且动物体内源氢气可能有独特的生理效应。例如，氢气干预可以有效抑制镰刀菌真菌毒素对猪胃肠道菌群稳态和多样性的破坏作用，以及降低细胞内的氧化应激和细胞凋亡，进而改善镰刀菌真菌毒素诱导的猪仔生长抑制[62]。此外，氢气还可以降低氧化应激，缓解猪肝脏缺血诱导的损伤[63]。金属镁溶于水产生的氢气则可以改善山羊胃部菌群的生物量和群落结构[64]。

5.5.4.3 氢气微生物学效应的研究进展

氢气是豆科植物根瘤菌固氮过程的副产物。当豆科植物和根瘤菌共生，根瘤菌固氮产生的氢气可以提高土壤中有益菌群的生物量，同时还可以改善微生物的群落结构。例如，氢气可促进氢氧化细菌的群落生长。与上述结果类似，氢气处理刺槐林土壤后显著提高了土壤中氢氧化细菌的生物量[65]。除此之外，扩散到土壤中的氢气也可以改善植物的生长，提高根际二氧化碳固定量。研究证实，氢气处理土壤后，土壤中根瘤菌的固氮能力和脲酶活性增强，土壤中有机质的降解速度减缓。

真姬菇是一种食用真菌，其在采后运输和储藏期间非常容易腐烂。研究证实，外源施用氢气可以提高真姬菇的营养品质，并且能够调动其抗氧化防御系统,从而降低细胞内的氧化损伤,进而延长货架期[66]。此外,氢气可以缓解真姬菇镉胁迫、盐胁迫和过氧化氢诱导的氧化损伤,其效应机制是通过调动细胞内抗氧化防御以及提高丙酮酸激酶活性。类似地,氢气还可通过调动谷胱甘肽过氧化物酶参与调控灵芝的生长发育和次生代谢[67]。

5.5.5 氢农业实践

经历了绿色革命后的世界农业实践,目前正在面临日益加剧的全球变暖和人口增长等现实问题,尽管目前的粮食生产仍然能满足当前世界人口的所需,但若没有人为的干预,如此大的粮食产量生产是不可能持续的。另外,由于当前农业生产消耗的资源十分巨大,每年全球生产超过 30 亿吨的农作物,需要 1.87 亿吨的化肥,近 400 万吨的农药,2.7 万亿立方米的水,并且温室气体中 7%～15% 是由于农业而排放的。因此,这种以巨大的资源消耗换取的高产是低效率的,且代价是巨大的,我们正在面临巨大的挑战,亟须寻找改善这种生产方式的方法。

氢元素本身就是宇宙中最简单和最丰富的元素,因此决定了氢气也是环境友好型,且氢气已经被广泛地运用到化学工业以及医学等领域,而在农业上的应用也已经开始成为相关领域的热点。氢农业的本质可以认为就是"氢肥",这与常规的氮磷钾肥料是不同的概念。传统的氮磷钾化肥指将氮、磷、钾三种养分元素通过化学方法制成的肥料,或三种养分均包括的肥料。传统的氮磷钾化肥的大量使用会使土壤团粒结构遭到破坏,造成土壤板结,农作物产量下降;且传统化肥的利用率低下,会造成某些元素在土壤中过量积累,从而造成土壤理化性质的改变,流失的肥料甚至会造成严重的环境污染。另外,过度使用传统肥料也会使蔬菜瓜果的品质大大下降,丧失其原有的风味,并且易使果实中的硝酸盐含量超标,危害人体的健康。总之,传统的氮磷钾肥料虽极大地提高了作物产量,但同时也不可避免地带来许多的危害。

与传统肥料不同,"氢肥"是指通过气体、液体、固体等给氢方式施用到土壤中发挥肥料作用的氢气,而这种作用可能与其改善土壤中的微生物有很大关系。例如,土壤中高浓度苯菌灵和低浓度青霉素可以极大地降低土壤对外源氢气的吸收能力,表明放线菌可能与土壤中氢气的吸收有关[68]。向土壤中施加氢气,可以明显调节土壤中有益微生物的生长、数量、群落结构等,从而促进植物的生长。例如,在向土壤中通入氢气 1 周后,检测到变形杆菌的 β 和 γ 亚类的细菌群落结构发生了变化;同时,也观察到噬菌丝、黄杆菌、拟杆菌的数量也在增加[69]。

与上述结果类似,通过分离暴露在氢气中土壤氢氧化菌株,发现氢气通过增加对植物有益的菌株生物量,从而增强了春小麦幼苗根的伸长和增加了拟南芥的生物量[70]。

氢气是豆科植物根瘤菌固氮反应产物之一,豆科植物与具有氢化酶的根瘤菌共生,更有利于作物进行固氮作用。与此类似,有研究指出豆科植物固氮过程中产生的氢气可以用来解释豆科植物用于农作物轮作的特性[71]。此外,氢气也可以提高根际二氧化碳的固定量。上述结果均提示,氢气可以从不同的方面增强土壤的肥力,从而提高农作物的产量,这些结果都显示出氢气可能可以作为一种新型肥料,即"氢肥"在农牧业生产上具有潜在的应用前景。

在农业的生产实践中,鲜花和水果在运输和售卖过程中的保鲜长期以来是困扰农民和消费者的问题,传统的保鲜使用物理、化学和新材料等方法代价大、过程烦琐。氢气在调控水果和花卉采后生理方面具有一定的优势,它可以使用氢气熏蒸、气调以及富氢水,调控鲜花和水果的生理代谢过程,从源头来延长鲜花和水果的保鲜期,方便且低碳。

5.5.6　氢农业展望

从目前开展的氢气在番茄和草莓大棚中的试验情况来看,富氢水具有明确的提高番茄和草莓产量的作用,上述结果恰恰与氢气可能具有"氢肥"作用,并可以提高植物对非生物胁迫的耐性和对生物胁迫的抗性,且改善植物的生长发育相印证。另外,大田试验中还发现氢气可以提高番茄和草莓营养品质,这与之前实验室实验中的氢气提高蔬菜营养品质的研究结果也是一致的。

大棚果蔬的生产过程中,产量和品质都至关重要,而且相关设施园艺中农药的过度使用以及最终农产品的农药残留又是食品安全的重中之重。根据我们初步的研究发现,氢气具有潜在的降低农药残留的能力。另外,果蔬(尤其是叶菜类)储存过程中积累的亚硝酸盐对人类有着非常大的危害,我们已经发现外源使用富氢水或氢气熏蒸可降低蔬菜中亚硝酸盐的积累。因此,氢气在提升农产品质量安全方面的潜力值得进一步关注。除了果蔬外,氢农业的大田实践也已经在粮食作物中开展,例如,用富氢水灌溉的水稻,米质更好、产量更高,江苏句容和上海青浦100多亩水稻田平均增产将近20%(见图5-22)。另外,富氢水还可以提高作物对病害的抗性,其中富氢水可以通过水杨酸信号通路提高水稻对条纹叶枯病的抗性[72]。

图 5 - 22　江苏句容氢水稻的照片(左边为富氢水处理,右边为地表水处理)

(彩图见附录)

总之,具有低碳特性的氢农业大田实践已经涉及农产品的生产和采后保鲜等各个方面,提示它将有可能改进我们目前的农业生产方式,以及部分解决环境污染对农业生产带来的各种问题,这同样依赖于大规模的多年多点的大田和大棚实验,当然肯定也不局限于设施园艺农作物,今后将有可能逐步扩展到农林牧副渔各行业的农业生产。相应地,也会对氢农业机械和基于氢气生物学效应开发的氢家电发展带来机遇和变革。

参考文献

［1］ Perry M L, Fuller T F. A historical perspective of fuel cell technology in the 20th century[J]. Journal of The Electrochemical Society, 2002, 149(7): S59 - S67.

［2］ Andújar J M, Segura F. Fuel cells: history and updating: a walk along two centuries[J]. Renewable and Sustainable Energy Reviews, 2009, 13(9): 2309 - 2322.

［3］ Williams M C, Vora S D, Jesionowski G. Worldwide status of solid oxide fuel cell technology[J]. ECS Transactions, 2020, 96: 1 - 10.

［4］ Pu Z H, Zhang G X, Hassanpour A, et al. Regenerative fuel cells: recent progress, challenges, perspectives and their applications for space energy system[J]. Applied Energy, 2021, 283(1): 116376.

［5］ Regmi Y N, Peng X, Fornaciari J C, et al. A low temperature unitized regenerative fuel cell realizing 60% round trip efficiency and 10,000 cycles of durability for energy storage applications[J]. Energy & Environmental Science, 2020, 13: 2096 - 2105.

［6］ Eudy L, Post M. Fuel cell buses in U.S. transit fleets: current status 2020[R]. Golden,

Colorado：NREL，2021.

[7] Ohira E. Japan policy and activity on hydrogen energy[R]. Tokyo：NEDO，2019.

[8] Weidner E，Ortiz Cebolla R，Davies J. Global deployment of large capacity stationary fuel cells：drivers of，and barriers to，stationary fuel cell deployment[R]. Luxembourg：The Joint Research Centre（JRC），2019.

[9] DEMCOPEM-2MW. Demonstration of a combined heat and power 2 MW PEM fuel cell generator and integration into an existing chlorine production plant[R]. Luxembourg：CORDIS，2019.

[10] BP. Statistical review of world energy[R]. London：BP，2020.

[11] 尹凡，王晶.可再生能源的发展与利用简析[J].世界环境,2020,6：48－51。

[12] 李建林,徐少华,刘超群.储能技术及应用[M].北京：机械工业出版社,2018.

[13] Schiebahn S，Grube T，Robinius M，et al. Transition to renewable energy systems[M]. Weinheim：Wiley-VCH Verlag GmbH，2013：813－847.

[14] Dieterich V，Buttler A，Hanel A，et al. Power-to-liquid via synthesis of methanol，DME or Fischer-Tropsch-fuels：a review[J]. Energy & Environmental Science, 2020, 13：3207－3252.

[15] 陈兵,肖红亮,李景明,等.二氧化碳捕集、利用与封存研究进展[J].应用化工,2018,47（3）：589－592.

[16] 张杰,郭伟,张博,等.空气中直接捕集 CO_2 技术研究进展[J].洁净煤技术,2021,27(2)：57－68.

[17] Ghaib K，Ben-Fares F Z. Power-to-methane：a state-of-the-art review[J]. Renewable and Sustainable Energy Reviews，2018，81：433－446.

[18] Gao J J，Liu Q，Gu F N，et al. Recent advances in methanation catalysts for the production of synthetic natural gas[J]. RSC Advances，2015，29：22759－22776.

[19] Harth S，Gruber M，Trimis D，et al. Highly efficient power-to-gas process by integration of high-temperature electrolysis and CO_2 methanation[C]. 13th European SOFC Forum，Lucerne，2018：A0904.

[20] Grabow L C，Mavrikakis M. Mechanism of methanol synthesis on Cu through CO_2 and CO hydrogenation[J]. ACS Catalysis，2011，1(4)：365－384.

[21] 郭晓明,毛东森,卢冠忠,等.CO_2 加氢合成甲醇催化剂的研究进展[J].化工进展,2012,31：477－488.

[22] Wang J J，Tang C Z，Li G N，et al. High-performance $MaZrO_x$（Ma＝Cd，Ga）solid-solution catalysts for CO_2 hydrogenation to methanol[J]. ACS Catalysis，2019，9：10253－10259.

[23] Wang J Y，Zhang G H，Zhu J，et al. CO_2 hydrogenation to methanol over In_2O_3-based catalysts：from mechanism to catalyst development[J]. ACS Catalysis，2021，11：1406－1423.

[24] Kauw M，Benders R M J，Visser C. Green methanol from hydrogen and carbon dioxide using geothermal energy and/or hydropower in Iceland or excess renewable electricity in Germany[J]. Energy，2015，90：208－217.

[25] Kaiser S，Bringezu S. Use of carbon dioxide as raw material to close the carbon cycle for

the German chemical and polymer industries[J]. Journal of Cleaner Production, 2020, 271: 122775.

[26] Becker W L, Braun R J, Penev M, et al. Production of Fischer-Tropsch liquid fuels from high temperature solid oxide co-electrolysis units [J]. Energy, 2012, 47 (1): 99 - 115.

[27] Panzone C, Philippe R, Chappaz A, et al. Power-to-liquid catalytic CO_2 valorization into fuels and chemicals: focus on the Fischer-Tropsch route[J]. Journal of CO_2 Utilization, 2020, 38: 314 - 347.

[28] Herz G, Rix C, Jacobasch E, et al. Economic assessment of power-to-liquid processes: influence of electrolysis technology and operating conditions[J]. Applied Energy, 2021, 292: 116655.

[29] van de Loosdrecht J, Botes F G, Ciobica I M, et al. 7.20 Fischer-Tropsch synthesis: catalysts and chemistry[M]. In Comprehensive Inorganic Chemistry II, From Element to Applications, Editors-in-Chief: Reedijk J and Poeppelmeier K, Elsevier Ltd, 2013, 7: 525 - 557.

[30] Landgraf M. Carbon-neutral fuels from air and green power[N]. KIT, Press Release, 2019 - 08 - 19.

[31] 李初福,黄斌,刘长磊,等.费托合成尾气燃料电池发电系统模拟与分析[J].计算机与应用化学,2018,35(11): 953 - 958.

[32] 朱冕,越加佩,李欣珂,等.可逆固体氧化物燃料电池(rSOFC)技术的研究进展[J].电源技术,2020,44(2): 469 - 474.

[33] 董艳花,张帅. 合成氨工业发展现状及重要性[J].科技风,2019(12): 146.

[34] Lee B, Lim D, Lee H, et al. Which water electrolysis technology is appropriate: critical insights of potential water electrolysis for green ammonia production[J]. Renewable and Sustainable Energy Reviews, 2021, 143: 110963.

[35] Hansen J B, Hendriksen P V. The SOC_4NH_3 Project: production and use of ammonia by solid oxide cells[J]. ECS Transactions, 2019, 91(1): 2455 - 2465.

[36] Dole M, Wilson F, Fife W. Hyperbaric hydrogen therapy: a possible treatment for cancer[J]. Science, 1975, 190(4210): 152 - 154.

[37] Ohsawa I, Ishikawa M, Takahashi K, et al. Hydrogen acts as a therapeutic antioxidant by selectively reducing cytotoxic oxygen radicals[J]. Nature Medicine, 2007, 13(6): 688 - 694.

[38] Xie Y, Mao Y, Lai D, et al. H_2 enhances Arabidopsis salt tolerance by manipulating ZAT10/12: mediated antioxidant defence and controlling sodium exclusion[J]. PLoS One, 2012, 7(11): e49800.

[39] Xie Y, Mao Y, Zhang W, et al. Reactive oxygen species-dependent nitric oxide production contributes to hydrogen-promoted stomatal closure in Arabidopsis[J]. Plant Physiology, 2014, 165(2): 759 - 773.

[40] Jin Q, Cui W, Dai C, et al. Involvement of hydrogen peroxide and heme oxygenase-1 in hydrogen gas-induced osmotic stress tolerance in alfalfa[J]. Plant Growth Regulation, 2016, 80(2): 215 - 223.

［41］ Cui W，Gao C，Fang P，et al. Alleviation of cadmium toxicity in *Medicago sativa* by hydrogen-rich water［J］. Journal of Hazardous Materials，2013，260（15）：715 - 724.

［42］ Wu Q，Su N，Cai J，et al. Hydrogen-rich water enhances cadmium tolerance in Chinese cabbage by reducing cadmium uptake and increasing antioxidant capacities［J］. Journal of Plant Physiology，2015，175：174 - 182.

［43］ Cui W，Fang P，Zhu K，et al. Hydrogen-rich water confers plant tolerance to mercury toxicity in alfalfa seedlings［J］. Ecotoxicology and Environmental Safety，2014，105：103 - 111.

［44］ Chen M，Cui W，Zhu K，et al. Hydrogen-rich water alleviates aluminum-induced inhibition of root elongation in alfalfa via decreasing nitric oxide production［J］. Journal of Hazardous Materials，2014，267：40 - 47.

［45］ Jin Q，Zhu K，Cui W，et al. Hydrogen gas acts as a novel bioactive molecule in enhancing plant tolerance to paraquat-induced oxidative stress via the modulation of heme oxygenase-1 signalling system［J］. Plant Cell and Environment，2013，36（5）：956 - 969.

［46］ Xu S，Jiang Y，Cui W，et al. Hydrogen enhances adaptation of rice seedlings to cold stress via the reestablishment of redox homeostasis mediated by miRNA expression［J］. Plant and Soil，2017，414（1 - 2）：53 - 67.

［47］ Wang Y，Duan X，Xu S，et al. Linking hydrogen-mediated boron toxicity tolerance with improvement of root elongation，water status and reactive oxygen species balance：a case study for rice［J］. Annals of Botany，2016，118（7）：1279 - 1291.

［48］ Chen Y，Wang M，Hu L，et al. Carbon monoxide is involved in hydrogen gas-induced adventitious root development in cucumber under simulated drought stress［J］. Frontiers in Plant Science，2017，8：128.

［49］ 卢慧,伍冰倩,王伊帆,等.富氢水处理对采后番茄果实灰霉病抗性的影响［J］.河南农业科学,2017,46（2）：64 - 68.

［50］ Renwick G M，Giumarro C，Siegel S M. Hydrogen metabolism in higher plants［J］. Plant Physiology，1964，39（3）：303 - 306.

［51］ Xu S，Zhu S，Jiang Y，et al. Hydrogen-rich water alleviates salt stress in rice during seed germination［J］. Plant and Soil，2013，370（1 - 2）：47 - 57.

［52］ 林玉婷.HO - 1/CO 信号系统参与 H_2S、β-CD-hemin 和 H_2 诱导的黄瓜不定根发生［D］. 南京：南京农业大学,2012.

［53］ Zhu Y，Liao W，Niu L，et al. Nitric oxide is involved in hydrogen gas-induced cell cycle activation during adventitious root formation in cucumber［J］. BMC Plant Biology，2016，16：146.

［54］ Cao Z，Duan X，Yao P，et al. Hydrogen gas is involved in auxin-induced lateral root formation by modulating nitric oxide synthesis［J］. International Journal of Molecular Sciences，2017，18（10）：2084.

［55］ Hu H，Li P，Wang Y，et al. Hydrogen-rich water delays postharvest ripening and senescence of kiwifruit［J］. Food Chemistry，2014，156：100 - 109.

［56］ Hu H，Zhao S，Li P，et al. Hydrogen gas prolongs the shelf life of kiwifruit by decreasing ethylene biosynthesis[J]. Postharvest Biology and Technology, 2018, 135: 123-130.

[57] Ren P, Jin X, Liao W, et al. Effect of hydrogen-rich water on vase life and quality in cut lily and rose flowers[J]. Horticulture Environment & Biotechnology, 2017, 58(6): 576-584.

[58] Su J, Nie Y, Zhao G, et al. Endogenous hydrogen gas delays petal senescence and extengs the vase life of lisianthus cut flowers[J]. Postharvest Biology and Technology, 2019, 147: 148-155.

[59] Su N, Wu Q, Liu Y, et al. Hydrogen-rich water reestablishes ROS homeostasis but exerts differential effects on anthocyanin synthesis in two varieties of radish sprouts under UV-A irradiation[J]. Journal of Agricultural and Food Chemistry, 2014, 62(27): 6454-6462.

[60] Zhang X, Su N, Jia L, et al. Transcriptome analysis of radish sprouts hypocotyls reveals the regulatory role of hydrogen-rich water in anthocyanin biosynthesis under UV-A[J]. BMC Plant Biology, 2018, 18(1): 227.

[61] Kawamura T, Wakabayashi N, Shigemura N, et al. Hydrogen gas reduces hyperoxic lung injury via the Nrf2 pathway in vivo[J]. American Journal of Physiology, 2013, 304: 646-656.

[62] Zheng W, Ji X, Zhang Q, et al. Hydrogen-rich water and lactulose protect against growth suppression and oxidative stress in female piglets fed *fusarium* toxins contaminated diets[J]. Toxins, 2018, 10: e228.

[63] Ge Y S, Zhang Q Z, Li H, et al. Hydrogen-rich saline protects against hepatic injury induced by ischemia-reperfusion and laparoscopic hepatectomy in swine [J]. Hepatobiliary & Pancreatic Diseases International, 2019, 18(1): 48-61.

[64] Wang M, Wang R, Zhang X M, et al. Molecular hydrogen generated by elemental magnesium supplementation alters rumen fermentation and microbiota in goats[J]. The British Journal of Nutrition, 2017, 118: 401-410.

[65] 刘慧芬,王卫卫,曹桂林,等.氢气对刺槐根际土壤微生物种群和土壤酶活性的影响[J].应用与环境生物学报,2010,16(4):515-518.

[66] Zhang J, Hao H, Chen M, et al. Hydrogen-rich water alleviates the toxicities of different stresses to mycelial growth in *Hypsizygus marmoreus*[J]. AMB Express, 2017, 7(1): 107.

[67] Ren A, Liu R, Zhi G, et al. Hydrogen-rich water regulates effects of ROS balance on morphology, growth and secondary metabolism via glutathione peroxidase in *Ganoderma lucidum*[J]. Environmental Microbiology, 2016, 19(2): 566-583.

[68] McLearn N, Dong Z. Microbial nature of the hydrogen-oxidizing agent in hydrogen-treated soil[J]. Biology and Fertility of Soils, 2002, 35: 465-469.

[69] Maimaiti J, Zhang Y, Yang J, et al. Isolation and characterization of hydrogen-oxidizing bacteria induced following exposure of soil to hydrogen gas and their impact on plant growth[J]. Environmental Microbiology, 2007, 9(2): 435-444.

[70] Dong Z, Layzell D B. H_2 oxidation, O_2 uptake and CO_2 fixation in hydrogen treated

soils[J]. Plant and Soil, 2001, 229: 1 - 12.

[71] Golding A L, Dong Z. Hydrogen production by nitrogenase as a potential crop rotation benefit[J]. Environmental Chemistry Letters, 2010, 8(2): 101 - 121.

[72] Shao Y, Lin F, Wang Y, et al. Molecular hydrogen confers resistance to rice stripe virus[J]. Microbiology Spectrum, 2023, 11(2): e04417 - 22.

第6章

总结与展望

氢是最小的分子，也是地球上最丰富的元素，早在 20 世纪 90 年代，就被认为是获取安全、经济、无污染、脱碳的、可持续能源的不可或缺的关键元素。如今，人们已经形成共识：氢在全球能源系统中负面影响最小、最没有争议，同时作为一种可行的替代燃料，氢将继续扩展应用范围，发挥重要作用[1]。

氢能未来发展的重点方向之一在于可再生能源制氢，而可再生能源制氢的核心在于高效的水电解制氢技术。利用可再生能源生产低碳氢气，有助于构建清洁化、低碳化的氢气体系，降低制氢端的碳排放，是未来低碳社会的关键组成部分。

面对全球性的能源危机与环境污染考验，开发绿色、可持续、低成本的能源成为全人类的共识，水电解制氢技术迎来了前所未有的发展机遇。受到三股重要力量驱动，水电解制氢正在步入快速发展阶段。首先，由于光伏和风能装机容量快速增长，带动了光伏、陆上风电和海上风电等的发电成本大幅下降，这使得绿氢成本的主要部分电力更加便宜，从而改善了绿氢的商业应用前景。其次，为应对全球气候变化，各国政府积极推动、支持碳减排，这为电解绿氢行业创造了良好的发展契机。最后，随着先进电解槽规模不断增大，电解槽的固定资产支出（capital expenditure，CAPEX）占比降低，从而使绿氢经济性向好。

氢气的应用领域也在不断拓展之中。除了最传统的工业应用外，作为能源载体的功能重要性日益显现，最突出的是储能作用和燃料电池发电。在生物、医学、农业等领域逐渐受到关注，因为美好生活质量是人们一直追逐的目标。

前面几章围绕氢、水电解制氢技术以及氢的典型应用做了详细介绍，本章将总结归纳相关领域研发现状，并展望未来发展趋势。

6.1　各种水电解制氢技术现状

目前有两种成熟的低温水电解技术，分别是碱性水电解和质子交换膜水电解。

由于碱性电解环境,AWE 主要优势是使用廉价材料,但其占地面积大,难以做到吉瓦(GW)规模容量。PEMWE 的主要优点是更高的电流密度、在动态负载下的优异特性以及结构紧凑,但其对铱和其他昂贵材料的依赖性,会对扩大应用规模构成严重威胁。另外两种水电解技术,低温的碱性离子膜水电解(AEMWE)和高温的固体氧化物电解(SOEC),则是正在发展中的、具有很大潜力的水电解技术。

碱性水电解是一项成熟的技术,但仍有进一步改进的余地,以满足新兴能源市场的要求。通常 AWE 系统中的工作电流密度小于 0.5 A/cm²,现在基于先进钌基催化剂的加压 AWE 系统中,电流密度可以增加到 0.8 A/cm² 以上。相应地,也会带来电解槽电极成本增加,一般先进的钌基催化剂涂层价格至少是普通镍基涂层的 8 倍。

许多水电解制造商已经开发出商用兆瓦(MW)规模的 PEMWE 系统。PEMWE 系统通常在较高的电流密度(1~3 A/cm²)下运行,能够在很大的规模下设计成紧凑的集装箱,具有明显的生产制造和现场部署优势。聚合物电解质膜是无孔的,该特性非常适合电解槽灵活操作,与间歇的可再生能源配合,能提供足够快的回应速度,可应用于电网平衡。此外,相比 AWE,PEMWE 能生产更高纯度的氢气、更高的电解氢输出压力,以及较低的最小运行负载(通常为 5%额定功率)。目前质子膜水电解所采用的双极板结构比较简单,大多数用的是无流道的钛板,也有的设计了流道,但相较于燃料电池双极板流场结构,水电解双极板显然有待进一步设计优化。

AEMWE 结合了 AWE 和 PEMWE 的优点,是一种极有希望降低电解系统成本的低温水电解制氢技术,目前仍处于早期、小规模开发阶段[2]。关键组件(尤其是膜、催化剂和电极)的不稳定性以及小型系统与环境空气中的二氧化碳之间密封的困难,严重阻碍了 AEMWE 的商业化和规模化制造。Ionomr Innovations 公司的 Aemion+™ 是第一款商业化碱性聚合物膜。采用 Aemion+™膜,不使用 PGM 催化剂的 AEMWE 系统,电池电流密度在 1.8 V 下为 0.8 A/cm²,与先进的 AWE 性能接近。在使用 PGM 催化剂负载量(铱阳极和铂阴极)与 PEMWE 相同情况下,在 1.8 V 电压下 AEMWE 性能可以提高到 1.5 A/cm² 以上。与 PEMWE 不同的是,AEMWE 所使用的铱基催化剂可以用较便宜的 PGM 催化剂代替,而 PEMWE 则必须使用高成本的铱基催化剂。

迄今为止,SOEC 系统是最不发达的电解技术,还没有商业化。基于 SOEC 的技术是一种很有前途的高效制氢方法,正在开发的系统可在 750~900℃ 的温度范围内运行,这项技术的主要优点是可以利用其他能源的废热,实现水的蒸发,通过热的回收利用将电解效率损失降至最低。高温水电解除了电能消耗减少(约 1/3)外,另一个好处是,在高温下,与反应物/产物传输和电化学反应有关的任何动力学限制都很小,在实际的电流密度(1 A/cm²)下,可以达到接近100%的电效率。SOEC 技术在过去 10～15 年实现了巨大的发展和进步[3-4],SOEC 单电池长达 20 000 h 的耐久性测试,证实了电极和电解质支撑电池结构在实际电解应用中的适用性,SOEC 电解槽的规模逐渐从 150 kW(40 Nm³/h H₂)增加至 720 kW(200 Nm³/h H₂),系统规模达到 2.6 MW(670 Nm³/h H₂)(注:这里的电功率数值均指交流输入功率)。目前,全球各地出现了多个基于 SOEC 的大型能源系统示范项目,SOEC 技术已经准备好进行产业规模的扩张,并且这种扩张事实上已经在迅速发生。主要研究活动致力于寻找新的电解质(氧和质子导体,甚至具有混合离子/电子导电性的电解质)和电极材料,开发新的电解质薄膜生产技术(由于氧离子导电陶瓷的高电阻率)和电极层,或在电解质/电极表面上应用电解质层。直接储存氢气的高压 SOEC 可能性仍然有限,因为很难开发出足够柔软的高温电池垫圈(通常为玻璃),以承受大的压力差。

现有的四种水电解技术包括三种低温电解技术(AWE、AEMWE 和PEMWE)和一种高温电解技术(SOEC),它们之间的技术对比如表 6-1 所示。

表 6-1　四种水电解技术

项　　目		AWE	AEMWE	PEMWE	SOEC
离子导体		OH⁻	OH⁻	H⁺	O²⁻
电解质		KOH(5～7 M)	季铵盐或二乙烯基苯(DVB)浸渍 KOH 或 NaHCO₃ 等	全氟磺酸(PFSA)	钇稳定氧化锆(YSZ)
隔膜(电解质膜)		聚苯硫醚(PPS)网稳定氧化锆	季铵盐聚合物、或含 KOH 或 NaHCO₃ 的 DVB 聚合物等	PFSA 膜	YSZ 陶瓷膜
阳极	电极/催化剂	镀镍不锈钢网	高比表面积镍或镍铁钴合金	铱氧化物	钙钛矿型(如 LSCF、LSM)
	多孔传输层	镍网	泡沫镍	铂涂层烧结多孔钛	粗镍网或泡沫
	极板	镀镍不锈钢	镀镍不锈钢	镀铂的钛	—

项 目		AWE	AEMWE	PEMWE	SOEC
阴极	电极/催化剂	镀镍不锈钢网	高比表面积镍或镍铬钼	Pt/C	Ni/YSZ
	多孔传输层	镍网	泡沫镍或碳布	碳纸或碳布	—
	双极板	镀镍不锈钢	镀镍不锈钢	镀金的钛	钼钴尖晶石涂层不锈钢
温度/℃		70～90	40～60	50～80	700～900
压力/bar		1～30	<35	<70	1
电流密度/(A/cm²)		0.3～0.5	0.8(非贵金属催化剂)/1.5(贵金属催化剂)	1.5～3.0	1.0～1.5
密封		PTFE	PTFE,硅橡胶	PTFE	陶瓷玻璃
优点		技术成熟;非贵金属催化剂,寿命长	技术不成熟;结合了 AWE 和 PEMWE 优点,贵金属和非贵金属催化剂均可使用	技术接近成熟;氢气纯度高,设备紧凑,动态响应特性好,负荷范围大	技术成熟度低;效率高,非贵金属催化剂
缺点		电流密度低,体积大,动态特性差,启动时间长	寿命有待提高	贵金属催化剂,特别是稀缺铱,成本高	启动/停机时间长
应用场景		分散的、灵活用氢场景	分散的、灵活用氢场景	间歇的可再生能源储能;分散的、灵活用氢场景;加氢站现场制氢	与有高温余热的核电厂、太阳能发电厂等结合的场景

6.2 水电解制氢技术展望

欧洲在电解槽产能部署方面处于领先地位,占全球装机容量的 40%。在欧盟和英国雄心勃勃的氢战略支持下,短期内欧洲仍将是最大的市场,拉丁美洲也将部署大量产能,尤其是出口产能。中国的电解槽预计 2025 年后开始暴发性增长,到 2035 年装机量年平均将达 6 GW 左右的水平。

IRENA 在 2020 年出版的报告"绿氢成本降低:扩大电解槽的规模来实现 1.5℃气候目标"中,总结和展望了 AWE、PEMWE、AEMWE 和 SOEC 四种电解制氢技术的主要指标,如表 6 - 2 所示[5]。从表 6 - 2,可以发现未来低温电解制氢技术(AWE、PEMWE 和 AEMWE)主要指标基本趋同,而高温电解制氢(SOEC)体现出在系统效率方面的优势,但存在成本劣势。AWE、PEMWE、AEMWE 和 SOEC 这四种电解制氢技术将基于各自特点,在适合的场景中得到应用。

表 6 - 2　四种电解技术主要指标及其预期(到 2050 年)[5]

技术指标	2020 年				2050 年			
	AWE	PEMWE	AEMWE	SOEC	AWE	PEMWE	AEMWE	SOEC
电解压力/bar	<30	<70	<35	<10	>70	>70	>70	>20
系统效率/(kW·h/kg H_2)	50~78	50~83	57~69	45~55	<45	<45	<45	<40
寿命/kh	60	50~80	>5	<20	100	100~120	100	80
大型电堆投资成本(>1 MW)/美元/千瓦$_{el}$	270	400	—	>2 000	<100	<100	<100	<200
全系统投资成本(>10 MW)/美元/千瓦$_{el}$	500~1 000	700~1 400	—	—	<200	<200	<200	<300

基于各种水电解技术特点差异以及所处发展阶段不同,AWE、PEMWE、AEMWE 和 SOEC 发展重点各有侧重。

1) 碱性水电解制氢

AWE 是一项成熟的技术,最大单个电解槽已达 5 MW,产氢量超过 1 000 m^3/h。由于技术成熟,目前主要通过包括增加单体规模、降低电耗、提高电解能量效率以及减少电解槽体积等方式,以实现更低的成本。为了在低过电位下提供大电流,必须提高由催化位点的本征活性(intrinsic activity)和表观活性

(extrinsic activity)决定的总电极活性,以减少电解槽效率损失。AWE 电解槽效率损失从大到小顺序[6]:电极表面存在氢气气泡>电解液的离子电阻率>氧气气泡的存在>电极间距>膜(或膜片)电阻率。因此,以下几个方面成为解决重点[7]:① AWE 电催化的改进是一个非常活跃的研究领域,贵金属催化重新引起重视,使用纳米结构以获得更高的效率,减少所需贵金属量,以便与可再生能源进行耦合;② 提高催化剂的 ECSA 是提高 AWE 性能的一种直接而实用的策略,如采用三维多孔结构作为导电载体可以有效地提高催化剂 ECSA,同时保留电极结构中的有效离子扩散;③ 超疏水电极/催化剂表面和气泡流道对于AWE 是非常理想的,因为快速去除气泡对于最小化欧姆电阻和保持 ECSA 至关重要,同时小气泡尺寸可以减少气泡对电极造成的冲击损坏;④ 开发先进的隔膜材料。

2) 质子交换膜水电解制氢

PEMWE 是目前最受关注、发展最快的电解技术,其最大障碍是阳极电催化剂稀缺性影响进一步扩大规模。正如第 3 章所述,将阳极的铱用量减少为原来的 1/50 是 PEMWE 技术能在全球范围内产生影响的最关键要求。阳极催化剂需要从两个方面进行努力:① 高效利用铱基催化剂材料,通过发现新的稳定铱基催化剂和导电载体材料,例如过渡金属氮化物;② 寻找新型高本征活性、高稳定性 OER 催化剂,如酸稳定的混合金属氧化物、碳化物、硫化物、氮化物或用惰性金属代替。为了应对 PEMWE 的高成本挑战,需要开展的工作如下:① 开发新型廉价的超薄 MPL、PTL 和双极板材料,这些材料应具有高导电性、高腐蚀性、稳定性以及良好的机械稳定性;② 新的 PTL 形态可能包括网格、绒面或分层的金属膨胀合金,从而实现较少的流场板材设计加工;③ 为了降低在催化剂表面形成局部气泡,未来设计的 MPL/PTL 需在疏水性和亲水性之间保持平衡;④ 为了打破 OER 催化剂的活性/稳定性折中,使用原子尺度上的腐蚀和降解技术,在基础的层面上探索自愈材料的概念。据估计,将在 5 年内开发出有竞争性的非 PFSA 膜,在 10 年内将替代商业阳极催化剂材料[8]。

3) 阴离子交换膜水电解制氢

阴离子交换膜(AEM)电解结合了 AWE 和 PEMWE 两种技术的优点:① 由于碱性环境,AWE 主要优势是使用廉价材料;② PEMWE 主要的优点是具有更高的电流密度和在动态负载下的优异性能。作为新一代的水电解技术,只有少数几家公司完成了 AEMWE 商业化应用,其关键绩效指标(KPI)未达到商业要求,应用实施有限。AEM 的潜力在于结合了不太苛刻的来自碱性电解槽的环境,具有 PEM 电解槽的简单性和效率。它允许使用非贵金属催化剂、无钛极框材料,并且与 PEM 一样,允许在一定压差下运行。然而从电解质离子传导上看,OH^- 碱性离子仅为 PEM 中的 H^+ 质子的 1/3(电导率更低),需要考虑如何提高 AEM 膜电导率,解决途径是要么制造更薄的膜,要么制造电荷密度更高的膜。目前 AEMWE 存在的问题是,AEM 膜在传导性、气体渗透性,特别是稳定性方面不如质子传导膜,导致寿命短。面对这些挑战可以开发如下功能:① 超薄膜;② 固体/膜内新的离子传导机制;③ 基于新的化学主链/侧链的离子交换的机械/化学稳定性。为了提高 AEMWE 性能,除了在 AEM 和催化剂动力学方面努力以外,还需要探索新的界面工程研究,包括使用新的液体电解质以及固体电解质在高温(100～400℃)下使用水蒸气进料操作。

4)固体氧化物水电解制氢

固体氧化物电解技术(SOEC)的重要特征之一是其高的工作温度。因此,与其他水电解制氢技术相比,SOEC 显现出两大突出优势:① SOEC 高的工作温度导致了良好的热力学和反应动力学,能够实现更高的转化效率;② SOEC 可以与下游化学品合成过程进行热的综合利用,进一步实现能量效率的提升,例如甲醇、二甲醚、合成燃料或氨等化学品生产过程[4]。SOEC 技术从研发阶段进入了示范和放大阶段,并处于大规模商业化应用的初始阶段,但是仍需要进一步的研发工作,以提高单电池、电池堆和系统的性能及稳定性[3]。在 SOEC 单电池方面,关于燃料电极的核心研究内容将着重于开发防止镍迁移的、耐久性优良电极结构,同时还需研制耐杂质和抗积碳的新型电极材料和结构;氧电极开发工作将着眼于设计和控制电极微观结构,尤其是其表面的化学成分和价态。在 SOEC 电池堆层面上,性能提高将着重于在电池堆整个寿命期间,增加产氢气量,且所生产氢气价格须低于碱性电解槽或 PEM 电解槽。最后在 SOEC 系统层面上,电池堆外的其他部件可靠性仍然是一个挑战。

总之,水电解制氢正逐渐从小众走向主流,产氢量从兆瓦规模向吉瓦规模发展。应用水电解制氢能够克服光电、风电等可再生电能由于昼夜、气候、区域等因素带来的间歇性、随机性、不均衡性等问题,可有效利用难以并网的可再生电能,分布式地生产"绿色氢能"。"绿色氢能"作为未来能源发展的重要方向入选 2021 年 MIT Technology Review 的"全球十大突破性技术",展现出水电解制氢技术广阔的发展前景,成为学界与业界共同关注的焦点。未来水电解制氢的主要目标是更低的投资成本(低于 200 美元/千瓦)、更高的耐久性(大于 50 000 h),以及更高的效率(接近 80% LHV)。水电解制氢将进入经济规模发展阶段,形成更大的制造能力,通过研发实现更大技术突破。

6.3 在新兴领域应用的总结和展望

氢气在工业领域的应用在不断扩张中,在生物、医学、农业等领域的应用也开始受到关注,并且可能具有更大的想象空间,因为这事关人类的生活质量。

1) 生物和医学领域

人类和高等动物体内存在一定水平的氢气,即所谓内源性氢气,例如检测发现正常小鼠大肠、脾、肝、胃黏膜等部位氢气水平非常高(如肝脏氢浓度可达42 μM)。关于内源性氢气的作用机制探讨上,一般认为,这些内源性氢气不是机体自身组织产生的,而是由来自被人体吸收的大肠细菌代谢产生的。关于内源性氢气作用,已有体外细胞研究表明,只要培养基内浓度达到25 μM,氢气就可显示出明显的抗氧化作用。这说明在正常小鼠体内,氢气浓度已经明显超过抗氧化所需要的水平。

自 2007 年日本学者首先发表氢分子医学论文后,至今已经有大量的基础和临床研究,基本证实了氢气在抗氧化抗炎症方面的确定性作用,但是氢气医学作用的分子机理,目前仍然不明确。未来氢气医学研究方面的重点是解决两个方面问题:一是利用严格的临床试验,确定氢气的适应证;二是结合和利用现代生命科学技术,寻找和确定氢气作用的靶点分子和分子作用过程。氢气医学技术方面,各种适合家庭和医疗应用的适用技术将不断出现,最终产生最合理的应用技术。

氢气治疗疾病的范围广泛。由于氧化应激是多种疾病的共同发病机制,因此氢气对所有涉及氧化应激的疾病,都可能有治疗作用,例如各类缺血、炎症、慢性疼痛、药物毒性作用等。目前这方面的探索已经非常深入,证明氢气对 170 多种疾病类型具有治疗作用。氢气作为一种辅助治疗手段,将来会在医疗和健康服务领域发挥巨大作用。

氢气的医疗应用价值,对慢性病的预防和干预也非常重要,预防作用体现在减少发病率,干预则是推迟和延缓并发症产生。对已经发生慢性病的患者,通过氢气和常规药物的联合治疗,减少并发症的发生,提高慢性病患者的生活质量。一些研究表明,长时间使用氢气产品如饮用氢水和吸入氢气,对许多慢性病患者能产生一定的缓解作用,一部分患者能取得非常好的治疗效果。

氢气在防治癌症领域的应用有三个大的方向,一是预防癌症的发生,二是辅助性治疗,三是姑息治疗。预防癌症已经展开了一些基础研究,如对某些常见癌前病变患者进行长期干预,这些患者包括肺结节、肝硬化、炎症性结肠病、食管上皮异常分化、胆囊息肉等。辅助性治疗主要针对常规治疗带来的副作用,尤其是靶向治疗、放射治疗和化学治疗等副作用,这方面已经有一些临床和基础研究,未来重点开展临床研究,对各种治疗方案进行深入研究。在姑息治疗方面,对身体状况无法接受各种治疗的癌症晚期患者,作为增强身体系统稳定性的手段,氢气可以提高患者生活质量、减少疼痛和身体衰竭,有效调动身体潜能,实现和癌症共存的状态。

总之,氢气选择性抗氧化作用的发现,具有十分重要的意义,不仅在基础和临床医学领域引起很大兴趣,而且可能对人类疾病的防治产生深远影响。

2) 氢农业领域

氢气在农业领域也有重要研究和应用价值。例如对植物生长调控,提高植物抗逆能力,提高动物抗病能力,改良土壤的潜力,对细菌和真菌的调节作用等。这些作用都可以从提高农作物产量,减少化肥农药使用量,提高农作物质量,改善环境等角度具有潜在应用前景。

已经有大量研究发现氢气对改善植物抗逆能力、粮食储存、鲜花水果保鲜、土壤菌群改善、鱼类抗病能力,以及动物皮毛质量等方面的有益作用,尤其在改良土壤、提高农产品质量和减少农药用量等方面的应用潜力比较大。植物和微生物能产生内源性氢气,相关研究对于理解氢气作用机理有借鉴和帮助作用,甚至可能是探索氢气作用机制的最佳途径。氢气农业应用技术方面,水电解制氢气技术与氢气水溶解技术结合,针对不同农业应用场景所生产的"富氢水"产品,可能成为未来发展重点,也将对氢气的农业应用发展产生积极影响。

参考文献

［1］Staffell I, Scamman D, Abad A V, et al. The role of hydrogen and fuel cells in the global energy system[J]. Energy & Environmental Science, 2019, 12: 463-491.

［2］Ionomr Innovations Inc. WHITE PAPER: hydrogen production cost by AEM water electrolysis[R]. Vancouver: Ionomr Innovations Inc., 2021.

［3］Hauch A, Küngas R, Blennow P, et al. Recent advances in solid oxide cell technology for electrolysis[J]. Science, 2020, 370(6513): eaba6118.

［4］Smolinka T, Garche J. Electrochemical power sources: fundamentals, systems, and applications: hydrogen production by water electrolysis[M]. Amsterdam: Elsevier, 2021.

［5］International Renewable Energy Agency (IRENA). Green hydrogen cost reduction: scaling up electrolysers to meet the 1.5℃ climate goal[R]. IRENA: Abu Dhabi, 2020.

［6］David M, Ocampo-Martínez C, Sánchez-Peña R. Advances in alkaline water electrolyzers: a review[J]. Journal of Energy Storage, 2019, 23: 392-403.

[7] Kou T Y, Wang S W, Li Y. Perspective on high-rate alkaline water splitting[J]. ACS Materials Letters, 2021, 3-2: 224-234.

[8] Nørskov J K, Latimer A, Dickens C F. Research needs towards sustainable production of fuels and chemicals[R]. Brussels: ENERGY-X, 2019.

附录

彩　图

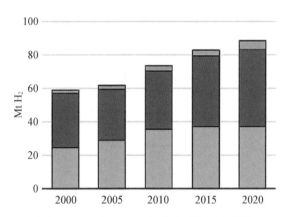

图 1 - 2　2000—2020 年间全球氢需求量[3]
（蓝色代表炼化，深蓝代表合成氨，绿色代表其他。）

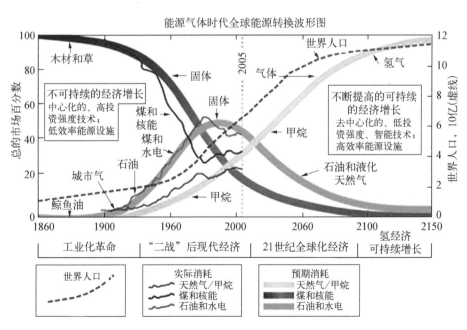

图 1 - 11　1850—2150 年全球能源转型[35]

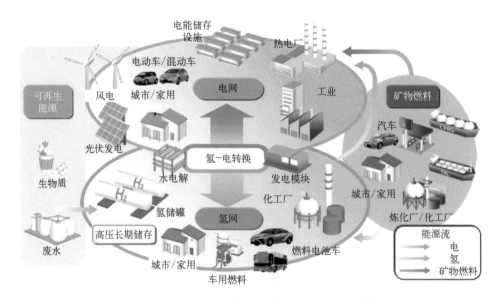

图 1-12 以氢网和电网为主的未来能源网络[36]

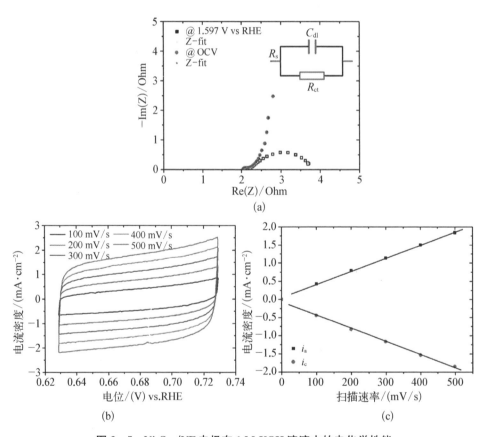

(a)

(b)

(c)

图 2-5 Ni₃Se₂/NF 电极在 1 M KOH 溶液中的电化学性能

（a）电化学阻抗谱［在开路电位和 1.597 V(vs. RHE)］；（b）在 100 mV/s、200 mV/s、300 mV/s、400 mV/s 和 500 mV/s 扫描速度下的循环伏安曲线；（c）在电位 0.68 V(vs.RHE)时，从图(b)获得阳极和阴极电流与扫描的线性拟合曲线[2]

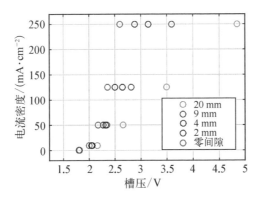

图 2‑10　电极之间距离不同时,碱性水电解
槽的槽压与电流密度之间的关系[4]

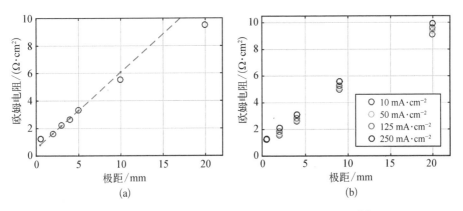

(a)　　　　　　　　　　(b)

图 2‑11　电解槽的欧姆电阻与电极之间距离的关系[4]

(a) 电流密度为 1 mA/cm²;(b) 采用不同电流密度

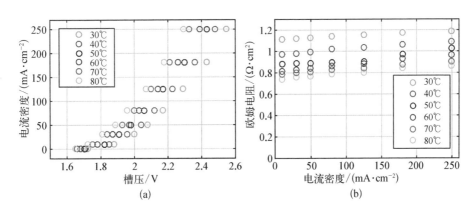

(a)　　　　　　　　　　(b)

图 2‑12　温度对零间隙水电解槽性能的影响[4]

(a) 电流密度与槽压的关系;(b) 电解槽的欧姆电阻与电流密度的关系

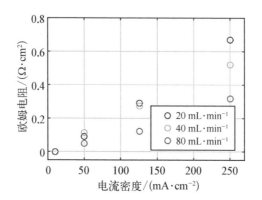

图 2–13　在不同电解质流速下,电解槽
欧姆电阻与电流密度的关系
(电极间距为 2 mm)[4]

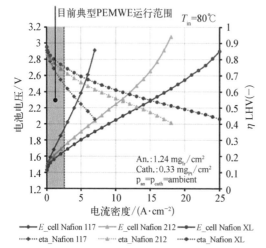

图 3–10　使用基于 Nafion® 117、Nafion®
212 和 Nafion® XL 的膜电极进行
高电流密度测试时的电池极化曲
线和相应的电池效率(LHV)[23]

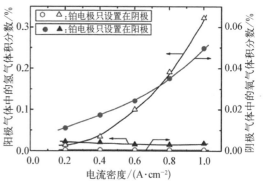

图 3–11　在 80℃、大气压下,使用膜单侧镀铂的
MEA 电解槽电解时阳极和阴极气体中
的杂质浓度[26]

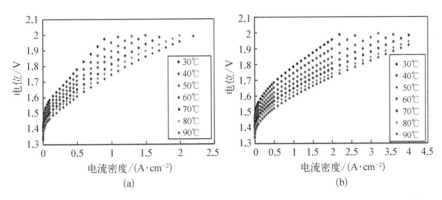

图 3‐17　基于(a) 铱黑和(b) IrO₂催化剂的 MEA 在不同温度下的极化曲线[51]

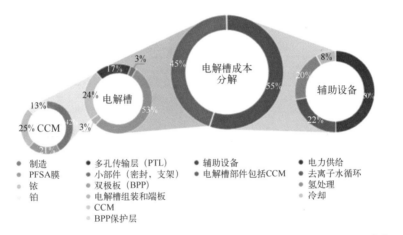

图 3‐25　1 MW 质子交换膜电解槽从全系统到电解槽→膜电极成本分解[56]

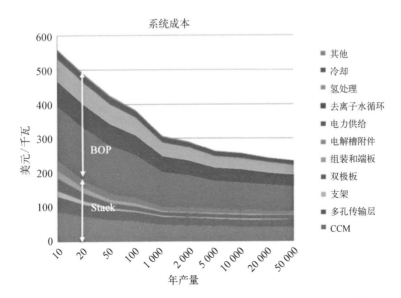

图 3‐26　不同年产量下的 1 MW 质子交换膜电解槽系统成本[53]

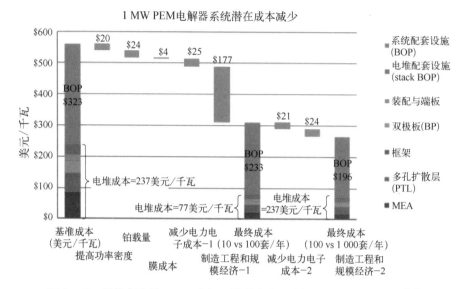

图 3 - 28　研发在降低 1 MW 电解系统成本方面发挥作用领域的瀑布图[53]

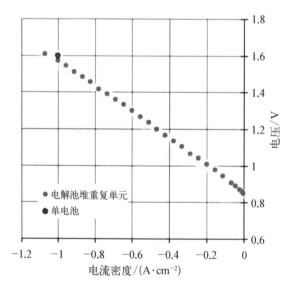

图 4 - 9　包含先进电解质支撑单电池的电解池堆重复单
元性能以及与单电池性能的比较 (800℃,燃料
极侧为 90%H₂O/10%H₂,氧电极侧为空气)

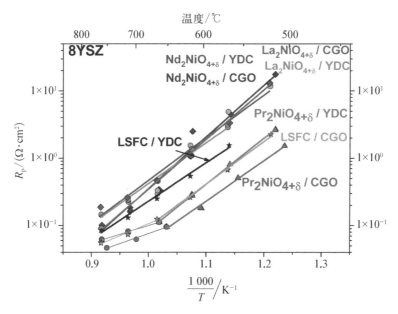

图 4 - 12 基于 CGO 或 YDC 阻挡层的 Ln₂NiO₄₊δ 和 LSFC 氧电极极化
电阻与温度的关系(电解质为 8YSZ,在空气中测量)

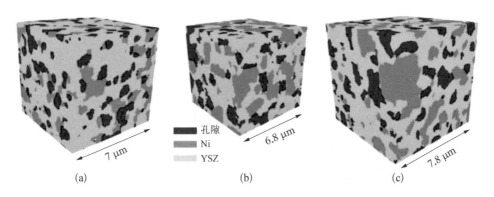

图 4 - 14 Ni/YSZ 燃料极显微结构的三维重构

(a) 参比电池;(b) 0.5 A・cm⁻²电流密度下运行的电池;(c) 0.8 A・cm⁻²电流密度下运行的电池(橙色:镍;蓝色:孔隙;灰色:YSZ)

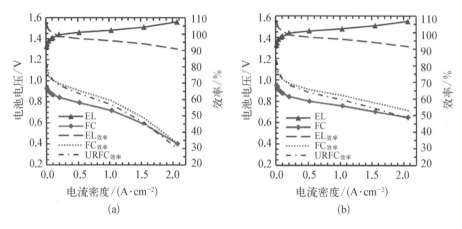

图 5-6　在阳极催化剂层中使用最佳催化剂配比(90%铱+
10%铂)的一体式再生燃料电池的极化曲线

(a)空气作为反应物;(b)氧气作为反应物[5]

图 5-22　江苏句容氢水稻的照片(左边为富氢水处理,右边为地表水处理)

索引

温州高企氢能科技有限公司简介

　　温州高企氢能科技有限公司最初从事低压电器生产制造。2004 年,面对该产业的同质化竞争,公司创始人包秀敏想到了转型,毅然决然地选择了水电解制氢这个当时非常冷门的行业重新启航。然而,万事开头难,转产并不顺利,遭遇了一个又一个技术难题。放弃还是坚持,面对巨大的压力,他心力交瘁,甚至一度产生了动摇。凭借坚韧的毅力和十余年的不懈努力,他终于攻克难关,经过时间洗礼并伴随着绿氢市场爆发,温州高企终于进入了快速发展轨道。从此,人们称包秀敏为"氢狂人"。现在,公司已成为国家高新技术企业,主打产品被授予"浙江省首台套水电解制氢装备"的称号。公司大厅那块醒目的牌子"我为氢狂"就是温州高企企业精神的铭证。